城市复杂性与空间战略

Urban Complexity and Spatial Strategies

[美]帕齐 · 希利（Patsy Healey） 著
戚冬瑾 陆 熹 卓玛琪 译
周剑云 审校

中国建筑工业出版社

著作权合同登记图字：01-2018-4606号
图书在版编目（CIP）数据

城市复杂性与空间战略 /（美）帕齐·希利（Patsy Healey）著；戚冬瑾，陆熹，卓玙琪译 .—北京：中国建筑工业出版社，2021.6
书名原文：Urban complexity and spatial Strategies
ISBN 978-7-112-25824-6

Ⅰ. ①城…　Ⅱ. ①帕… ②戚… ③陆… ④卓…　Ⅲ. ①城市规划—研究　Ⅳ. ①TU984

中国版本图书馆CIP数据核字（2021）第002020号

Urban Complexity and Spatial Strategies 1st Edition /Patsy Healey（978-0-415-38035-5）

责任编辑：程素荣　张鹏伟
责任校对：党　蕾

城市复杂性与空间战略
Urban Complexity and Spatial Strategies
[美]帕齐·希利（Patsy Healey）　著
戚冬瑾　陆　熹　卓玙琪　译
周剑云　审校
*
中国建筑工业出版社出版、发行（北京海淀三里河路9号）
各地新华书店、建筑书店经销
北京点击世代文化传媒有限公司制版
北京京华铭诚工贸有限公司印刷
*
开本：787 毫米 × 1092 毫米　1/16　印张：17¾　字数：334 千字
2021 年 5 月第一版　2021 年 5 月第一次印刷
定价：78.00 元
ISBN 978-7-112-25824-6
（37084）

目　录

前　言　v

致　谢　ix

第 1 章　城市地区战略性空间规划项目　1

第 2 章　城市“区域”及其治理　11

第 3 章　阿姆斯特丹城市发展的战略塑造　31

第 4 章　米兰城市规划中的战略灵活性之争　65

第 5 章　“剑桥次区域”的变革　99

第 6 章　关联世界中的战略制定　141

第 7 章　空间意象与城市“区域”战略　167

第 8 章　了解一个城市“区域”　195

第 9 章　关联的复杂性与城市治理　219

附　录　239

参考文献　245

译后记　268

前　言

本书主要面向对当前及未来城市和城市化地区空间品质感兴趣的人群。对于从事政策制定和管理的相关人员，本书为其面临的困难与取得的成就提供了概念解读和案例指导。对于未来参与这类管理工作的学生而言，本书为其提供了经验和灵感的支撑。对于研究城市地理学、政策、政治学等学科的社会学家而言，本书不仅提供了以空间为导向的治理措施总结，而且也开创了一种转变论述与实践模式的动态治理方法。最后，对于从事规划领域的人，本书力图在21世纪的背景下重新解读规划框架在联系空间格局与社会活力过程中所扮演的角色。同时，它也对在充斥着物质现实和意象空间的城市复杂演进系统中，阐明了规划框架为产生兼具稳定性和流动性的要素所发挥的作用。

文中涉及的所有学术文献均源自特定途径。作者通过与其他作者、同事的交往以及自身生活经验来深化他们的想法。对于那些具有城市和区域规划背景的人（比如作者本人），这些经验涉及了对于一个特定专业领域的实践。正如我试图从这本书中展现的、知识发展与实践中面临挑战的互动，不是某些“应用科学”的小众领域，而是属于“真正的科学”，其源于从持续而复杂的生活中提炼出的抽象理论。归根结底，它是知识探究的重点、目的和共鸣的基础。但是我们经历的特定轨迹塑造了我们的研究重点、研究方法，以及我们表达观点和发现所运用的语言和术语。

我自身的训练轨迹包括了早期在地理学科领域受到的规划师职业历练，在学术生涯中参与过规划教育的课程设计，并教授过规划理论以及研究实践。这些包括了各种方向的探索，例如介绍拉丁美洲城市规划观念、大伦敦地区各个场所机构的所使用的规划观念、英国规划的发展历程、土地及房地产发展过程的制度动力、城市更新运动和社区发展合作关系，以及西欧城市空间战略制定的最新项目。基于这些实验和实践研究所产生的经验，引导我去探索不同的社会科学文献，帮助我更好地理解在实际项目中所看到的现象。结果往往是一些折中的观念混合，但是也包含一个稳定的演化过程，由社会思想浪潮和实践发展所启发。

我对1960年代后期在规划领域中盛行的简单规范和理性主义管理模式存疑，在1970年代受马克思主义启发的城市政治经济学与现象学的混合中找到了灵感（Bailey

1975）。不论是实践经验还是直觉，都让我对 1970 年代“结构主义”的优越地位存有疑惑。我从社会学家安东尼·吉登斯（Anthony Giddens）的著作中得到启发，他提出了如何克服结构动力学理论（theories of structural dynamics）与个人代理理论（theories of individual agency）对抗的研究。这有助于理解特定社会文化和日常生活，以及由社会约束与个人创造的多维互动下产生的复杂力量。这让我在实证研究中去探索结构力与相关特定实践领域的活动之间的相互作用，这种观点现已广泛应用于政策分析、规划、城市地理和城市研究，尽管还有其他灵感启发、分析性的概念和词汇。我将其称为“社会学制度主义”，作为我研究路线的参考框架。

但是，除了分析实践之外，基于规划师的角色，我感兴趣的是看世界的方式和在世界上的行为方式之间的相互作用。所以我一直关注现象学角度的解释，这个世界的本质总是被我们人类以不完美的方式所感知，被我们有限的感知能力和我们所处的历史和时代背景所限制。由于杂乱无章的先入之见和不完美的敏感性，我们得出了一些解释。这些解释与我们已有的目标相关，并通过与其他人的讨论或直接与物质世界接触来检验。所以我们会与他人互动，对所发生的事情进行社会解释。正是这种理解让我关注规划过程这种相互作用的质量，包括其沟通的维度。受到约翰·福斯特（John Foster）和朱迪思·因内斯（Judith Innes）的研究，以及哲学家约根·哈贝马斯（Jorgen Habermas）一些想法的启发，我试图汇总有关规划工作的“制度主义”观点，以及如何评价规划师所从事的沟通工作的一些规范性思考。这就促成了我的一本关于“协作式规划”的著作，并且围绕着这本书在规划理论领域展开了许多探讨（Healey 1997/2006）。回顾起来，这项事业属于对政策分析进行更广泛研究的一部分，旨在提供一种解释性的，后实证主义的方式来理解和从事治理背景下的政策工作（Fischer 2003; Hajer and Wagenaar 2003）。这个思路融入现在这本书中，我从交互关系的时空动态出发，着重研究了交互的重要性，同时牢记以规范性的视角关注这些交互可能导致的生活情景，秉持通过集体行动可以改善城市生活体验的理念。

在我的学术生涯中，我一直扎根于规划领域，那里记录了关于学科的思想发展和在实践中挣扎的故事。于我而言，虽然充满沮丧和限制，规划领域的核心项目仍然值得付诸努力。它着眼于探索在世界上采取何种行动来追求集体目标，这些目标被认为在特定社会环境中具有包容性利益，其方式关注于所有关系的空间维度以及场所品质的特殊性。虽然许多其他学科为规划领域注入了灵感和新的理解，它仍然需要结合政策分析和地理学，这也正是我在这本书中所要作出的尝试。

然而，本书的初衷并不是撰写规划理论著作。在某种程度上它提供了一些理论，或许将其理解为在社会学理论方向进行探索更适合些。本书是对规划项目的主要活动进行研究，即关于城市地区的场所品质的战略构想与部署，特别是在社区和国家之间的空间层级。我将之称为“城市地区的空间战略制定”实践。在这本书中，我把不断演进的实践和概念发展相结合，并就其含义提出建议，供那些对城市治理感兴趣而又挣扎于寻找城市地区发展战略方法的人士参考。我希望能够通过实证叙述和分析评论，不仅对学生和学者有所裨益，有助于了解企业和项目实践如何与空间战略规划联系起来，并且可以帮助那些参与城市地区战略制定的人士形成一个更丰富、更具地方性、更具有实际效果的理解，从而更加清楚地认识到他们所参与实践的潜力和局限。

致　谢

在本书的写作过程中，我得到了很多人的帮助，难以一一言谢。下面仅对过去四年给予我支持和启发的人们予以感谢。因此，请原谅这个相当枯燥的名录，以及或许因为本人疏忽遗漏了部分名单。需要强调的是，如果有对您的观点和批评产生任何的歪曲和曲解，我本人必须承担全部责任。

感谢自 2004 年以来出版商 Routledge 和 RTPI 系列对我的一贯支持。尤其要感谢卡罗琳·马林德（Caroline Mallinder）和乔治娜·约翰逊（Georgina Johnson），他们的前任海伦·艾伯森（Helen Ibbotson）和 RTPI 的两位顾问蒂姆·理查森（Tim Richardson）和罗伯特·厄普顿（Robert Upton），他们都仔细阅读了本书内容并提出了很好的建议。在这个正式的书稿中，我还必须感谢勒沃胡姆基金会（Leverhulme Trust）的一小笔赠款，以允许退休的教授可以完成他们的科研项目，其中包括支持我进行基金申请的马丁·海耶尔（Maarten Hajer）和艾伦·哈丁（Alan Harding）。此外，衷心感谢纽卡斯尔大学建筑、规划与景观学院提供的科研设备，包括进入图书馆和周四系列研讨会。

我做这些案例研究，得到了很多人的帮助。对于阿姆斯特丹的案例，我要感谢卢卡·贝托利尼（Luca Bertolini）、卡罗琳·康比（CarolineCombè）、伦德·科勒克（Lende Klerk）、恩里科·瓜利尼（Enrico Gualini）、马滕·海耶尔（Maarten Hajer）、泽夫·赫梅尔（Zef Hemel）、阿拉德·乔勒斯（Allard Jolles）、罗伯特·克鲁斯曼（Robert Kloosterman）、斯坦·马约尔（Stan Majoor）、巴里·尼德汉姆（Barrie Needham）、卡林·菲弗（Karin Pfeffer）、拉尔夫·普洛格（Ralph Ploeger）、威廉·萨利特（Willem Salet）、马克斯·范·德伯格（Max van der Berg）、利安·范杜宁（Lianne van Duinen）、伊娃·范肯彭（Eva van Kempen）、玛丽杰克·范申德伦（Marijke van Schendelen）、圣维舒伦（San Verschuuren）、约翰·沃尔特杰（Johann Woltjer）和威尔·宗奈费尔德（Wil Zonneveld）。特别感谢那些阅读并评论了第 3 章草稿的人，并感谢 Allard Jolles 帮助我获得了许多插图的副本。对于米兰案例，我要感谢亚历山德罗·巴尔杜奇（Alessandro Balducci）、亚历山德拉·德库吉斯（Alessandra de Cugis）、福斯托·库蒂（Fausto Curti）、亚历西亚·加里姆贝蒂（Alessia Galimberti）、玛丽亚·克里斯蒂娜·吉贝利（Sara

Gonzalez)、恩里科·古里亚尼（Enrico Gualini）、路易吉·马扎（Silvia Mugnano）、乔瓦尼·奥基尼（Giovanni Oggioni）、加布里埃里·帕斯基（Gabriele Pasqui）、菲洛梅娜·波米利奥（Filomena Pomilio）、保罗·西蒙内蒂（Paolo Simonetti）、塞雷娜·维卡里（Serena Vicari）、托马索·维塔利（Tommaso Vitale）以及米兰理工大学的秘书和图书馆工作人员。再次，我特别感谢那些对第 4 章的草稿进行了评论的人员，以及在 INU Edicioni，罗马办事处的 Cristina Buttimelli，他们帮助我找到图 4.2 ~图 4.4 的优秀版本。对于剑桥次区域的研究草案，感谢蒂芬·克罗（Stephen Crow）、玛格丽特·高夫（Margaret Gough）、迈克尔·哈格里夫斯（Michael Hargreaves）、布莱恩·赫曼（Brian Human）、安德鲁·乔纳斯（Andrew Jonas）、迈克尔·蒙克（Michael Monk）、艾伦·摩尔（Alan Moore）、尼古拉·莫里森（Nicola Morrison）、苏珊·欧文斯（Susan Owens）、西蒙·佩恩（Simon Payne）、约翰·彭德伯里（John Pendlebury）、伊冯娜·雷丁（Yvonne Rydin）、马尔科姆斯·夏普（Malcolm Sharpe），以及 Peter Stoddert、Mark Vigor、Aidan While、Bill Wicksteed 以及 RTPI 库 Melissa Wyatt 的帮助。特别感谢那些对各章草稿发表评论的人，以及 Mark Vigor（剑桥郡议会）为我整理案件数据提供的帮助。

作为章节草稿的读者或通过对特定问题的讨论，还有许多人发表了非常有帮助的评论。我尤其要感谢路易·阿尔布雷希茨（Louis Albrechts）、阿什·阿敏（Ash Amin）、亚历山德罗·巴尔杜奇（Alessandro Balducci）、希瑟·坎贝尔（Heather Campbell）、西敏·达沃迪（Simin Davoudi）、约翰·弗雷斯特（John Forester）、萨拉·冈萨雷斯（Sara Gonzalez）、斯蒂芬·格雷厄姆（Stephen Graham），以及 Enrico Gualini，Zann Gunn，John Friedmann，John Hack，Jean Hillier，Judith Innes，Ali Madanipour，Tim Marshall，Luigi Mazza，还有阿兰·莫特（Alain Motte）、弗兰克·穆拉特（Frank Moulaert）、乔恩·普（Jon Pugh）、威廉·塞勒（Willem Salet）和杰夫·维加（Geoff Vigar）。我也由衷地感谢四位受出版商邀请对全文进行阅读并对内容和结构进行详细评论的人，其中包括罗伯特·厄普顿（Robert Upton）和蒂姆·理查森（Tim Richardson）。乌兰·万诺普（Urlan Wannop）从战略规划师和学者的角度提出了善意的批评。Nairita Chakraborty 从一位具有一定规划经验的非欧洲硕士生的角度，对文稿作出了认真而生动的反馈。还要感谢纽卡斯尔大学印刷服务公司的德里克·霍斯（Derek Hawes）和宝拉·鲁特（Paula Rutter）为插图提供了帮助，并感谢纽卡斯尔大学 GURU 的金·麦卡特尼（Kim McCartney）提供了许多实用建议。最后特别值得一提的是，伯纳黛特·威廉姆斯（Bernadette Williams）作为一个重要的副主编，在阅读全文时特别注意含义、表达方式和文字质量，并帮助纠正了我的曲解性错误。同时，我还要感谢泰勒 – 弗朗西斯出版集团（Taylor & Francis）的乔治娜·约翰逊（Georgina Johnson），以及 Wearset 的汉娜·多兰（Hannah Dolan）和同事在出版方面所做的工作。

另外，许多插图都需要获得版权许可。感谢波恩的德国联邦建筑与建筑学会（BBR）提供了图 2.1 的基础地图；阿姆斯特丹市议会允许使用图 3.2 ~图 3.6，图 3.9 ~图 3.10 的封面草图与地图；阿姆斯特丹市规划局提供图 3.7a 和图 3.7b；荷兰国家规划局提供图 3.8；罗马的 INU Edicioni 提供图 4.2、图 4.3 和图 4.4；米兰市议会（Comune di Milano）提供图 4.5；剑桥郡郡议会授予使用地图 33，该地图从 W. Holford 和 H.M. Wright 处获得（1950 年），《剑桥规划提案：向剑桥郡议会城镇规划委员会的报告》，图 5.2 和图 5.5 ~图 5.8 的地图；伦敦副首相办公室（ODPM）提供了图 5.9 和图 5.10b；英格兰东部地区议会提供了图 5.10a；Pearson Education Ltd. 允许使用图 1.1。

最后，像往常一样，我必须感谢家人和朋友包容我在研究和写作时的内向。我一直说，在完成这本书后，我会有更多的社交。但是，他们和我都知道，沉迷于研究与写作的学者从来无法真正放弃他们对这份职业的痴迷。我希望将来能和以往一样，在社交与学术间取得更好的平衡！

帕齐·希利
2006 年 3 月于诺森伯兰伍勒

第1章
城市地区战略性空间规划项目

对于市民而言，城市的演变是最明显，最迅速，但也是最神秘的。不是他的［原文如此］城市建筑物，而是无数的织布机在鸣响，每一台织布机都有它多变的环境经线、多变的生命纬线。正如我们所见，这里的模式看起来很简单，却又复杂得让人迷惑，难以解开，而且几乎每天都在变化。不，这些网络会自行地在更新、更广泛的组合中不断再次成为编织线。然而，在这个迷宫般的城市综合体中，没有纯粹的观众。看得见的或看不见的，有创造性的或没头没脑的，心情愉快的或不情不愿的，健康或病态，为了更好或者更坏的，每个人都被编织进生活的网络中（Patrick Geddes 1915/1968：4-5）。

城市里重要的是什么……它们是社会互动的场所……城市本质上是动态的……政策制定必须与此配合；不能假定规划是一成不变、终端式的制定流程，也不能期望其能达到一种永久的和谐。城市秩序是一种动态的，甚至是频繁冲突的秩序。城市的新政治必须同样具有流动性和过程性（Amin *et al.* 2000：8 and 10）。

治理与空间规划

本书立足于城市地区的地方治理。它与治理努力有关，这些努力认识到城市地区的场所品质和各种现象的空间组织对于生活质量、分配公正、环境福祉和经济活力都至关重要。它侧重描绘战略，不仅仅将城市的领域视为事件发生的容器，而是节点和网络、场所和流的复杂混合。在这种混合体中，多种关系，活动和价值共存、互动、结合、冲突、压迫并产生创造性的协同作用。本书围绕着正式政府领域和非正规动员工作的集体行动展开，这些集体行动出于各种目的，追求各种价值观，并且力图影响城市的社会空间关系。它与战略制定有关——试图唤起一个城市或城市区域的想法（Amin 2002），以便在调动资源和场所认同的概念上做好政治工作。

在最近的学术和政策辩论中，关于“城市区域”作为治理重点的重要性以及新型治理形式的出现已经进行了很多讨论。在西欧，一些对于政策的讨论凸显了城市和城市区域在新的经济和政治空间中的重要作用，而这个新的经济和政治空间由日益弱化和分裂的民族国家以及更强大的全球经济力量构成。一些学者将此与寻求资本主义经济动态变化带来的新监管模式联系起来（Harvey 1989；Jessop 2000）。其他学者则强调城市情境和经验的多样性，以及城市和城市区域治理能力的不均衡发展。人们普遍认识到，在内部动力和应对外部压力方式上，城市地区出现的治理模式存在较大差异。在政策制定中推广城市区域这一视角，就是一种应对多样性和偶然性因素的普遍尝试。在发展新的领域和治理形式的挑战下，制定能影响城市发展轨迹的空间战略经验无疑提供了一个丰富的实验场所。 因此，本书致力于探讨作为政治和政策关注焦点的新兴治理形式和“城市区域”的潜力（Lefèvre 1998，2003）。

本书也是对“规划传统”的贡献，因为它强调了关注场所品质和想象力方式的重要性，通过这些方式，人们、商品和思想在城市地区的许多共同居住的社会世界中流动、进入和超越。在过去的一百年，这种规划传统被称为城镇或城市规划、城市和区域规划、空间规划、领土发展和领土管理等，一直关注固定与流动之间的相互关系。在传统的物质规划语言中，这被称为土地利用与基础设施渠道之间的关系（Chapin 1965）。在 20 世纪 90 年代，这种“场所”与“流动”之间的紧张关系更多的是通过曼纽尔（Manuel Castells 1996）所阐述的“网络”语言来表达的。这种新的网络语言不仅强调在物理空间、有意义的场所和通过动态的社会和经济网络产生的空间模式之间的复杂社会空间关系；它还强调了网络彼此重叠和在空间和时间上与其他网络接触的复杂方式。在 20 世纪中叶，人们认为这些网络在某种程度上被统一在一个被称为“城市”的实体中。但是现在，正如梅尔·韦伯（Mel Webber）在 20 世纪 60 年代（Webber 1964）所指出的：生活经验告诉我们，即使是每天简单的社会互动，我们的社交世界（Social worlds）也可能会超出一个城市的范围，于我们而言重要的网络对其他人而言可能大有不同。其结果是，城市和城市地区的“场所”不能被理解为具有单一驱动力的综合统一体，被包含在明确界定的空间边界内。相反，城市和城市地区是由投资于物质项目的多个网络中的行为者相互作用形成的复杂结构，它们赋予场所的品质和意义。这些关系网络回避了试图“界定它们”的分析。城市区域战略制定通过物质或想象的方式试图理解城市生活的复杂性。规划项目融入了对社会空间动态的理解，成为一个治理项目，重点是管理共享空间中共存的困境（Healey 1997：3）。

正如由 20 世纪末欧洲规划复兴运动的推动者所提倡的，这种规划项目的核心是一个名为“空间规划”的特定概念（Faludi & Waterhout 2002；RTPI 2001）。这个概念的灵感来源于德语词汇 Raumplanung，有一个流动的意义，并不能很好地翻译或一些语言（Williams 1996）。在此之前，我试图结合自己对“场所”（places）和空间性质的认识来把握这些意义的内涵时，我提出，在一般情况下，“空间规划”一词指的是：

> 自觉性的集体努力，重新意象一个城市、城市区域或更广泛的地域，并将努力和意象的结果转化为地方投资的优先事项、保护措施、战略性基础设施投资和土地使用管理原则。“空间”一词使“物之所在”成为焦点，无论事物是静态的还是运动的。保护特别“场所”和场址；一个地区内不同活动和网络之间的相互关系；以及一个地区内重要的交叉点和节点，这些节点在物质上是协同选址的（co-located）（Healey，2004b：46）。

过去 25 年来，欧洲大多数的规划思想和实践已经超越了简单的城市物质空间视角，这种视角通过审视建筑物和城市结构的物质空间形式来了解场所品质和连接性。人们普遍认识到，从社会经济和环境的角度来理解城市地区的发展，不可能被政府以目的、规划、行动到结果的线性方式所“规划”。即使政府机构控制了许多物质空间开发的资源，并以综合协调的方式行事，但是对于社会经济和环境活动如何利用城市的物质结构往往很难事先想象，更不用说预测了。城市发生的一切都充满活力，“复杂而迷人”（Geddes 1915/1968）。

相反，参与空间战略制定的人正在努力理解穿越城市地区的网络动态多样性，这些网络复杂多样同时共存，每一个网络都有自己的运行动力、历史和地理特征；每一个网络都对城市地区的场所和连接性有高度多样化的关注和依附。这超越了在传统地图二维空间中对活动空间模式的分析。相反，它注重在城市地区中不断演变的经济、社会文化、环境和政治 / 行政动态的相互作用。在治理活动范围内，这意味着来自传统“规划”领域注重场所空间品质的规划师必然会遇到关注其他政策领域焦点的分析师和政策制定者，他们的涉猎领域包括企业的竞争力，或宏观经济，或个体健康，或学校系统的运作。在这些不同领域的碰撞中，不乏概念性框架与合法性依据之间的冲突。然而，在与众多政策领域的人接触和合作后，空间战略的制定会引发对政府和治理的重新思考。这涉及寻求新的“施政”方式，部分原因是希望政策方案有更高的执行效率，同时也是为了更好地回应公民和利益攸关方的关注和需求。

这种探索导致了各种时常相互矛盾的举措。一方面，“伙伴关系”治理模式已经在正式政府内部以及正式政府、经济和民间社会组织之间的不同政策领域和层次中不断扩大（Pierre and Peters 2000）；另一方面，努力将政策制定和资源配置从国家层面推向地方层面，并创造新的方式使各级政府能够产生互动。这导致了对治理“重新定义尺度”（Brenner 1999）和新型“多层次治理”的关注和分析（Hooghe 1996）。进一步说，有一些举措通过“赋权”公民、培育政策讨论的民主“公共领域”，使政府更积极地服务其公民。这些举措在特定城市地区演变成特定的方案和干预措施时，经常会发生冲突。因此，通常情况下，典型城市区域的战略空间规划举措往往伴随着复杂的紧张局势、斗争和冲突。本书通过对西欧三个充满活力和多样化的城市地区空间战略制定经验的实证介绍，进一步梳理这些矛盾冲突。

然而，传统空间规划并不是唯一关注空间的政策领域。近年来，出于对环境的考虑，在经济政策和社会政策领域，场所和空间品质的重要性重新引起了人们的关注。这种政策有时只是隐含地体现了空间组织和秩序的某些原则。这些领域的决策者也越来越认识到积极和消极的“场所效应”会影响到政策目标的实现，如改善健康水平、提高教育水平、对经济变革进行更为迅速的结构调整。对场所品质和效应的新关注会挑战传统的政府“部门”组织，这些部门承担具体的职能：经济发展、教育、卫生、交通、社会福利、住房、环境保护等。在经济政策领域这种现象最为明显，该领域促进城市资产提高“区域经济竞争力”，已成为近几十年来城市、区域、国家和欧盟层面的重中之重。欧洲的“竞争力”议程已经扩大到包括环境质量和社会凝聚力的考虑（CSD 1999）。功能性 / 部门性组织常被称为“孤岛心态”，为了应对这一挑战，在影响城市地区和连接性方面的政策领域创造了更多的联系，表现为寻求“政策整合”和“联合治理”。但是，创造这种集中在特定城市地区的联系是一项具有挑战性的任务。在理智上，它需要意象连接什么、整合什么和“联合”什么。在政治上，它涉及发展具有足够集体力量的联盟，使连接和联结切实发挥作用。它需要在理念与政策和政治的社会世界中建立联系。这本书正是描述在有利或不利的情况下，不同制度立场的治理举措和做法。

地方治理（The Governance of Place）

在城市生活相互作用的强度和密度的需求下，城市地区一直存在某种形式的地方治理。有时重点放在城市的内部组织上，有时候会在更广阔的地域范围考虑。由此产生的治理活动成为调节经济活动、健康与卫生、防卫安全，防止环境危害和社会关系管理的可变组合，与此同时，出于福利、财富生产，或象征性和文化性的目的对城市物质形态进行周期性重塑。在20世纪大规模城市化席卷全球的时代，这些目的变得尤为重要。到了20世纪，土地利用规划、领土管理、空间秩序和城镇/城市规划已成为大多数国家政府制度的既定部分。

然而，不同的国家文化和治理实践为规划体系的建立提供了多样的沃土（Sanyal 2005）。在20世纪前叶，地方治理的理念、土地利用的管理、“公共利益”的发展与个人财产权的自由概念相冲突。在20世纪后半叶，特别是在欧洲西北部，这些与国家的政策执行职能或部门的组织模式产生冲突，政府部门主要提供福利国家的普惠性服务。对场所品质的关注既涉及自由主义对个人主动性和市场程序的依赖，也包括社会民主对福利服务单独发展的依赖。以“综合”方式发展和规范场所品质的规划体系，这些力量在各国的治理格局（governance landscape）中相互作用。正如本书案例所示，规划体系的设计和实践，以及它们关注场所品质的能力是大不相同的。

与所有的政策体系一样，随着时间的推移，一个时期的制度设计将会影响下一个时期的实践。有时候，这种影响可以创造出有价值的资源，以应对新的挑战并构建新的治理格局。但它也可能成为阻力，阻碍了调整和创新。20世纪末的西欧，这两种可能性在规划实践中皆有存在。“规划”被作为调适新状况的治理问题的一部分而受到抨击，同时又作为解决方案的一部分而得到推广，这种解决方案是在动态的城市地区共享空间中管理日益困难的共存（co-existence）问题。一些学者将“规划”视为个人积极性和财富生成的官僚障碍；其他人则将规划体系和实践视为一种机制，以协调的方式管理经济、社会和环境价值的复杂平衡，因此是高度城市化国家治理的一项关键活动。在后一种观点中，有效的规划体系是经济繁荣、宜居、环保和社会公正的城市地区所必需的制度基础。

后一种观点在20世纪后期的西欧获得了大量的支持。经济、环境和政治观点汇聚在一起，强调次国家领土的空间具有国家和全球意义，尤以城市和城市区域为主，有很多原因造成了这种情况。经济分析师不断认识到“场所效应”会增加或削弱个体经济活动的价值，在企业跨国经营时尤为明显。它着重于创造和维持积极的场所资产，从而为企业乃至整体经济增加价值。环境分析师强调自然资源系统、生态系统和人类系统之间相互作用的重要性，因为这些系统在城市地区乃至全球范围都至关重要（de Roo 2003；RCEP 2002）。20世纪后期的其他新兴社会运动，特别是与女权主义相关的社会运动以及对社会文化多样性和差异性的认识，使边缘化社会群体在城市日常生活环境协商方面遇到的困难成为关注焦点，在这个环境中，场所的品质和居民可获得的连通性被忽视。这使得获得场所品质和“宜居性”的分配与获得收入、教育、卫生和社会文化设施的机会一起，成为社会分化的一个关键领域，因此，如果要促进分配公正，就需要在治理方面给予关注（Amin 2000）。对场所品质的关注也与身份和社会凝聚力以及实质性的福利问题有关（Bagnasco，LeGalès 2000a）。与场所的关联，以及与城市内部和周围的不同地点的连接，可能是人们幸福感的一个重要方面，是他们身份和本体的一部分（Liggett and Perry 1995）。人们对场所品质的情感是居民、开发商和政府之间的许多冲突事件背后的导火索。最后，那些关心民主政治健康的人们愈加意识到，公民已经对政党政治和代议制民主机制愈加失去兴趣，并且做好了准备以应对场所品质和场所利益所受到的威胁。

这些考虑因素促使欧洲许多地区在20世纪末将城市地区作为政策重点加以关注。这种关注的增长影响了对欧洲共同体的基金分配讨论，该基金旨在减少欧洲“结构性”地域的差异（Faludi and Waterhout 2002）。城市范围太小，不足以涵盖贯穿城市地区重要的互动，而国家规模太大，无法管理不同关系网络与治理活动领域之间的相互作用，并进一步影响场所品质体验。因此，城市地区作为一种治理层次而受到关注，这似乎有望整合不同的政策部门，它们相互联系并影响场所品质的日常生活体验。治理动员的倡导者侧重于促进城市“区域”发展，认为这种政策和体制重点有能力将不同的政府层级和部门，以及一系列特别机构和公司联系在一起，更不用说各种伙伴关系近年来已经成长到足以提供具体的政策和项目。城市区域似乎提供了一个功能地区，其中的经济关系、环境系统和日常生活时空模式的相互作用，相较于在更高或更低层级的政府中，能被更好地理解。它需要一个治理活动的各个部分得以汇聚的场合，使得来自不同的政府层级和不同的社会阶层的核心参与者可以面对面交流并建立网络，并通过这些网络确定需要治理行动的优先领域。围绕类似场合的动员有助于产生更多的知识，更有成效的协同作用，更适当的冲突识别并达成共识。

这种对“区域主义”的新热情，在学术话语和国家与城市之间的各种感知领域的治理举措中踟蹰徘徊。许多评论家试图找到某种方式以其功能活动的规模大小来排列政府层级，如家庭工作关系或公司的供应链模式。这是在治理组织和职能活动中都设想了某种分级次序。然而，最近有关治理过程和社会 – 空间关系模式的文献对层次结构的假设提出了挑战，要求更仔细地关注不同网络或关系在城市区域编织的空间范围。这使在城市区域发现的具有某种客观存在的关系聚合受到质疑。因此，在本书中，我提出城市地区（urban area）的概念，目的是让大家联想到城市生活中“错综复杂”的世界。而“城市区域”（urban region）这个术语在本书中指代构想的城市空间，这种空间会在不同的分析和治理举措中被提及。我使用“层级”（level）一词来指代为治理举措创造的制度场所或场合，这些治理举措被置入某种行政等级。

然而，增加对城市地区政策的关注并非没有受到质疑（Lovering 1999）。有人强调，民族国家保持强大的整合力量，减少了次国家尺度治理的制度空间。其他人则认为，在网络时代和全球经济时代，国家、区域和地方各级的所有治理工作都容易发生分裂和瓦解（Amin 2002；Graham and Marvin 2001）。但我并不怀疑，在城市区域一个综合的、多维度的战略性政策中关注“场所”议题是可行或可取的，这种关注并非叠加在现有治理格局上的处方。相反，我会探讨如何在特定情况下产生这样的议题，以及从中可以了解到作为治理工作的城市空间战略制定的潜力和局限。这样的工作何时以及为何出现并且势头良好？这些举措如何以及在多大程度上影响实质性和意象中的现实？迄今为止所进行的研究强调了以城市“区域”为重点的治理举措所遇到的困难，因为他们努力寻求杠杆作用，在功能性组织的政府所建立的完善的制度领域内进行扩张，这些强有力的政府是民族国家和自治城市。突破这种嵌入式权力需要各种治理的参与者协力构想治理活动的替代性方式。它涉及努力与不同的人在城市地区不同的场所和网络中建立新的关系。它需要理解经济性的参与者、居民、其他利益攸关方以及非人类物种的重要性，并将其与政府的行政管辖权相联系，以获取公共投资和监管权力。

以城市“区域”为重点的空间战略制定项目不仅在政治上具有挑战性，在智力上也是有挑战性的。传统来说，规划战略采用简单的空间集聚模式；城市是其腹地区域的核心，通过放射状道路和围绕区域核心向心性环绕的中心层次，与较小的城镇和住区相连。地方效应是通过实际接近的维度来体验的。实际空间中的两个场所越接近，对彼此的影响就越大。市中心被认为是协同作用最大的场所，而外围被认为是隔离程度最大的场所。然而，近年来，一种新的关联地理学已经发展到探索跨越城市区域的各种关系网络的动态复杂性。不同网络具有不同的节点和链接的时空模式。一个场所可能在一个关系网络中是节点，但在另一个关系网络中是外围。协同动力可能出现在各种物质和制度空间中，从而创造节点的场所品质。隔离可能发生在城市中心以及城市结构中的其他场所。到 20 世纪末，参与城市地区战略制定的人们努力认识到，传统的城市空间组织正在“瓦解”，而新的、复杂的关联动态模式是难以想象和难以把握的。

因此，聚焦“城市区域”的政策关注仍然非常模糊。它挑战了正式治理既定的制度设计。它需要新的地理想象力来理解和表达一个城市“区域”的“场所”及其内部的场所是什么和可能成为什么。它涉及重新思考应该如何和在何处进行治理以及应该由谁来参与。它涉及动员社会力量为政策制定和实施创造舞台。不足为奇的是，最近针对此类规划的研究倾向认为，关注于城市“区域”发展的政策制定在具有制度传统的场所运作得更好。

然而，在缺乏这种传统的城市地区正在做出许多尝试。这些尝试注定要失败吗？或者它们是转型的前身，通过这种转型，一个新的制度历史正在形成，城市“区域”的空间战略能及时产生重大影响吗？如果是这样，哪些外部力量支撑它们，以及这些力量如何与当地资源和动员力量相互作用？在本书中，我强调了战略性空间规划的本质，它既是一个旨在调动注意力、改变话语和实践、改变资源分配方式和监管权力的政治项目，也是一个智力项目，通过它会产生新的理解，并为维持这个政治项目创造政策干预的新概念。总的来说，这个政治和智力项目通过明确关注空间组织和场所品质，在一定程度上塑造城市区域的社会空间动态。我根据物质性的收益和损失以及身份、知识框架和治理能力来理解、思考这些努力如何影响到结果。总而言之，我力图以城市关系的角度关注治理能力如何发展出想象力和权力，以不同的方式看待和采取行动，从而创造新的治理实践和新的社会空间意象。

实践的视角

本书将围绕着实证案例和概念性的讨论来展开。案例叙述构成了本书的第一部分，其中记述了围绕空间战略制定的话语和实践演变，并试图超越项目开发或邻里管理来审视某种城市“区域”。在这些论述中，我试图揭示各种组织职位、政策共同体和各种关系网络中的具体行动者如何在制度舞台上相互作用，既产生战略思想，又将这些想法插入影响物质资源分配的实践流程。同时展示在这些相互作用中，动态结构如何塑造动员治理的机会，以及活跃的主体如何利用这些机会：在某些情况下创造性地扩大它们，在另一些情况下通过不确定性来把握它们。通过举例，我说明了这种努力所涉及的多重关系及其演变的复杂性。我强调在特定场合中，治理活动的话语和实践的轨迹是如何与其自身的制度环境相互作用而演变的。因此，那些参与城市空间战略制定的人可能会想象未来，但是随着时间的推移，他们把握和提前定义未来的能力会不断流失。

这种“讲述规划实践故事”的方法源自社会组织的关系概念和对治理过程的制度主义理解。在第 2 章中，我更详细地阐述了这个观点。在这个章节，我借鉴了案例的经验和学术辩论，探讨了城市区域空间战略制定方法所涉及的内容，这些方法承认城市区域的场所品质是动态的、不确定地出现的。我参与概念发展并提出规范性的建议，帮助提高政治敏锐度和知识认知，以解决何时、为什么、在何处以及以何种方式参与空间战略制定可能“有所作为”的问题。在概念发展中，我探索了四个相互关联的主题。第一部分着眼于将理解转化为行动的方式，这种方式体现为或隐或显的战略。第二部分重点关注以场所为中心的治理中，所适配的场所和空间的概念。第三部分考虑知识和创造性探究的来源，这些源泉产生了场所品质的理解和意义。这一切都推演至第四个主题，该主题评估空间战略制定的行为在塑造治理能力和格局以及城市生活的物质和想象体验方面的力量。在第 2 章中我对这些主题进行了扩展。

社会组织的关系概念强调：故事讲述者和学术分析者并非置身于他们所探索的世界之外，而是属于他们所从事的动态的、不断发展的现实的一部分。我们的观点和看法驱动着我们的理解和我们的价值观所演变的轨迹。作为作者，我们不可避免有选择呈现以及规范化我们所提出的成功或失败、正面或负面的发展案例。对于那些在公共政策领域工作的人而言，他们深深感受到了就如何“改善”治理方法和实践提出建议的压力，这往往使批判性判断变得困难。在本书中，我关注的是如何用经验和概念来思考治理活动、空间战略制定如何运作、如何制定战略、战略是否以及如何产生效果，以及它们在多大程度上发展了塑造都市生活多重轨迹的能力。在此过程中，我试图阐明我的分析评论和规范性建议的基础。第 2 章概述了我的分析视角并介绍了三个案例。

但是我对这些问题感兴趣，不是基于某种抽象的观察能力。我关注的是在特定的情况下，场所品质的抽象概念在多大程度上被赋予了具体的意义，以及这可能会如何影响城市地区共存的社会空间关系世界的日常生活体验。我试图展示将公正分配、环境福祉和经济活力的潜在冲突价值集中在一起的可能性和局限性。这些价值不是作为抽象的原则，而是在促进场所品质的具体治理干预措施中以其具体的物质和想象力表现出来。一方面，我感兴趣的是这种干预与辩论中的“公共领域”之间的关系，通过这些干预措施，“公共领域”被塑造、被批评、被问责和被合法化；另一方面，我感兴趣的是它们的影响，包括在物质层面谁在哪里得到什么，以及在本体论和认识论层面的身份和理解。最后，我聚焦于那些在我描述和研究过程中的关键角色。在这些发展中的“规划师”是谁，在哪里？“规划体系”应当如何适应他们所处的治理环境？在当代城市地区可能会有一些机构场所（institutional site），从中可以启动空间战略制定过程。这意味着那些受到正式培训的规划师，在规划系统中或者在“规划政策共同体”工作的人可能只是众多参与者中的一员，甚至可能不起主要作用。那些参与过去空间战略制定的人有什么潜力或受到什么局限，在当今城市地区推动更具动态复杂性认知的方法会面临怎样的挑战?

总而言之，我试图提出一种“关联性规划”，它处于演化的、复杂的、社会空间的相互作用中，这正是城市地区的生活所经历的。对关联性规划的理解有两重属性。首先，作为治理活动，它关心的是集体行动的关系如何形成治理干预的动力；其次，它本身是由一系列相互联系的网络构成的。这些关系网络处在相互交织的复杂动态中，规划项目的关系与各种其他关系混杂在一起，产生未来的城市日常生活体验。正是在特定情况下的冲突和混乱的复杂性中，塑造了治理干预并产生作用。

第2章
城市“区域”及其治理

> 在大都市的舞台上充满了公共和私人行动者，他们在多层次的空间尺度上积极参与城市政策的各个领域。在这个多维度博弈中，时时上演着联盟和冲突。进行都市治理的主要挑战便是找到组织不同行动领域相互联系的方法（Salet *et al.* 2003：389）。

开拓视角

聚焦城市地区的战略制定涉及创建“城市区域”的一些概念，并形成制定和维持战略重点的制度舞台（institutional arenas）。它涉及唤起人们对城市动态关系的思考，并将众多参与者和网络聚集在一起，从而将战略性的概念与如何在城市发展过程中使用物质资源和监管权力关联起来。创建针对某个城市“区域”构想的空间战略，在框架性概念和论述的组合中增加另一个参考性的框架，从而形成城市中持续的投入和监管过程。这样的框架创造了一个具有场所品质的城市实体（Amin 2004；Healey 2002）。或隐或显地，它将这个实体置于更广阔的地理范围内，并指出城市地区内的场所与城市地区之间的关系。对大多数人而言，阿姆斯特丹、米兰、纽卡斯尔、巴塞罗那或者哥德堡都是某个西欧地图或国家城市地图上的场所。每个场所都是当地社区的集合体；也是一个统一体、一个身份和一个意象，通过命名这个城市地区而被记忆。这个命名涉及意象力和经验的混合，通过它来“观察”这样一个城市地区，并确定可以或应该采取怎样的干预措施，以“塑造”其发展的未来轨迹。

“观察城市”（Seeing the city），就其社会空间动态而言，其空间组织、城市形态及其他特征一直是过去150年以来大规模城市化时代的传统规划核心。它常常看起来是一个混乱的、冲突缠身和危险的事业，因为它试图围绕一个场所来“整合”、“连接”不同的知识和实践领域。因此，一种更简单的选择是将政策关注打包（box-up）为场所品质，在有限的议程和影响范围内，聚焦在本地化的影响和开发土地和资产的权利上。然而，正如第1章介绍的那样，这导致了自身紧张的状态，因为它拖延了“功能性”

政策项目的实施势头，这些项目需要场地和特定场所的品质。20 世纪空间规划工作的历史可以被解读为一个反复的循环：从这个狭小的框架中突然涌现出以场所为焦点的战略能量。随后是常规化过程，并且通常是收缩的过程（Faludi and van der Valk 1994; Healey 1998a）。在 20 世纪后期的西欧，一种新的能量浪潮兴起打破了这个僵局，并再次为城市区域的场所品质发展了一个战略方法。本书中的所有三个案例都受到这种战略能量的影响，问题是影响的所及范围以及城市区域的场所品质受到关注的方式有所不同。

在处理这些问题时，关于空间战略制定实践的论述侧重于组织要素——调整行政管辖权和治理机制以适应城市地区的社会、环境和经济关系的实际情况存在难度。另一些学者则着重于不断构建概念和思想，以及不同话语和优先事项之间的竞争。我对这两个方面都感兴趣，但是我将其置于更广泛的治理过程和文化背景中。同时，我也对话语构建和实践的互动以及所追求的政策实质感兴趣。

正如前文所述，随着本书内容的不断深入，我使用了一种理解和发展战略制定实践的方式，使得两种学术思潮可以有效地衔接起来。第一部分是解释性政策分析，代表作包括 John Dryzek（1990）、Frank Fischer（2003）、John Forester（1993）、Maarten Hajer（1995）、Judith Innes（1990，1992）和 David Schlosberg（1999）。第二部分是关联地理学。包括 Ash Amin（2002，2004）、Doreen Massey（2005）和 Nigel Thrift（1996，2002 with Amin）的研究工作。两者都关注关系和互动，并强调构建有意义的社会过程。两者都强调在特定社会“场地”（sites）（或舞台或社会网络中的节点）中发生交互的复杂性，以及它们被嵌入历史轨迹和更广泛背景中。我通过“制度主义”分析的“社会学”变体将两种思潮连接在一起（Hall and Taylor 1996）。这强调了创造政策内涵和框架的社会性建构工作，以及将这种工作嵌入在人们体验和理解的特定社会轨迹的方式。“社会学”这个术语指的是治理过程和政策内涵是通过社会关系产生的，其中多个潜在的参考框架被构建、动员并形成政策话语，然后与各种治理实践相互作用。“制度主义”一词指的是由各种正式或非正式规范与实践的组合，组合复杂且不断演变，治理过程和话语被不断构建、巩固、挑战和转变。

迄今为止，鲜有研究涉足“社会体制主义”（sociological institutionalist）视角下的治理政策、解释性政策分析以及产生场所和空间模式现象的地理关系三者间的互动关系。地理学家通常对治理关系中的格局感兴趣，特别是在针对全球化、区域化和场所化等问题。然而，尽管强调治理的具体实例在特定的历史和地理背景下有很大的偶然性，但这些工作大部分涉及治理关系的宏观概括。相比之下，规划人员和政策分析人员的工作，习惯渗透在治理的关系和实践，探索其动力及其构成方式。在本书中，我试图展示城市区域“地理”的概念如何在特定情况下产生、触发并嵌入到治理话语和实践中。特别是，我感兴趣的是不断发展的关系网的流动性如何与“锚点”（fixes）相交，这些锚点成为某些思考和行为的方式，并被整合为公认的实践，然后对进一步的转变产生阻力。这种整合在政策分析中被称为常规化或制度化（Hajer 1995）。在区域经济地理学文献中，分析者将这些过程称为“嵌入”（Granovetter 1985）。我感兴趣的是政策话语和实践的嵌入和取消嵌入的过程，以及理解“嵌入”存在着偶然性，在某种情况下会挑战固定性，而在另一种情况下则寻求流动性的稳定。在本章的其余部分，我通过讨论第 1 章介绍的四个主题来制定这种方法。我特别关注治理问题，因为这是空间战略制定活动的核心能力。其次，我从其他三个主题来叙述，包括场所、空间和战略的理解、意义和概念。最后，我分别介绍这三个案例。

治理能力

城市治理和治理格局

对治理和治理能力的思考要敢于从政策和管理、政治和政策、政府层级、国家和公民、权威和合法性以及治理文化和流程的塑造等方面进行思辨。在 20 世纪中叶，通常会提到政府和“公共部门”的工作。公共部门被视为与“私营部门”、商业和经济领域截然不同。在民主社会中，正规的政府机制——行政法、政党、政府行政部门、民选政治家和指派的官员，这些角色通常被认为用于实现“公共利益”。“公共利益”是一个通用术语，用于表达大多数公民在正式的政治和行政管辖内的集体利益，例如一个国家、地区或城市的集体利益。政治代表和法定的正式机制检查政府组织是否合法和负责任地行事，即在法律范围内对公民作出回应。假定城市地区拥有市一级政府，也许会处在一个更大的政治单元（如郡或省）内，这个政治单元将采取连贯的方式管理和发展其“领土”。可以将针对城市地区的空间战略制定活动巧妙地纳入该政府组织，在空间上明确表达一种一致的发展方式。

半个世纪之后，这种识别“城市政府”活动的有序方式，因为受到城市治理活动的经验以及对治理活动绩效的研究和分析而有所削弱。对于“什么构成城市政府”这个问题，同客观定义“何为城市地区”一样困难。任何一个城市地区都可能有各种治理关系贯穿其中、围绕其中、凌驾其中。这些关系中，有的依附于正式的、分级的政府组织，为“城市层面”提供了一个特定的定位。其他组织通过围绕特定问题或地区的利益联盟来组织，它们可能与某个特定城市地区的特点有关，也可能没有关系。也可能有其他机构专注于城市地区内的具体问题和地区的发展，甚至还有与正式的市级政府竞争权力的合作伙伴和联盟。有些时候，那些倡导在战略制定中关注城市地区发展的人正在设法让混乱归于秩序，以某种方式“联合”分散的努力和计划。

在上文中，我使用了“政府”和“治理”这两个术语。在 20 世纪中叶，西欧常见的做法是将政府领域（通常指国家）与商业和民间社会分开。政府从政党政治和公民选举的政治代表中获得了权力和合法性。在政府内部，政治领域被认为是与行政部门分开的，其权力在某些政治体系中委托给受过合法培训的官僚，而在另一些政治体系中则委托给受过各种职业培训的专家。这种分离的一个重要价值在于希望防止私人利益干扰政府政策和计划的交付（或“实施”）来“破坏”（corruption）议定的政治优先事项。

然而，这个领域分离的概念在现实中从未实现，党派与阶级或社会利益派别之间的勾结从来都不鲜见。米兰案例（第 4 章）便提供了一个非常真实清晰的腐败事例。因此，在 20 世纪下半叶的荷兰，一种长期的民主政治风格将主要政党精英、主要的国家商业利益和工会代表聚集在一起，在一定的政策领域形成一种相对稳定的“社团主义”共识。关于空间组织，该政策的一个重点是有规划的城市化，特别是提供低成本、高质量的住房，同时在高密度的荷兰西部地区保护景观资源（Faludi and van der Valk 1994）。到 1970 年代，西欧城市规划实践中政府与商业利益之间的密切关系受到马克思主义分析者的批判，他们将国家描述为资本主义经济的一部分（Castells 1977）。在这个世纪的后期，实践经验和学术分析都强调了“利益集团”游说和“单一议题”政治如何跨越代议制民主的正式机制。公共政策分析人士密切关注政策形成和执行的关系，他们日益强调“政策网络”和“政策共同体”或“倡导联盟”的存在。

从相互关联的角度看，这些政策分析者认为治理活动是由复杂的相互作用所驱动和执行的，并将国家、经济和公民社会领域以不同的方式（且通常是高度不平衡的方式）联系起来。这些网络和“团体”以不同的组合方式将特定领域的专家、在各级政府工作的官员、游说团体和当选的政府部长等人群连接在一起。下面的案例阐释了“规划政策共同体”是如何形成，以及它们如何挑战和应对其他政策共同体和倡导联盟所关注的不同议题。这种侧重于治理活动的关系表明，它不能仅限于正式的政府组织领域，治理的关系以各种方式关联国家、经济和公民社会，包括政策形成和“交付”。

解释性政策分析师认为这些新出现的实践代表“政治”已经从代议制民主的正式舞台扩展到复杂的互动世界，并通过这个世界完成政策的制定和实施（Gomart and

Hajer 2003；Hajer 2003）。这表明，政策不一定在意识形态的政治大熔炉中制定，而是在知识的演进以及政策共同体内所发展的解释框架中形成。这些政策话语反过来塑造了政策干预的设计——管控工具、投资和管理项目、道德劝诫。它们影响治理的演进实践，但是这些影响并非以单一线性方式流动。旧的实践可能会抵制新的话语。在一个政策团体中出现的新政策话语可能会因另一个政策共同体所发展的实践而熄火。本书中的三个案例都说明话语和实践中存在一种与日俱增的不稳定性，政策参与者发现自己置身的舞台和实践时不时地受到周遭发展所带来的挑战。

“管理”（government）一词过于狭隘，以至于无法涵盖治理实践。“治理”（governance）指的是出于公共目的而推动的所有“集体行动”，其目的比个体主体更为广泛。正是基于这种考虑，我在本书中使用了“治理”一词。它意味着智力关注从在正式的能力和法律方面描述和评估政府活动，转变为承认国家、经济和日常生活领域，在政治和政策的构建、政策议题制定和实践中，以复杂的方式重叠和相互作用。基于这种理解方式，研究的视角必须从狭隘聚焦于政府的正式行为，扩大到涵盖通过集体行动实现更广泛的关系。

到 1990 年代，支持正式的政府组织与经济活动和公民社会领域分离的想法也受到政治意识形态的挑战。一方面，新自由主义议程已经形成，其重点是减少社会中正式政府的活动，并鼓励非政府机构和个人在经济和民间社会发挥更大作用，进而承担以前由正式政府进行的活动；另一方面，社会民主议程通过鼓励参与、赋权和政治包容的倡议，促进公民参与民主进程。这两种政治思想的发展都促使“伙伴关系”机构、半公共机构和“合约”方式的扩散。通过这些方式，政府参与者与商界、社区、志愿团体及利益协会的代表一起合作，发展和实施政策举措。这些议程有助于形成 20 世纪后期蔓延的，通常被称为“碎片化”的城市治理格局。治理活动的新组织形式引发了关于如何建立此类活动的问责制和合法性以及“公共”和“私人”部门之间边界模糊的难题。

新的治理形式也强调了密切关注关系网络和机构场所的重要性，通过这些相互连接的网络，不同群体交织在扩散的城市治理环境中。在这样的格局里，如何定位空间战略制定的计划？哪些关系会被包括进去，哪些将被排除？一些分析人士认为，“城市地区”与“城市政体”（urban regimes）并存，非正式的社会参与者网络建立了一个持久的联盟，指挥着城市地区治理的主要机构场所。据称，这种统治制度在美国城市地区已经日臻成熟，将地方商业利益与政治精英联系起来。在西欧，政策共同体和政治精英之间的联系更加牢固，对政党网络而言，将制度统一起来可能比构建商业联盟更为重要。本书的三个案例均阐述了这方面的不同情况。但对于城市环境具有城市政体这一概念而言，更重要的挑战是，可能没有任何稳定的联盟，将城市地区的治理活动纳入某种一致性或将各种关注整合于城市区域的发展。在城市地区开展治理活动时，不同关系纽带之间的矛盾可能过于分散或者因为努力发展任何一种稳定的制度而被撕裂。空间战略制定方面的举措可能会促使一些参与者把已经过时的做法和话语进行调整或转变，以及在动态、扩散和紧张的城市治理背景中建立一些连贯性和稳定性。

政治治理思想的转变为城市治理文献中的“治理”一词提供了另一层含义。一些分析家用这个词来描述集体行动模式的实际转变，在该转变中正式国家机构的作用大幅减少，其他社会关系的参与在更大范围中塑造了集体行动（Bagnasco and Le Galès 2000a）。例如，杰索普（Jessop 1995）使用这个术语来反映从 20 世纪中叶的“福利国家”安排向非政府行动者更明确参与的治理模式转变。从“管控理论”的角度来看，杰索普把这种转变联系到一种普遍寻求的新的“管控模式”上，以适应晚期资本主义经济组织的“积累模式”。但是更详细的城市和区域政策过程分析表明，“治理模式”存在各种各样的情况。国家、大公司和工会塑造政府政策的“社团主义”模式已经被提及。“合作伙伴形式”可以被看作是重新铸造这种模式的一种更宽松和更灵活的方式。但是，这种“伙伴关系”也与“庇护主义”（clientelism）相呼应，当国家行为体与公司或公民发展庇护关系，将资金和管控方面的好处分散给个人支持者和朋友时，这种“伙伴关系”就建立了。为了限制这种潜在的“庇护主义”，已经发展了替代的治理模式，包括由核心价值驱动的意识形态政策；由明确的行政规则驱动的官僚主义原则；以及由科学知识合法性所驱动的技术力量。正是这些模式产生了一种“政策驱动型”的治理模式，它贯穿了 20 世纪后半叶西欧国家的治理格局，为形成多个政策共同体提供了基础。制定明确的战略并应用于编制行动计划是规划项目中的一个关键概念，实质上是一种政策驱动的治理模式。但正如案例所示，这种治理模式总是受到其他实践的挑战，而最初由政策驱动的模式可能会被其他模式所颠覆。因此，治理格局可能包含了几种治理工作的模式，某些模式或多或少地比其他模式更合理。

因此，城市地区在治理格局的素质和能力方面存在较大差异。空间战略的制定要考虑不同城市地区的差异性。在一些城市地区，这些做法可能在塑造城市治理格局方面发挥核心作用。在另一些情况下，它们可能被隐藏起来，只影响到一个非常狭小的行动舞台。随后的例子说明了这两种可能性。空间战略制定实践的分析师和实践者需要通过某种方式“阅读”具体实践所处的治理格局的维度和质量，以评估其影响和作用。一些分析师试图将这种多样性追踪到可测量的“因素”，“变量”以及因变量和自变量之间的因果链，以便对哪种干预措施能够产生何种结果提供某种解释。但是这种尝试无法捕捉到这些多重关系的不同速度、尺度和轨迹，或者它们共同演化和共同构成的复杂方式（Fischer 2003）。并没有简单的方法来分类和关联城市地区的类型和城市治理格局的类型，试图简化治理活动与城市地区多重关系的复杂互动，可能会错过产生新潜力和抵制新举措的抗争与协同作用。解释性政策分析人员利用历史、传记、文化人类学和定性社会科学的叙述分析传统来“讲述有关特定经历的故事”（Fischer 2003）。我遵循这种方法来介绍后续案例，以便将它们置于其特定制度历史和地域的动态中。

治理的格局分析

在先前的讨论中，我已经提到，目前在城市治理过程中常用的许多术语和概念，例如参与者、舞台、网络、话语、实践、结构、过程、文化。在本节中，我通过思考三个议题对这些术语作出了一些排序。第一是结构化势力（structuring forces）与独立分支机构（individual agency）之间的关系；第二是面对面的社会交往水平与常规做法和文化规范的更深层次之间的关系；第三涉及如何处理权力动态。通过这种方式，我试图提供一个概念性词汇，通过它来评估后面三个案例中空间战略制定经验的地位和变革力量。

我一般用“制度主义”的观点强调语境的重要性，这种语境表现为随着时间的推移，更广泛的力量与社会群体的特定历史和地理相互作用。我强调意义、知识和价值的社会定位和社会建构性质，以及这种世界观的定位方式与通过学习过程挑战和改变这些世界观的能力之间的复杂关系（Fischer 2003；Hajer & Wagenaar 2003）。这就导致了人们关注“系统”或“结构化势力”的塑造力量、场所特殊性与个人想象，并调动注意力和行动的能力，以及话语和实践之间的关系，这种关注挑战并潜在地改变这些结构化势力，并维持着它们。因此，我同意那些强调结构和代理相互关系的社会学分析者，他们没有偏重“结构”分析或“代理”分析（Giddens 1984）。个体可以在制定空间战略和城市规划方面发挥重要作用，在下面的案例中显而易见。然而，这些战略往往成为物质性投资和基础设施建设的结构化参数的一部分，随着时间的推移，这些投资为后人的体验和发展提供了物质机会和场所的概念。

吉登斯（Giddens）确定了三种关系，通过这些关系结构化势力塑造了具体的行动，同时结构化势力也是这些关系所产生的结果。第一种涉及分配结构（物质性资源——财政、土地、人力的分配方式，例如，对基础设施的公共投资或土地和财产的投资过程）。第二种涉及权威结构（规范的制定、价值、管控程序，例如土地的使用和开发管控，或环境影响评估过程）。第三种涉及意义系统（参照系、意识形态、理性、话语）。正如这些案例所表明的那样，空间战略制定举措的定位与城市发展投资资源的特定配置、城市发展项目和方案的管理条例以及关于城市地区质量和适当发展轨迹的参考框架和具体论述有关。但这些举措也可能是出于改变这些配置的雄心，以实现城市“区域”的不同物质成果和身份认同。

这是怎么发生的？治理过程似乎是嵌入于强大的社会关系和文化惯性中，然而，它们确实也发生了改变。为了深入探讨这些变革性的动态变化，区分三个层面分析治理活动的执行有所帮助（表 2.1）。这里我不是指政府机构“层级”的传统等级模型。相反，我指的是有意识关注的层级。第一个层级是在空间战略制定过程中发生的具体互动。这种情形可能会随着时间的推移而发生，涉及许多参与者，他们在不同的舞台或制度领域，每一个都有独特的环境，但都涉及人与人之间的直接互动，以各种方式发展和挑战有关城市区域发展的议程和概念。每个案例都提供了从 20 世纪中叶到现在的若干事件的叙述。

治理表现的三个层级 **表 2.1**

层级	维度
特定事件	· 参与者—角色、战略、利益 · 舞台— 体制性场所
治理过程	· 网络和联盟 · 话语—语言、隐喻、从参考框架所派生 · 做法（Practices）
治理文化	· 可接受的治理模式的序列 · 内在文化价值的序列 · 正式和非正式的批评过程，通过这些过程使治理过程合法化

资料来源：改编自 Healey 2004a，P93

第二个层级是制度化治理过程，也就是正规政府机构的常规做法和话语，以及许多治理活动在例行开展时所涉及的各种非正式团体和网络。我使用术语“话语”来指代政策语言和隐喻，这些语言和隐喻通过聚焦、论证和法治化政策计划或项目而发挥作用。这个词汇或隐或显地表达了一个或多个意义框架，它建立了如何看待“问题”和“解决方案”的方式。我用“做法”（Practices）一词来指代治理活动实际上所体现的效果、意义和价值。话语和做法可能会协调一致，因而人们所做即其所言。但众所周知，它们可能会不一致。也许是因为故意操纵治理活动被感知的方式，但这也可能是因为话语转换的速度和方向异于做法的转换。因此，话语和做法之间的关系可以更好地被理解为持续潜在的紧张关系。如果关于优先事项的新想法要发挥作用，它们将需要渗透到那些拥有资源和管控权力者的话语和实践中。这通常意味着挑战既定的网络和联盟。

第三个层级指的是文化的假设。那些在治理活动和重要集体行动中的修辞和实践，从中获得其意义与合法性。这些关于应该优先重视哪些价值观以及怎样的治理方式是合适的假设，在对治理工作的批评性评论中被激活。在这一层级上，媒体、压力团体和抗议运动等治理活动的批评者和监督者推动了适当的治理实践规范，以及关于城市“区域”特质和发展轨迹的想法，并就治理举措和过程进行了激烈的辩论。

为了产生重大影响，着重于城市“区域”发展的空间战略制定计划需要在城市的“场所”（place）概念背后积累足够的力量，以调整资源分配（尤其是与发展和基础设施相关）和管制实践（特别是关于环境质量以及如何使用和开发土地）。这意味着此类计划可以形成框架概念或政策话语，具备超越“场景”（episode）——表述它们的制度场所（可能是倡导联盟、战略规划办公室或咨询活动）——的能力，从而形成和转变资源分配和管制程序的制定。这需要在某个场景的层面充分调动权力。但是，这样的能量在某个场景的运作中可能会受到鼓励或抑制。制度化话语和实践，以及治理过程的动态可能会扩大战略计划的机会。或者机会空间非常有限，只留下细缝般的狭小空间使得新的想法可以渗透到更广泛的背景中（Healey 1997；Tarrow 1994）。

同样,更广泛的治理文化可能会推动或脱离在某个战略性场景中提出的观点。因此，尽管各层级之间相互作用，每个层级都可能以不同的方式并沿着不同的时间尺度发展。以城市地区为重点的空间战略制定计划可能无法在一个时期渗透到“主流”治理进程中，但仍可能与治理文化的演变发生共鸣，而后可能对治理进程施加足够的压力，使早期战略制定者所倡导的话语和实践实现重大转变。这意味着对战略影响的分析需要在相当长的时间范围内进行，同时要仔细关注在一个话语中产生的想法在治理格局中向其他制度场所“传播”，渗透到治理过程并沉淀到治理文化中的程度和方式。

以这种方式对治理活动进行分层分析，可以更清晰地显示权威、分配和框架性权力如何进行斗争，以及如何通过特定代理人的力量（例如在某个空间战略制定场景中），自身构建的动态结构被改变。这意味着结构化动态机制塑造媒介的可能性总是有限的，而这取决于代理人如何回应可用的机会。熟练的动员能力可以挑战和改变特定情况下的结构化力量。这表明，城市空间战略制定的每一次经历都大不相同，因此不适宜进行经验间的比较。然而，正如案例所显示的，类似的影响经常出现在很多场所。我们是否可以概况为塑造城市治理格局的更广泛的驱动力，这些驱动力从20世纪中叶到现在会如何变化？如何对执行城市“区域”空间战略的时机进行配置？是否寻求对公正分配和环境福祉以及经济活力的关注？

早期提到的管控学派的观点声称，一个连贯的、综合的城市发展战略适合“产业”积累模式的逻辑，即提供场地、建筑物和交通运输，使生产更有效率，并组织城市发展为工人提供廉价住房和福利支持。随着这种“积累模式”的瓦解，对于城市发展管理综合方法的需求就越来越小。相反，更多的关注是为新的生产、商业、金融和消费活动提供适当的空间，并促进通讯基础设施的建设，从而使个体企业和集群能够更轻松地扩展到全球市场。管控学派认为，这导致了一种转型动力，该动力试图将“锁定”为旧有的综合性“管理型”治理模式转向更“企业家式”的方法来开发城市资产。在随后的所有案例中，都有迹象表明这种动态。但这一论点认为，经济需求至上，在这种情况下，旨在将经济、社会和环境因素结合起来的城市空间战略制定的综合方法注定会被颠覆成一种经济动力。然而，经济力量只是城市治理进程所面临的压力之一。当代西欧还有其他一些运动——对环境质量、生活方式和文化价值转变的关注，这些运动也对治理过程和治理文化具有重要影响，并有可能控制经济逻辑。因此，城市空间战略的斗争不仅是适应过去的经济还是创造不一样的经济未来之争，而且也是在城市日常生活不断发展的条件下推动某种未来之争。

因此，治理格局的转变涉及对物质性和意义的争夺，对获取物质资源和管制权力的争夺，对建立塑造治理注意力和塑造实践的参考框架的争夺。从这个角度看，权力远不止是政府机构的正式权力。它不仅仅是有权势的个人或广泛的组织力量将议程强加给他人的能力。这不是一件可被占有的“东西”，而是一种动员和压制注意力的能量，从而在某些条件下实现对他人的控制，但也产生了承担项目，鼓动抗议活动并将精力集中于集体项目的力量。权力和治理能力并非仅存在于政府部长的正式选举职位上。相反，这种能量一直在许多舞台上传播，或多或少地被赋予正式的职能和法律权力。不同时期的差异在于，治理关系的模式、涉及谁参与、在哪些机构领域进行、受到什么制衡和以什么能力对其他人施加影响。权力也不仅仅是威权，以命令和控制的方式呈现的“控制权”。权力也是一种启动力（generative force），表现为潜力——行动、做事、动员、意象和发明的能力（Dyrberg 1997；Giddens 1984）。艾伦（Allen 2003）提出了将权力视为社会关系中内在力量的四种方式：行使权力、统治的企图、作为操纵和说服性的行为，以及“引诱”或吸引其他人某种立场或态度的企图。正如这些案例表明，城市“区域”空间战略制定的举措在很大程度上依赖于他们通过具有说服力和诱惑力的特质来调动注意力的能力。但他们还需要获得正规政府行政当局的法定权力，并通过公认的社会团体构建特权的话语和实践不断地接受支配，如“社团主义的”（corporatist）和“庇护主义的”（clientelist）治理模式，或个人或社会团体的利己策略。

先前我已经概述了城市治理和治理能力的一种方法，该方法将为案例研究提供参考。其缺陷在于这些方法是以历史叙述的形式呈现的，而不是按照分析类别划分的。现在，我进一步通过研究治理活动更具体的维度来补充这种理解，这些维度对于空间战略制定特别重要。它们构成了我从案例研究经验中汲取的其他三个主题。每个主题将在第 6 章至第 8 章进一步扩展，所以我在这里只做简单概述。

知识和意义

以城市“区域”为重点的空间战略制定涉及生成框架性思想和组织性概念，通过这些思想概念的“召唤”（summoned up），城市区域在治理背景中是“可见的”。它涉及对某个城市“区域”的现象进行“框架化”和“命名”（Schon and Rein 1994；van Duinen 2004），将不同关系的流动和动态复合体转化为某种概念实体。这种框架或“看”的方式不可避免地是一种简化和选择性的观点。但是，如果有足够的参与者相信了该框架及其产生的话语，那么该框架就积累了从其形成的制度场所流向其他舞台和实践的能力，并由此产生成果。对治理过程的制度主义分析强调了空间战略制定场景中“唤起”（called up）意义的系统，它们如何相互作用以及如何通过相互作用产生和扩散话语。许多分析人员把重点放在学习过程上，通过这些学习过程，知识在政策过程和组织背景中被获取、解释和重新组合。但是重新构建的过程不止如此，因为它们涉及改变从信息和知识点中生成的意义。重新建构的战略制定是有关创造性的发现以及系统学习，它涉及知识创造和获取（Takeuchi 2001），它需要对议题、新的优先事项和压力产生新的思考方式。

框架是组织我们所“知道”的东西的意义系统（Schon and Rein 1994）。弗里德曼（Friedmann 1987）认为，整个规划事业就是关于从知识到行动的关系。但是“知识”所包含的内容以及“意象”、“知道”（knowing）和“行动”（acting）这些领域是如何相互关联的？政策分析和规划的既定思想是，知识主要是“科学”的知识，通过演绎逻辑的惯例以及经验证据和实验的归纳探究得以形成。这些知识为确定战略参数提供了基础，而战略参数又可以在规划中表达出来。规划被期望成为“实施者”遵循的行动方案基础。这种线性模型强调“规划”之前的研究和分析，然后规划再被“实施”。然而，事实上，许多有影响力的空间战略是在任何人知道要研究什么之前产生的。概念和优先事项不仅来自体系化的科学知识，而且来自经验、意识形态、专业概念和政治手段。在知识和行动之间建立战略关系并非线性的或逻辑的，而是一个复杂的、互动的、持续的活动，其中不同形式的知识被“唤起”，产生并被赋予意义。

对于城市治理过程的分析者来说，这意味着需要注意政策制定过程中所调动的知识范围和类型，以及注意“会成为什么”的意象性概念如何面对各种各样关于“现在是什么情况”的知识。这些话语形成过程强调了什么和忽略了什么？某个战略框架一旦形成，从一个场所转移到另一个场所的效果如何？当从一个舞台转移到另一个舞台时，这个“看到”一系列问题的新方法是否依然有效，还是会转化回现有体系？这些问题的核心在于评估新的政策话语如何以及在多大程度上有可能在治理实践中扩散并成为制度（Fischer 2003；Hajer 1995）。这些问题将空间战略制定场景中的“政策学习”讨论转化为对知识生产的复杂理解，理解将概念和具体话语建构为不同的认知和认识论之间的斗争过程；这也就是知道的方式。

20 世纪建立的“科学”知识观点试图从正式政治领域的权力斗争中分离出“客观”的知识。被称为“实证主义”科学的目标是发现支配自然界现象的法则。科学家寻求实验测试或统计分析技术所验证的因果规律（Fischer 2000；Lindblom 1990）。这为他们的结论和预测提供了合理性，然后这些结论和预测用来批评、维持，并提供改变政治议程和话语的理由。科学家的合理性扩大到技术工作的经验——医生、建筑师、工程师，以及后来的政策分析者和规划师。正如这些案例将显示的，科学家和专家的观点，除政治之外，拥有比政治家或公民更为正当的特权知识，对 20 世纪中叶的城市规划师和政治家产生了强烈的影响。然而，到 20 世纪后半叶，这一权威受到了广泛的质疑。科学知识本身被证明是通过特定的观点和范式来构建的，这些观点和范式建构了实验和分析并使其具有意义（Barnes 1982；Latour 1987）。由于主要开发项目受到抗议团体和媒体的质疑和讨论，专家知识的弱点也被暴露出来。环境压力团体首当其冲揭露了正式化技术知识的弱点，并突出“场所”知识的价值——“场所”知识指人们通过日常生活观察和体验以及通过文化传承所知道的东西（Geertz 1983）。对应用于商业领域知识的分析也强调了经验性知识的重要性，以及实践中隐含的，谋略性的知识和表达出来的知识。

正是这种知识观支撑了前面概述的“社会学”制度主义。这种观点强调，所有的知识都是通过社会过程来构建的，这些过程会筛选出所经历、观察和意象的东西，将其安排到意义系统中。这些意义是由背景、目的、价值观和权力关系来塑造的。它们是在社会实践中形成的，而非与之分离（Ingold 2005）。正是在这些实践中——实验室、议会厅、专业工作室、战略规划团队、办公室会议、为项目讨论财务补助等——

知识的形式相互碰撞，被筛选并安排到论据、正当性和因果的概念中。在这些社会背景中，有时被称为“实践共同体”（communities of practice）（Wenger 1998），人们参与关于意义和价值观的论证，并对重要性、有效性以及其他知识主张的完整性作出“实际判断”。知识生产和组织的策略存在于这些筛选、意义创造、论证和实践判断的社会过程中。正如桑德考克（Sandercock 2003a：73）所述：“没有什么比认识论上的斗争更具政治性”，这个斗争是关于意义以及治理过程中哪些知识起作用。因此，关于空间战略制定的斗争，就是在构建战略并使其具有正当性的工作中，哪些知识发挥作用的斗争。

制定城市地区的空间战略，既要从横贯某个地区空间的多重关系网中“想象”某个城市区域的概念，又要汲取知识并探索、证明、发展和测试新出现的想法。它必须利用一系列关系中的“分布式智能”（Innes and Booher 2001）并证明通过这种智能产生的概念是合理的。这些战略制定的制度舞台实际上是社会性建构概念的场所。这种制度性场所是邂逅、学习、争辩和创造性发现的场所，这一点在后面的案例中会逐步清晰。关于这个场所是什么和可能是什么的理念与知识呈现动态的混合，战略制定和战略框架形成的工作产生了某种固定的意义，通过这些意义可以集中和塑造公共政策干预措施。考虑到围绕某个城市“区域”的场所产生的政策重点将挑战在其他政策部门，在经济和社会的关系网络中所形成的框架和意义，这些城市区域的意义框架可能往往是脆弱的，或者因为太软弱而无法积累力量，并在治理格局的时空中经受考验。

“城市”和“城市区域”的概念化

空间战略制定过程不仅仅是吸收某种知识。一个以场所为重点的战略，要借鉴和引出场所的概念、场所的特质及其相对于其他场所的定位和动态。任何以城市地区为中心的空间战略制定都面临的挑战是，城市“区域”并非一个事物，可供分析者近似于“客观”的表达；相反，它是一种想象中的现象，是一个非常复杂的重叠的概念以及相互作用的关系，由不同的人以不同的方式来理解。城市区域这个概念可以由政治—行政逻辑驱动，例如界定一个城市管辖区的边界；或由分析性逻辑驱动，例如通过通勤路程和劳动力市场区域的统计测量来标定。关于某个城市的想法可能被放置在一组具有类似特征的城市地图上，如“全球城市”的分类（Taylor 2004b）。或者它可能是由情感因素引起的，比如人们对自己长大的场所或者游历过的场所，或者他们现在居住的场所或者对一支足球队的认同感（Hillier 2000）。“意象中的城市”的共鸣将与一种氛围或一些建筑物的街道相联系，这为人们捕捉到了这种特殊的感觉。在任何能引发关于该城市意象的地区，可能会有许多潜在的“意象中的城市”（Healey 2002；Vigar 2005）。

规划领域在尝试提供城市和城市区域的象征方面存在着丰富而引人入胜的历史。支撑这一历史的是以“全面”的方式把握“整个”城市的努力。规划师和城市主义者一直在想方设法综合城市复杂的社会空间动态，这些动态的多层次的关系以不同的规模运行，并经常相互冲突，为此要形成某种“综合”的概念，从而可以“看到”并把握这座城市。然后，规划师们提出干预措施来促进对这种意象现实的物质塑造。他们的表达常常被纳入管理文化中，如荷兰的“兰斯塔德”概念（Faludi and van der Valk 1994）以及被“绿带”景观包围的英国城镇概念（Elson 1986；Hall 1973）。

规划师们的“意象城市”吸收了许多不同思想领域的灵感。其中之一就是空想社会主义乌托邦传统，其构建了完整的空间和物质形态。在小说、论文和建筑意象的背景下，他们通常将政治、道德和审美方面的考虑结合在一起，并试图将社会动态与物质形式关联起来。在 20 世纪，埃比尼泽·霍华德的《明日之田园城市》和勒·柯布西耶的《光辉城市》理念为改善城市条件的运动提供了强有力的意向。第二个传统与 20 世纪上半叶的“乌托邦”重叠，相信可以通过实证研究发现这个城市。受帕特里克·吉迪斯（Patrick Geddes 1915）的工作启发，有人认为调查、研究和分析应该为某个城市区域的构想提供基础。到了 1960 年代，英国的规划师不断地利用一系列的城市形态模型开展城市规划工作。这些想法在欧洲规划话语的概念中已经重现，包括紧凑城市、城市网络、门户、节点、集中式疏散、多中心发展和发展走廊等概念。

然而，自 1960 年代以来，社会科学对城市规划领域注入了大量思想，特别是地理学对城市空间组织动态的研究。在第 7 章中，我展示了自 1980 年代以来新发展起来的关联地理学如何挑战较为传统的物质性邻近（physical proximity）地理学。物质性邻近地理学着重于将横贯城市区域的关系进行整合，以特定城市形态表达一个社会—物质统一体。关联地理学侧重于横贯城市区域的关系网络的多样性，每个关系网络都有自己的规模和运行动态，组织成中心、节点和流，以及空间模式。这种地理学将空间呈现为“多轨迹的共时性”（Massey 2005）。因此，城市区域的关系并不一定是“整合”（integrated）的。它们可能处于紧张或严重的冲突中，特别是在特定场所的进入权利以及该场所的价值方面。这个概念强调了多重网络、网络相交的节点、城市区域的“多中心”，以及城市包括人、物、水、能源、信息和思想等多重流动的概念。

这种关于城市空间性的关系视角在规划领域并不是新鲜事物。梅尔韦伯（Mel Webber）在 1960 年代试图表达这样的观点，关注增加流动性和新沟通方式的重要性

（Webber 1964）。这样的观点也与个人经验有共鸣。建立了供应商—客户网络的公司可以选择在哪里扩展，以及何时重新选址。有些人的家人和朋友遍布各地，他们经常旅行，通过密集使用手机、电子邮件和互联网进行他们的社交生活，获得知识和物质商品，他们感觉更接近的不是近邻而是那些相隔甚远的人。在这样一种关系的视角下，如果场所品质具有价值，这种价值就体现在复杂的、变化的和相互冲突的关系中所“呈现”（presence）的“场所”（place）体验意义，城市地区的日常生活经验也是通过这种关系建构起来的。

在后面的案例中，我强调了某个城市地区的概念所产生的共鸣以及它们调动关注的能力。调查聚焦于“城市区域”概念引起政策关注的过程，以及其对于行动，知识形成和身份建构“创造”强有力关注的能力，借此产生实质性效果，围绕某个“场所”的集体行动得到加强。案例显示了“城市区域”的概念，它们积累的力量以及所执行的制度性工作如何随着时间的推移而演变。

战略聚焦和选择性

本书的焦点是空间战略制定的实践。但是，“战略化”（strategising）作为一项行为有什么特别之处？什么构成战略制定的相关性的和解释性的方法？我使用“战略化”这个术语来指的是从不断变化的关系中挖掘出潜力和可能性的感觉，在其中采取行动来干预这些展开的关系，以期进一步实现特定的目标和品质。战略行动可能是形成一个项目，或者制定行动计划，或者为城市区域创建一个引人注目的有说服力的“愿景”，并组织他们的行动。战略化意味着“唤起”一个意义框架，尽管这可能并不总是明确的。

正如明茨伯格（Mintzberg 1994/2000）和布赖森（Bryson 2003）强有力地指出，战略性思考与制定一个战略或规划不同。战略性思考涉及一种思维方式，在这种思维方式中，基于对某项事业的重要性、事件、情节和可能性不断被解释，该项事业随着时间的推移在特定动态的环境中演变。根据新的信息以及对该项事业的阻力和潜力的理解，它鼓励对行动的持续塑造。它挑战了“按照既定程序”或“这是我们一直以来所做的”方式。在城市地区发展的集体行动背景下，战略性思考包括选择和关注塑造这种发展的核心关系，以及针对这些关系的核心干预措施，这些干预措施会随着时间的流逝而产生变化。因为公共领域的集体行动总是可能受到挑战，为此需要建立权威和合法性，所以战略性思考还需要关注战略思想的说服力以及它们在治理文化中的可接受度。战略性思考的内在选择性因此具有深刻的政治意义；战略思考突出了一些问题和利益，而

“忽视”或忽略了其他问题。它综合了一些关系和联系，同时忽略了其他。战略思考的“整合”和“加入”总是在一定程度上将一些关系拉近在一起，而“分解”了其他关系。

按照此方式理解，战略规划的概念通常会在出台和使用法定审批的战略或战略规划过程中忽略了战略性思考。最近在管理和规划领域的作者一直小心翼翼地将这个忽略区分开。布赖森（2003：38）认为：

> 战略规划可以被定义为一种训练有素的工作，以产生基本决策和行动，从而塑造和指导某个（主体）是什么，它做什么以及为什么这样做。

这种“训练有素”（disciplined）的流程可能会产生一种战略，但这并不一定是最好的法定规划。正如布赖森和明茨伯格认为的那样，过多的形式化可能会破坏与战略性思考相关的特性。某个战略可以更好地理解为某种话语框架，它保持着对关系、质量、价值和优先事项的批判性理解。

理解规划和公共政策领域战略性思考的意义和实践借鉴了几种思想传统（Albrechts 2004）。在 1970 年代后期，制定战略与实施战略的做法之间形成了鲜明的区别。类比军事，将政治领域与行政领域分离，在战略与行动之间假定存在等级关系和线性关系。战略的发展与战术不同，这种差异也体现为“实施”、“操作性”和“细节”等术语表达。特别是在 1960 年代，有人提出可以从科学分析和城市区域动态模型中发展出战略，通过这些分析和模型可以评估和选择适当的干预措施。最终的选择可以表达为“规划”，然后可以实施。以此方式，制定战略的智力工作（分析、建模、预测和系统评估技术）可以与建立一般价值观的政治工作（即在不同的“方向”中做出选择）完全分开，以及与实际让事情成为现实的混乱组织工作分开。

这个线性概念自此在管理、政策分析和规划等领域受到了广泛的挑战（见第 6 章）。它已被公共领域中战略制定（strategy-formation）和使用的概念所取代，后者以不同参与者之间的某种合作形式，通过正式和非正式的互动过程，汲取不同形式的知识。在这种观念中，智力和意象力的工作与政治考虑和斗争相互渗透。某个战略与知识、价值和政治共同演变，而这将赋予其权威、合法性和建构的能力。它的形成是特定制度环境下的产物，这个环境塑造了被认为是战略性的东西，然而它可能具有挑战和改变这种环境的能力（Hajer 2005）。在城市地区的复杂动态中，不能期望战略“控制”新兴的社会空间格局。相反，它们是有风险和实验性的干预措施，被“投入”到多个关系网络的持续动态流动中，希望能鼓励一些有益的关系，并抑制其他可能有害的影响。这种对动态复杂情境下的战略制定过程理解与本书所形成的治理动态的社会－制度主义理解相辅相成。这就提出了以下问题：在上述意义里，空间战略制定在多大程度上具有“战略性”呢？以及它们在多大程度上具有改变城市治理动态的能力（无论是否有意为之）呢？

探索经验

在本章中，我从关系视角进一步深化了我的想法，重点是将城市“区域”的空间战略制定作为治理活动。我强调了在演进的背景下设置城市治理活动的重要性，这意味着要通过过去的动力与新的驱动力和分支机构能量（agency energy）的相互作用来密切关注治理关系的发展方式。为此，我提出了治理能力、知识的生产和使用、场所和空间的思考方式、战略的本质等维度，这些为随后三个案例的叙述提供了词语库。这些词汇和视角将在后面的章节中逐步形成，以便理解城市“区域”空间战略制定的变革潜力和局限性，以及战略制定追求丰富多元概念的可能性，包括公正分配、环境福祉和经济活力的结合，而不是狭隘地关注少数参与者和社会团体的目标。

接下来的三个案例叙述了自20世纪中叶，空间战略制定的演变。每一个都以在1990年代末和21世纪初发生的重大事件为终结。我的叙述止于2005年，但这些实践仍在继续展开。每个案例都说明了空间战略制定中的几个明确举措或“事件”。每个事件被定义为在一个时期，对城市地区发展作出的战略回应，虽然对于这种努力而言并没有精确的起点和终点。他们倾向于异军突起，然后折回到正在进行的治理活动潮流中。正如本章前面所提到的，每个事件涉及交织在若干舞台的许多互动，其中不同的参与者被吸引到战略制定、巩固和扩散的碰撞与活动中。

本书所选择的三个案例——阿姆斯特丹地区、米兰地区和剑桥次区域差异性非常大，不应视为“样本”或“良好实践”的范本。它们仅是城市和城市地区空间战略制定的努力尝试。尽管它们的制度背景有很大不同，但是都表现出复杂的增长和衰退动态。它们都面临着与发展和基础设施投资以及开发管控方面相关的挑战，但这些挑战以不同的方式得到解决。在欧洲空间规划话语中，这三个地区都位于欧洲西北部的动态“增长区”（CSD 1999）（图2.1），它们对其国民经济意义重大，同时具有非常显著的场所敏感性。

阿姆斯特丹具有悠久的战略规划历史，至今仍被颂扬（Jolles *et al.* 2003）。它是荷兰的首都，被公认为荷兰最大且国际知名的城市。它不是行政首都，而是金融、商业、工业和旅游的中心，在其城市核心有着引人注目的遗产环境。其市议会设法在广泛地

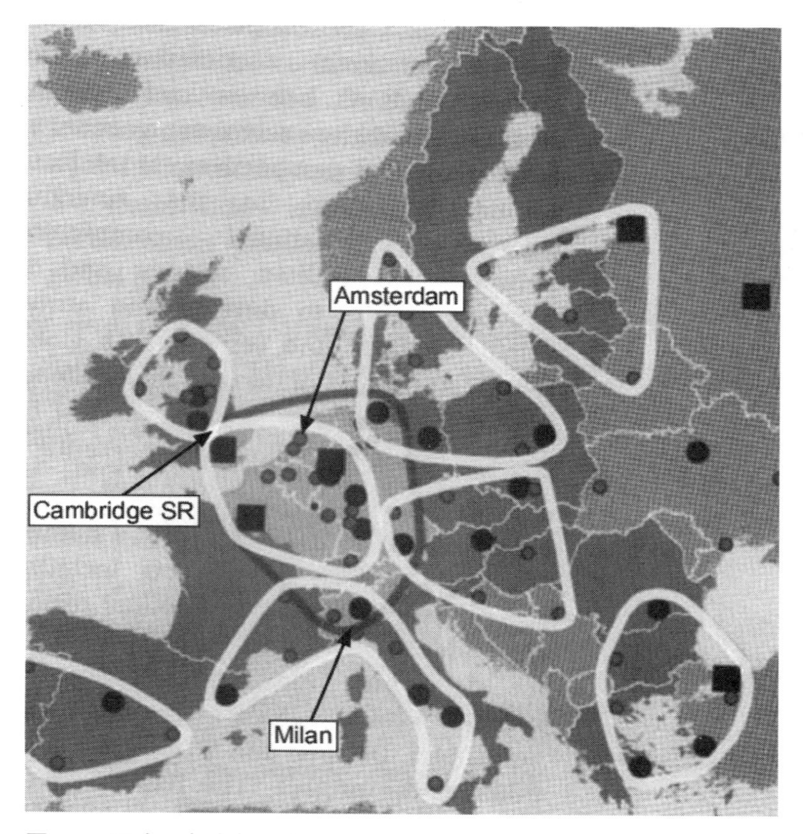

图 2.1　西欧三个城市区域

资料来源：底图来自 Mehlbye 2000，获得波恩 BBR 的许可。这张图片展示的是在 ESPON 项目开发过程中产生的潜在欧洲大都市合作区的早期草图

域获得直接管辖权，包括一直非常积极地将自己的地域定位为范围更广的“阿姆斯特丹区域”，即荷兰西部地区，以及在国家的城市政策方面也一直积极争取。它利用国家的权力和财政维持自身在物质发展中的主要角色，所以它是一个主要的土地和财产所有者以及服务提供者和开发管制者。因此它有很多“实施”物质开发的经验。19 世纪以来，已经有了指导阿姆斯特丹地区物质开发的战略空间规划，并在 1935 年制定了一部获得国际认同的关键规划。到 2003 年，当地的城市规划委员会自成立以来已持续服务了 75 年。第 3 章介绍了战后城市和区域战略规划历史中的最新经验。这个案例最后介绍了最新制定的战略规划过程，即 2003 年的结构规划（DRO 2003a）。

米兰是意大利北部的重要城市，与阿姆斯特丹一样，现在被公认为意大利事实上的商业和金融之都。它也有传统的小型家庭作坊和大型重工企业，后者受到经济结构调整的严重影响。20 世纪的重要经济纽带集中在时尚和设计产业上。它在制定城市发展规划和项目方面有着丰富的经验，在文化精英阅读的杂志中经常可以看见对设计理念的讨论。这里曾经是意大利北部平原富饶地区的文化霸权核心，它的精英活动和住宅聚集在城市中心，城市的物质区域及其经济和社会关系一直在不断扩大的大都市区中迅猛地扩张。在整个意大利曾兴起过一波关注战略城市规划的浪潮。但是，在城市范围的集体参与能力受到米兰政府的阻碍，政府一直受到腐败政治的困扰，并破坏了许多成熟的治理网络实践。在这种困难的情况下，第 4 章的叙述总结为在 1990 年代后期尝试发展的一种差异性的管理城市开发的方法，最后生成了一个“框架文件”，旨在为战略的发展和指导新的土地利用管控实践原则提供基础（Comune di Milano 2000）。

由于新技术产业和伦敦大都市区的扩张，英格兰南部的剑桥次区域近年来经历了动态的经济增长。这个地区发生了翻天覆地的变化。它距离伦敦仅有 50 英里（80 公里），曾经是一个著名的学术胜地、英国精英政治家和公务员身份象征和组织的中心地带。国家、地区、郡和区级政府都强调保护这里历史悠久的大学环境和周围的绿地景观。但这样的战略随着高速公路、铁路和斯坦斯特德（Stansted）伦敦新机场的投资，以及新“知识经济”产业的扩大，变得越来越难以为继，这个区域被推动成为“伦敦东南部”不断扩大的具有全球影响力的大都市区。第 5 章阐述了管理城市开发的管控方法实践以及它们从增长抑制战略转向增长导向战略时遇到的困难。它充分体现了在英格兰南部采取一个高度集中的城市发展方法，会遭遇反对乡村地区发展的文化抵制，如果把城市视为“问题地区”，更需要更新而非增长管理。

这些案例并非以“良好实践”范例编写的。相反，他们的目标是根据当代的历史和地理特征开展工作，尽管有更广泛的力量导致了所有案例的某些共性，但这些特殊性对于战略空间规划事业的前景非常重要。这些报告是叙述性的，在前文的主题指导下，提供了“粗略的描述”。它们大部分都是以叙述性年表的形式写成的，就像制度的“历史”一样。有太多的角色和太多的事件要以个人日记的形式来描述，或者甚至要深入探讨每个阶段的具体体验。对于一些角色来说，某一段事件是他们多年工作生活的核心。有些人时不时给予它偶尔的关注，其他人则大力发动运动或捍卫立场，但随后失去兴趣并回到其他的当务之急。即使存在强大的结构性压力来维持一个事件，通常也要依靠正式程序的节奏以及关键角色的积极性和奉献精神。在写这些报告时，我试图追踪想法和实践，规划活动和更广泛的治理过程之间的相互作用，因为这些过程随着时间的推移而不断演变。我在附录中提供了更多关于我如何构建每个案例陈述的细节。面临的挑战是展示每个战略空间规划“故事”的特殊性和偶然性，同时提供材料，探讨每个叙述对本章讨论主题的看法。

第3章
阿姆斯特丹城市发展的战略塑造

荷兰的战略规划已经达到了一个前所未有的成熟程度（Faludi and van der Valk 1994：122）。

有意识的物质规划在阿姆斯特丹一直很重要……与其他城市不同，阿姆斯特丹的城市规划总是与城市文化和城市政治密切相关（DRO 1994：215）。

阿姆斯特丹的方法通过行动……导致政策创新……根据对政策机会以及制约因素的机会主义观点，本着法律的精神采取行动，从而实现政策创新（de Roo 2003：289）。

引言

荷兰在政治进程中寻求不同阶层的共识，通过出色的公共投资来创造和管理建成环境与自然环境的惊人能力，在国际社会上备受赞誉。在荷兰，阿姆斯特丹市以其城市规划能力的强势性和持续性而著称。阿姆斯特丹大区设法拥有多样的城市特性，同时，也力图成为一个拥有强烈“自我”特性的城市。城市多样性体现在它的日常生活环境，社会文化多样性，工业、商业和金融活动，交通节点以及文化、娱乐和体育活动中。同时，它是一个由多个小社区组成的城市，也是由参与全球网络的经济、文化节点所组成的城市。尽管它不是中央政府的政治中心，但它是荷兰的首都，是所有城市中规模最大、国际化程度最高的城市。它同时也是一个多元化的旅游目的地，其独特的历史形态伴随着自由文化带来无尽的吸引力（Terhorst 2003）。在某种程度上，它同时存在小尺度和大尺度，对于认为城市场所品质核心在于开放和多元化氛围的人来说，这是理想的选择（Amin 2000）。它有一个充满活力和多样性的社会文化，对于不同的活动之间，以及对于“什么是阿姆斯特丹”的理解之间普遍存在着冲突。这一点表现在各类媒体、会议、示威、选举政治中，以及不时直接采取行动。在这种看似无政府主义的多重性中，阿姆斯特丹市议会（Gemeente Amsterdam）作为城市团结的体现，在区域、国家和欧洲层面发出强有力的声音；它同时作为战略者、监管者、出资者、经理、土地业主和土地开发商，在几乎所有城市活动中作为一个重要的存在。这个存在不仅仅是属于市议会，也被广大市民所承认，重视和评判。

在整个19世纪期间，城市发展的物质规划一直是市议会的一项主要活动。这个城市目前的城市形态大部分是这些战略以及其中具体土地开发项目的结果。市议会规划部门在2003年举办了一次特别展览，庆祝其成立75年的历史（Jolles *et al*. 2003），这是一个纪念该城市的空间规划师和其广泛治理文化的历史性展览。它不仅体现了专业规划的传统及其实践的超凡连续性，也反映了阿姆斯特丹独特的地理特征，这是一个由运河和商业组成的城市，拥有丰富的遗产、各类家庭社区、活跃的文化参与以及政治抗议活动。

本章将关注阿姆斯特丹战略规划传统和实践的演变，因为各个关键的利益相关方都在努力适应不同方向变革的压力。与本书中的其他案例一样，到1990年代，国家、区域和场所参与者要求采取战略行动从而提高城市区域的“竞争力”，确保它仍然是欧洲核心商业地点之一。与此同时，中央政府修改了为基础设施和城市发展提供主要资金的方式。在阿姆斯特丹，市政府正在经历城市地区扩张成为一个更广阔的大都市区域，以及更加分散和多中心的城市形态。到2000年，市议会地区拥有超过73万人口，在经过一段时间的下降之后再次增长，在更广泛的大都市地区有超过150万人口，城市区域的许多发展机会都位于这个更广阔的地区。

本章将目前的困境定位在一个始于20世纪初的时间跨度内。从20世纪中叶开始，城市地区就出现了几个明确的空间战略事件，通常与国家举措紧密相关。这其中包括制定阿姆斯特丹2003年结构规划（DRA 2003a）。最近一个时期是荷兰规划政策界的信心普遍下降的时期之一，但是阿姆斯特丹市议会保留了大量专业规划人员和研究人员。2003年的结构规划很可能是具有70年历史的“综合性”物质发展规划的最后一次，但它并不意味着阿姆斯特丹治理过程中关于城市和城市区域发展战略性思考的终结。

在福利—工业社会的城市扩展：20世纪中叶

1935年总体扩展规划

20世纪，阿姆斯特丹空间治理和规划的故事在荷兰和欧洲的规划历史上举足轻重。多年来，市议会始终处于规划创新的前沿，阿姆斯特丹的规划师不仅参与了荷兰规划思想的发展，而且参与了20世纪初更为广泛的欧洲规划运动。历史和地理相结合孕育了整个20世纪繁荣的规划传统和实践。在此背景下有两个关键因素，一方面是大规模开垦湿地和湖泊以进行农田和城市扩张；另一方面则是荷兰政治协商共识的传统，它孕育于一个宗教分化却和谐共处的资产阶级社会。阿姆斯特丹位于莱茵河河口的大三角洲，作为贸易、金融、文化和工业的中心，在 20 世纪下半叶一直是荷兰经济强国的主要地区。一系列关于土地排水和水资源治理活动使国家具有长期参与城市发展的传统。位于阿姆斯特丹西南部的哈莱姆湖在 19 世纪被排干，并为 1950 年代的城市和史基浦机场扩张提供了“圩田”。1876 年，北海运河（Noordzeekanaal）的开放，使阿姆斯特丹通过很短的路线都能连接到大海，并且为 IJ 河岸（IJssel lake）和运河沿岸的工业、运输和港口开发提供机会。在阿姆斯特丹东边、IJssel 湖上新建了圩田，由于圩田往往是国有土地，因此阿姆斯特丹市议会可以以扩张目的获得这些土地并通过兼并扩大其管辖范围。在这个过程中，它成为主要的土地和财产所有者（图 3.1）。在整个 20 世纪，市议会根据规划原则进行了大量的发展项目。

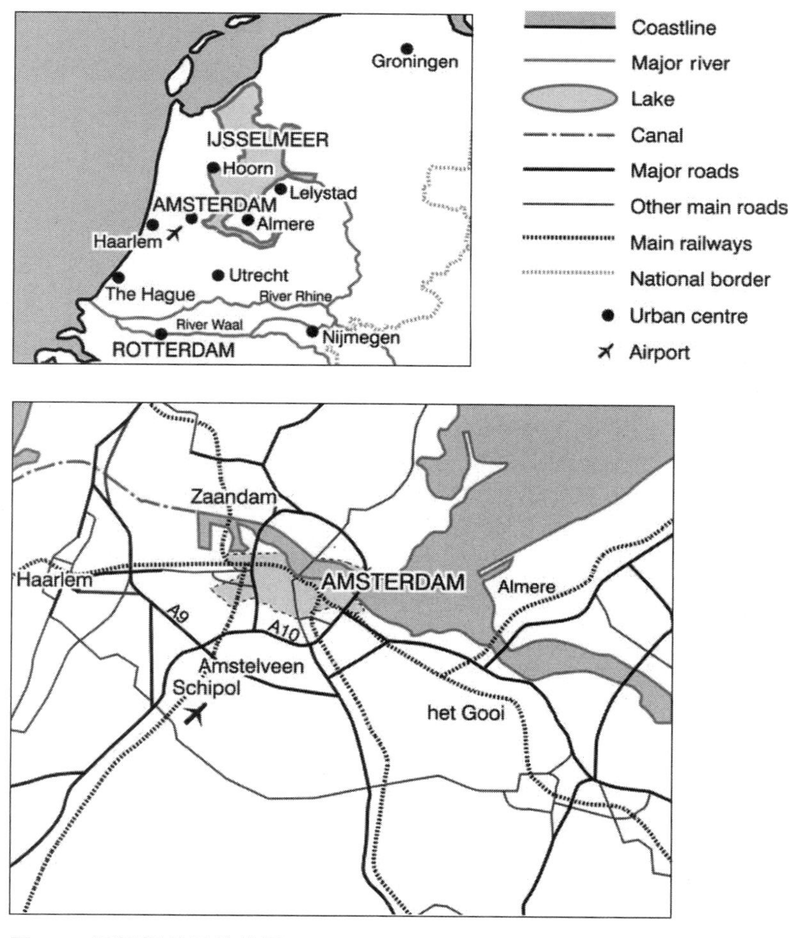

图 3.1　阿姆斯特丹的位置

直到1960年代，阿姆斯特丹城市发展政策的重点是城市扩展。总体规划是为个别扩张地区制定的。然而在1920年代，随着城市规划观念在国际上的发展，人们更加强调了城市发展的“综合性”观点。城市规划师Van Eesteren于1929年接管了该市新成立的城市规划部门（Dienst Publieke Werken），他认为城市规划不仅需要提供优质的社区生活环境，还要将城市新区相互联系，并连接到城市中心。由此也强调了应促进良好的公共交通网络。《1935年总体扩展规划》（The 1935 General Extension Plan）提议将城市扩展到南部，朝向西部的阿姆斯特尔芬（Amstelveen），横跨斯洛滕（Sloten）圩田区，以及沿着主要用于工业的Noordzeekanaal地区。其结果是形成了一种“指状”空间发展形态，周围嵌套着绿色空间，这个“指状”形态隐喻至今仍为阿姆斯特丹城市规划人员所使用（图3.2）。

在此阶段的阿姆斯特丹，规划是城市政府的一项重要任务。支持这一规划工作的政治背景是为工人阶级提供良好的生活条件。这推动了大量的国家干预，致力于改善住房条件和公共交通。该市在开发“福利社会”的基础设施方面处于最前沿，在20世纪下半叶的“福利社会”最终支撑了荷兰主要的政治关系是联盟（unions），国家和

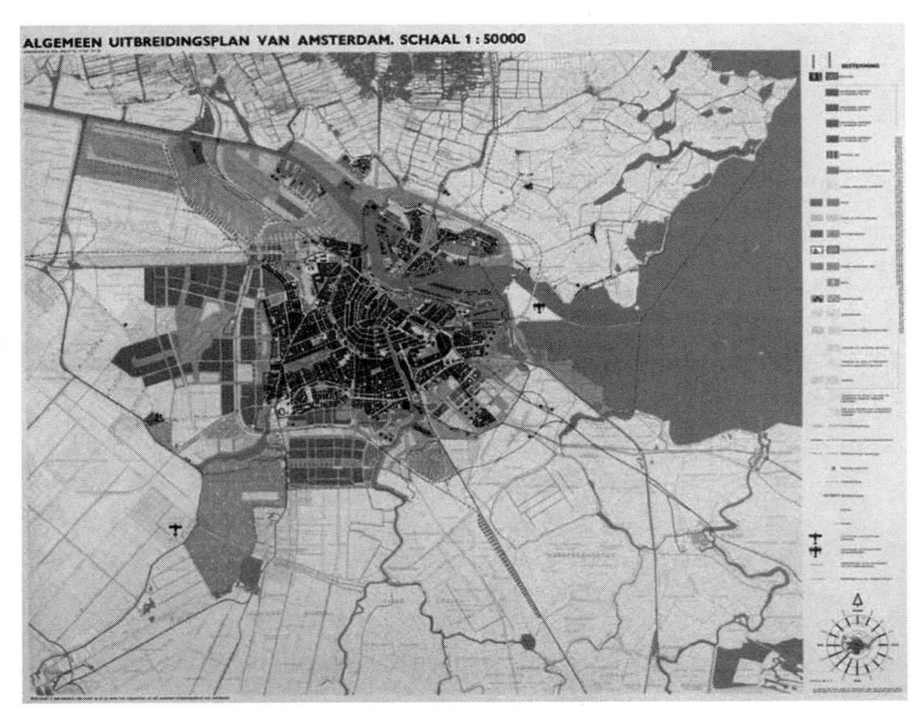

图3.2　1935年总体扩展规划

资料来源：经阿姆斯特丹市议会许可

产业之间的“联合主义”（cosociationist）或“社团主义”（corporatist）。（Mak 2003；Wagenaar 2003）。然而，即使在 1930 年代，富裕的家庭也开始转向周边的定居点，尤其是西部的沙丘地带以及 Gooi 东部的水域景观地带（Schmal 2003）。

由国家资助的城市发展

《1935 年总体扩展规划》的实施一度顺延到第二次世界大战之后。在战时期间，荷兰与其他欧洲城市一样，有关战后国家和城市空间发展的想法得到了积极发展。国家空间规划并没有如期制定，但是战后出现的住房和空间规划部成为政府的主要参与者，并对基础设施和住房项目进行投资。这项国家规划工作为荷兰的规划注入了重要的战略思想，其中最引人注目的是“兰斯塔德”（RANDSTAD）的概念。1940 年代开始在规划叙述中出现（Faludi and van der Valk 1994），并在 1960 年代被彼得・霍尔（1966）颂扬，这一形态学概念确定了荷兰城市化进程所形成的环形城市带以及被持续的城市

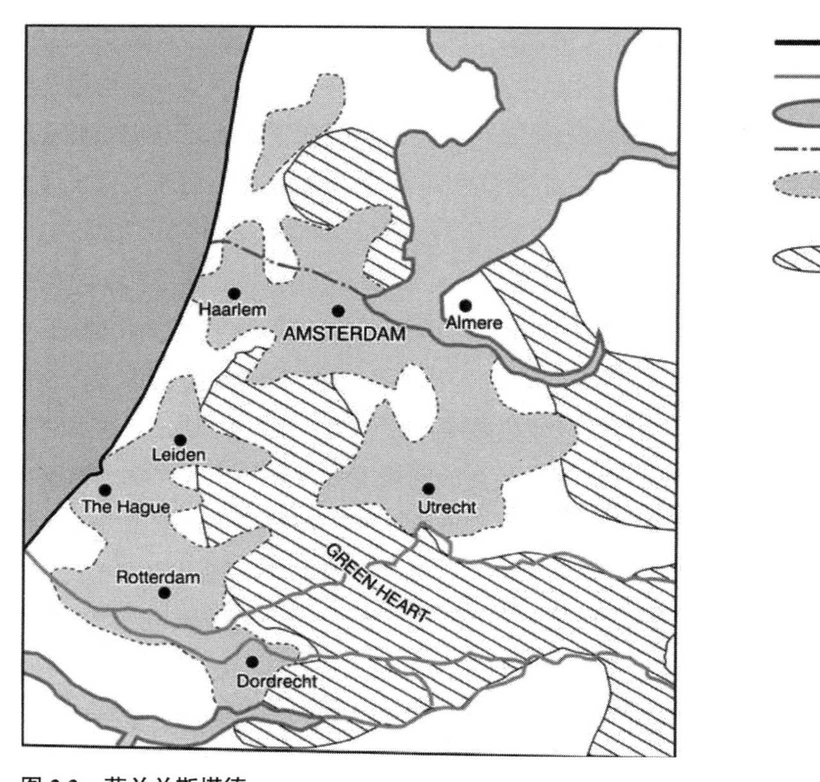

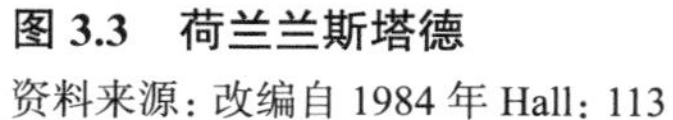
图 3.3　荷兰兰斯塔德

资料来源：改编自 1984 年 Hall：113

扩张所威胁的，展现在环形区域内的传统荷兰圩田景观，即所谓的“绿心”。如法吕迪（Andreas Faludi and Arnold Van der Valk 1994）所说，保护绿心抵制扩张开始支配政策话语或学说。

尽管由于资金困难以及主要跨河设施选址上的困难，导致了实施时间的延误，但是阿姆斯特丹在1950年代继续推行扩展规划。当时国民经济疲弱、财政有限，因此发展的重点主要是建设租赁房以应对大量不断增长的住房需求。阿姆斯特丹专注于提供租赁房屋地区，并强调当地生活环境的便利。按照《1935年总体扩展规划》的设想，住房扩张的主要区域位于西部（Slotermeer地区），并且扩大了城市的边界以纳入该地区。但是这些发展慢慢开始迎合哈勒姆梅尔市（Haarlemmermeer）的机场扩张，该机场由阿姆斯特丹市议会持有至1958年（Ploeger 2004）。由于家庭规模正在下降，这意味着市场需要的新住宅比1930年代预期的数量要多。市议会试图扩展到河流以北的区域，并在1960年代完成两个隧道，与南部连通。1958年达成了指导城市向北延伸的结构规划（Jolles *et al*. 2003）。基于这些发展，阿姆斯特丹成为补助性租赁物业的主要所有者。城市议会和中央政府的经济关注点在于发展港口区域附近的工业活力，对阿姆斯特丹城市的商业和金融角色则关注较少（Ploeger 2004）。然而，市议会制定了关于市中心的政策说明（1955年Nota Binnenstad）。这巩固了城市以经济和文化为核心的单一中心形象。大部分历史中心都将保留下来，但是市中心东部受战争破坏的地区却被重建用作商业用途，包括主要的道路改善。这些投资项目在未来10年内引发了重大抗议活动（Jolles *et al*. 2003；Ploeger 2004）。

在所有这些项目的发展中，国家对城市发展的资助起到了关键作用。荷兰被描述为“集权又分散的国家”（Needham *et al*. 1993）。这意味着它是在立法和财政上集中（Terhorst and Van de Ven 1995），但其他各级政府，如省和市是通过与国家合作，共同制定政策以及讨论资金应当如何流转。以阿姆斯特丹为例，其规模和政治地位使其一直在国家级讨论中举足轻重。阿姆斯特丹所在的北荷兰省本身的能力和财力有限，为此主要发挥协调作用。而阿姆斯特丹市议会则恰恰相反，对于城市发展活动，其能够从中央政府获得大量重大项目的财政资源，从而维持较低的住房成本和劳动力成本。市议会也可以通过担任城市扩张项目的主要开发者来筹集资金，直到1960年代，这些项目才被并入市议会的行政范围。

然而，随着1950年代国民经济开始回暖，荷兰西部三角洲地区的发展过度集中受到国家的关注。这导致政府出台了一项国家战略，不仅通过建立分散的新城而非连续的城市扩张来缓解城市发展压力，而且还将重点放在国家北部和东部的分散发展上

（Kreukels 2003）。阿姆斯特丹市议会在一段时期内宁愿选择城市扩建来抵制这项政策，其随后意识到需要建立更多的住房区域来容纳因内陆地区重建项目而流离失所的家庭。与此同时，富裕的居民相继搬出。阿姆斯特丹的次区域开始呈现出物质形态，并出现在经济和社会网络中。

城市扩张达到极限：1960 年代和 1970 年代

强大的空间规划管理体制

1960 年代，阿姆斯特丹和周边地区的城市发展主要由公共投资推动。这一投资受益于 1960 年代欧洲和全球经济的总体增长动态，带动了荷兰的经济增长需求。在这个时期，荷兰与其他西北欧国家一样，实现了福利国家供应机制的制度化。国家和城市层面稳定的政治体制为将开发活动的组织整合到大型、专业化的政府部门提供了背景。专业化政策组织的"技术"知识方兴未艾。城市发展和空间规划活动集中在住房和空间规划部（Ministryie van Volkhuisvesting en Ruimtelijke Ordening，VRO，后来的 VROM）。交通和水资源管理部负责管理主要的工程基础设施，农业部负责处理农村地区的农业用地和景观规划。随着时间的推移，各自发展了自己的政策共同体和文化，并通过与特定大学的联系建立了自己的培训和研究机构。VRO / VROM 塑造空间发展的职能总是与交通和水政策界别处于紧张状态。规划部门和农业部门对控制发展的重要性有着一致的利益。VRO / VROM 侧重于以住房交付为主的城市政策（红色活动），而农业部侧重于关注农村发展（绿色活动）。在规划师中，城市体系的理念影响了"理性过程"的分析和概念，开始形成战略规划方法。根据第 2 章中提到的管控理论话语，荷兰当时可以被看作管理型、福利主义管控模式的主要典范。然而，这种模式受到文化和政治力量的驱动不亚于经济需求的驱动。

英国的空间规划总是与国家和场所层面的主要部门政策相对立（见第 5 章）。与之相反，在荷兰，通过规划与土地开发活动之间的强有力联系以及一种治理文化获得对其他部门的影响力，尽管各部门之间存在分歧，但仍在不断寻求方案和项目的联合。政府机构的规划人员制定了战略，制定了总体规划并创建了城市和乡村景观格局。最终的政策和项目来自于三个层面的政府政策互动制定流程（Dijkink 1995）。因此，战略规划和规划概念对物质环境产生了重大影响。他们帮助确定项目发展的选址以及基础设施的路线，然后再交付其他部门实现。它不仅源自法定要求的驱使，要求其他部门的项目与空间规划之间保持一致。也是政府在实践中协调一致的结果。经过技术性政策组织内部以及政治家之间的反复协商过程，最终战略协议达成一致，聚焦于项目议程、资金筹措和规范流程的监管程序。

这些协议和概念框架通过规划工具在政府三个层面中得到了统一（表 3.1）。在国家层面是国家报告，称之为 NOTA。它起始于 1960 年，1966 年出台的空间规划第二轮报告（Tweede Nota Ruimtelijke Ordening）中强调应容纳住房增长，同时通过“分散集中”的方式避免城市蔓延，进而把增长压力从拥挤的西部核心区分散出去（Faludi and van der Valk 1994）。

正式规划和重大政策年表 1：荷兰、北荷兰省和阿姆斯特丹 **表 3.1**

	荷兰	北荷兰省	阿姆斯特丹城市议会
1950 年代	1958 年兰斯塔德地区咨询报告	各省区域规划	1955 年：市中心政策说明 1958 年：北阿姆斯特丹结构规划
1960 年代	1960 年：第一次国家政策报告 1966 年：第二次国家政策报告	1968 年：北海运河区域规划（除去阿姆斯特丹）	1965 年：阿姆斯特丹南部及东南部结构规划 1968 年：市中心政策说明
1970 年代	1973 年第三次国家政策报告等	1979 年：北海运河周边地区首次区域规划	1974 年：结构规划：A、B 部分
1980 年代	1983/1985 年：城市区域结构草图 1988 年：第四次国家政策报告	1987 年：阿姆斯特丹 – 北海运河区域规划	1981 年：结构规划 C 部分 1985 年：结构规划（城市中心）
1990 年代	1992 年：第四次国家政策报告补充说明（VINEX） 1999 年：第四次国家政策报告更新	1991 年：区域规划 1995 年：区域规划	1996 年：结构规划（阿姆斯特丹开放城市）
2000 年代	2000 年：第五次国家政策报告由内阁批准 2002 年：第五次国家政策报告于 2005 年失效：新的国家空间战略生效	2003 年：北荷兰南部区域规划（二月）	2003 年：结构规划（选择城市性）（四月）

阿姆斯特丹市议会的开发活动在这个时期主要由规模庞大且富有影响力的公共工程部主导，该机构将城市大量土地和物业存量的管理与开发项目、战略规划和土地利用管控相结合。在西部和北部的住房和工业发展主要根据 1930 年代和 1950 年代的规划实施。在 1960 年代，城市扩张转移到了荷兰东南部，并于庇基莫米尔（Bijlmermeer）地区像指状一样嵌入开发了一个新大型项目。拟议中的南部环路 A10 由于经过这个区域，也被确定了走向（图 3.4）。因此阿姆斯特丹市继续推行城市扩张战略。它还继续促进城市中心重建，但这引起了很大的争议。在议会的社会民主党内，委员就应当重

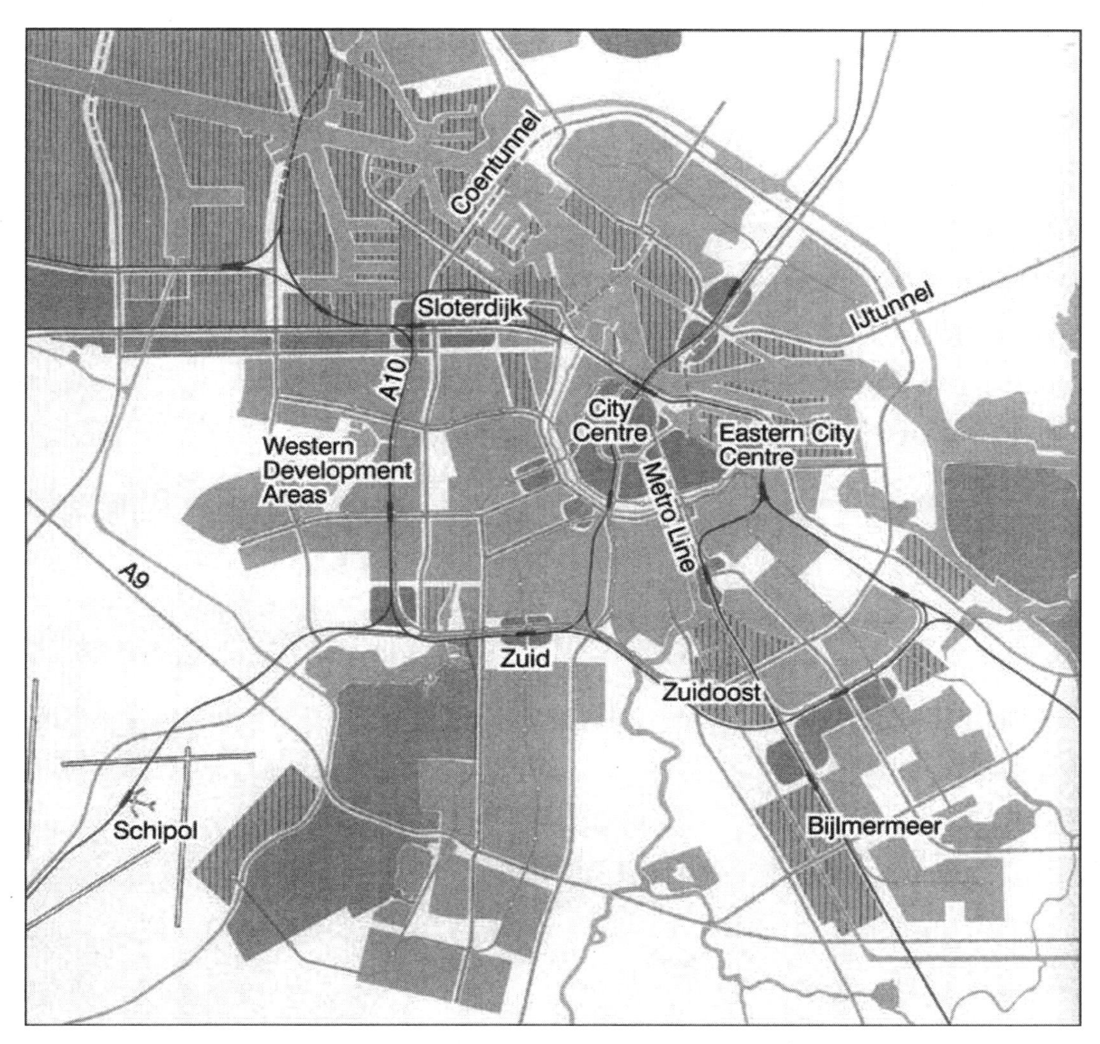

图 3.4　1960 年代和 1970 年代的主要城市发展和基础设施项目

资料来源：底图来源于 Jolles *et al.* 2003：120，经阿姆斯特丹市议会批准

视城市中心的商业职能还是宜居性之间存在分歧。同时，在商业经济大幅扩张的背景下，企业发现很难获得城市中心的物业，并有迹象表明其将往周边地区转移。1968 年的城市中心政策说明（Nota Binnenstad）在某种程度上代表了这两种观点的折中方案，地下快速运输项目加剧了市中心东部重建所产生的破坏（Ploeger 2004）。

但国家住房开发资金主要针对大城市以外的新城市增长中心（Needham *et al.* 1993）。新城镇在第二次报告（1966 年）中得到了推广，并在第三次报告中进行了修订，并于 1973 年开始兴起。在市议会内部，政策的重大转变主要从拟议的重建转向强调住房更新和公共交通改善（特别是途径市中心东部的地铁线）。总的来说，阿姆斯特丹的战略规划框架继续描绘一个围绕其中心核的集中式城市模式，但适当允许一些附属中心的发展。而对于阿姆斯特丹这个最具戏剧性的中心——史基浦机场（Schiphol），却几乎没有在政策声明中提及，因为它的区位超出了市政边界。然而，到了1970年代，它已成为一个主要的区域就业节点。因此，一个新的多中心空间结构开始在阿姆斯特丹地区出现，不仅是在日常生活，政策概念上也有所体现。但是从空间战略的角度来看，需要时间来阐明这个特点。

1965年，新的国家规划法确定了规划体系的正式工具：省级战略性规划（Strategic plans），市级结构规划。在市域的全部或部分范围内，通过具有法律约束力的分区规划（destination plans）来分配土地和房地产开发的“地点”以及权利。分区规划是正式的区划工具，是非城市土地上的任何开发所必需的条件，通常也用于城市环境中的重建项目（Needham *et al.* 1993）。在国家层面，1970年代引入了具有法律约束力的核心规划决定（Key Planning Decisions）。这些正式工具是在相对不太正式的“政策报告”（Nota）机制上加以补充，而这两者同等重要。正式和非正式报告两者的影响都是由其制定过程中纵向和横向的共同协调所支撑。这就有助于规划中提出的发展项目与主要来自中央政府的资源分配产生了紧密联系。这些报告实质上推进了过程中达成的概念框架和协议，使之成为协调和整合项目开发和交付过程的机制。

阿姆斯特丹市议会继续作为这个城市发展的主要参与者，并活跃在塑造国家和省域发展政策的舞台上。对城市扩张的关注一直持续到1960年代，1965年通过了东南地区（Bijlmermeer）的结构规划。然而，直接向南边的扩张受到了邻市阿姆斯特尔芬市的反对，其在中央政府的支持下抵制任何提案和兼并计划。在自己的管辖范围内，市议会在1960年代经受了一些严重的政治冲击。作为一个社会主义福利城市，社会民主党内的多数政治家认为提供价格低廉，以租住为目的的住房和精心设计的社区会得到公民的大力支持。市区重建已被构想为将市中心的社区升级到类似的标准。但是这个规划，包括容纳道路交通的计划，以及地铁东线造成令人担忧的破坏，为当地冲突提供了燃料。不久后它与更广泛的城市社会运动关联起来，引发了大量示威。阿姆斯特丹成为欧洲在1960年代和1970年代初发起城市示威最典型的地区之一（Mayer 2000）。类似“占屋”（squatting）等抗议和直接行动的记忆在21世纪头10年依然存在。

这次示威在一定程度上挑战了市中心作为商业核心的概念。相反，邻里示威则集中在一个将成为1990年代规划潮流的议程上——混合使用社区、减少道路空间、保留历史城市肌理，并鼓励各种生活方式和“场景”空间。示威活动借助选举进一步影响到议会，加强了社会民主党内“新左派”的议席。这也导致了城市发展政策的两个重大转变：首先，议会从大尺度开发转向小尺度城市更新项目，并且这方面也是国家政策变化所趋（Jolles *et al*. 2003；Ploeger 2004）；其次，议会越来越认识到，该城市的经济更多的是基于商业和金融服务而非工业活动。1974 年批准的新的城市结构规划中强调了“多功能和多样化的历史性内城”的概念。但这种转变扰乱了商会，它要求更多地关注国家商业和金融中心的空间需求。市场进程已经在外围交通环上产生了一个次级中心环。这些中心的一部分在 1974 年的结构规划布局中首次出现。这个新兴的“多核”形态在 1970 年代中期以后通过其他市议会项目得到了加强。 然而，1980 年代和 1990 年代的结构规划对这些新中心的推动步履缓慢，最初将它们纳入了以城市中心为核心的中心等级体系概念中（Ploeger 2004）。

城市抗议与应对

抗议活动由当地激进分子所领导，其中包括许多生活在城市旧区的青年知识分子，这也挑战了市议会的优先事项和做法，特别是政治和技术上的家长制。1978 年，“新左翼”进一步加强对市议会 的影响，三项新举措开始实施。首先是引入了一种称为 *plaberum* 的“过程协议”，这是一种地方团体间的结盟形式。“过程协议”的七步程序至今仍在使用，它定义了在市议会批准任何规划政策或项目之前必须经历的流程，也详细规定了在政策和项目形成的不同阶段需要哪些党派的参与。为各方包括其他阿姆斯特丹市议会部门以及居民和其他利益攸关方，提供了一个“明确的，可追溯的流程”（Jolles 2003）。第二项创新是将城市分为不同分区。 其开始的过程十分缓慢，IJ 河以北的地区是这阶段最为重要的案例。 最后，强大的城市公共工程部门被废除，分为三个部分：房地产，公共工程部和物质性规划部。尽管存在地方层面的协调机制，但这个职能分割为后期的沟通协调带来了隐患。

在此期间，综合性的城市空间规划方法也出现了停滞。受到“把规划视为一个过程”的思潮影响，同时也与第三次“国家政策报告”（Derde Nota）的时间并行，制定了一系列旨在整合为一部规划的专题报告，然而这个系列一直没有完成。到了 1970 年代，阿姆斯特丹地区的经济和社会动态正在发生变化。作为一个工业综合体，这个城市正在衰落，尤以就业领域为甚。整个欧洲的工业开始重组，同时，水运技术得到发展。IJ 河以及北海运河沿岸的大工厂遭受重创。这座城市原有的商业和金融职能，连同文化活动和旅游又重新成为城市的主要经济纽带。此外，公共部门也急剧扩大。

这维持了城市经济的相对繁荣，以及对移民的吸引力，特别是来自苏里南、土耳其和摩洛哥的移民。这也导致了城市的社会构成发生改变。更富裕的中产阶级家庭持续从城市中心扩散，寻求更加郊区化的住宅以及生活方式。城市的人口减少，而失业者和近期移民者的数量相对增加。后者在1960年代的一些新住房项目中觅得住所。为了形成社会均衡的社区，这些社区中一些成为最贫困家庭的集中地（Cortie 2003）。到1970年代中期，1960年代发起的庇基莫米尔住房项目成为贫民区的标签，同时，这些贫困家庭和无家可归者也集中在城市核心地带，在某种程度上，新建的西部郊区也成了他们的聚集地。

总的来说，阿姆斯特丹城市地区内的社会混合地带与其周边地区日益分化。同时，商务扩张形成的新中心不仅出现在史基浦机场附近，而且还出现在城市边界内外的其他节点上，这一点在南部和西部的环路上尤甚。横贯城市的经济和社会关系网络因此改变了该地区的内部地理和外部联系。1960年代充满自信的城市建设者面临着令人焦灼的现状：城市中心地区不再具有不可挑战的中心地位，而是逐渐成为“城市病”的焦点。

市议会再也不能通过城市扩张来应对这种新情况，如果它试图增加内城的活动强度，又会遭遇冲突（Terhorst and Van de Ven 1995）。它的土地扩张机会日益受到诸多限制——由于机场的发展以及西部地区日益严格的“噪声等值线”的规定；北部的湿地景观的保护和南部的“绿心”计划；有关剩余港区地区建设危险设施的法规愈加严格，以及南部富裕城市的反对。在东部，新城镇阿尔梅勒（Almere）逐渐自成一体，而河流以北的地区对于城市其他地区来说依然难以进入。无论如何，外围扩张仍威胁着市中心的发展。加上1970年代末至1980年代初欧洲经济衰退，国家财政遭受了损失，由于资金的限制，情况变得更加困难。由于这些政治关系的变化，市议会的战略家们不仅着眼于内部重塑城市，而且向外扩展，获得周边市政当局的支持，建立对“阿姆斯特丹地区”的集体解决方案。1972年，非正式联合协商组织（Informele Agglomeratieoverleg）成立，涉及北荷兰省（Noord-Holland）以及邻近的弗莱福兰省（Almere所在地）的25个城市。在城市范围内，几个再开发地区以及新的发展节点，包括IJ湖的填湖工程，以及改善邻里社区的想法开始出现在政策辩论以及政策声明中。进入1980年代，市议会正在努力确保城市更新和城市议题在中央政府政策和资金方面保持强有力的地位，而其发展战略正在转变，以反映城市空间组织的新思路，国家与公民之间的新关系，以及到1990年代，公共部门与私营部门之间的新关系。

阿姆斯特丹作为多中心城市区域的出现：1980 ~ 1996 年

中心的加强

到 1980 年，荷兰社团主义的多层次治理模式已经建立起来。中央政府通过为土地开发、住房供应和城市基础设施提供资金在城市发展中发挥了关键作用。自 1960 年代以来，其目标一直是整个国家领土的“全面”发展，并因此将发展动脉分散向不太活跃的北部和东部地区。到 1980 年，这些支出给国民经济造成了巨大的财政压力。经济衰退使这场危机大为缓解（Terhorst and Van de Ven 1995）。工业就业迅速下降，导致荷兰四个“大城市”（阿姆斯特丹，鹿特丹，海牙和乌得勒支）劳动力失业率上升。

“大城市”和整体经济的问题越来越严重，这挑战了之前的国家领土全面均衡发展，以及要将经济和城市化发展推离荷兰西部核心地带的空间发展概念。相反，经济利益促使富有活力的西部地区成为国家经济实力的关键。这反过来又引起了人们对荷兰在国际物流、商业和金融等方面的特别关注，与之前强调制造业形成对比。这种经济动力鼓励国家战略发展该国的“主要港口”——特别是鹿特丹港和史基浦机场。与此同时，“大城市”在核心地区面临着日益严重的社会和环境问题，则因其特殊困难而试图争取更多关注。毫无争议的是，阿姆斯特丹市议会是促进和维护这些政策的主要平台。自 1970 年代以来，中央政府为城市更新提供了资金，但是 1985 年立法允许资金直接转移给城市和省。大部分资金流向大城市，以及其他 85 个城市。它鼓励城市更注重战略性地更新城市，而不是仅仅更新社区（Needham *et al.* 1993）。然而，在国家层面，这意味着与前几十年推行的在全国范围内分散发展的想法相去甚远。在大城市内部，注意力从侧重于在城市边缘兴建新住房区域，重新转向更新内城。

在 1978 年，阿姆斯特丹选举成立了一个崭新的也更为激进的议会。其重点是建设更多的租赁房屋，改善内部社区的条件，并抵制超出城市边界的扩张。滨水的老工业区逐渐被重新构想为住宅地区，而新工业区则位于周边地区。空间发展政策提出了要围绕中心地区建设更为紧凑的城市新模式。这个概念受到了左翼议员 Van der Vlis 的强力支持，他负责 1978 ~ 1988 年的空间规划文本的整理工作（Ploeger 2004）。尽管城市地区正在逐步形成多中心的结构，但城市规划战略重点在于恢复城市中心的核心地位，并在西部地区继续扩建住房。1985 年的结构规划（DRO 1985）被称为“中心城市”，它利用了 1970 年代的规划主题，但试图对城市空间秩序进行新的综合表达（图 3.5）。这个规划主要关注的是增加住房供应和改善邻里社区。只要可以保持史基浦机场周围的“噪声等值线”，西郊地区仍然可以提供新的住房机会。城市中心的更新

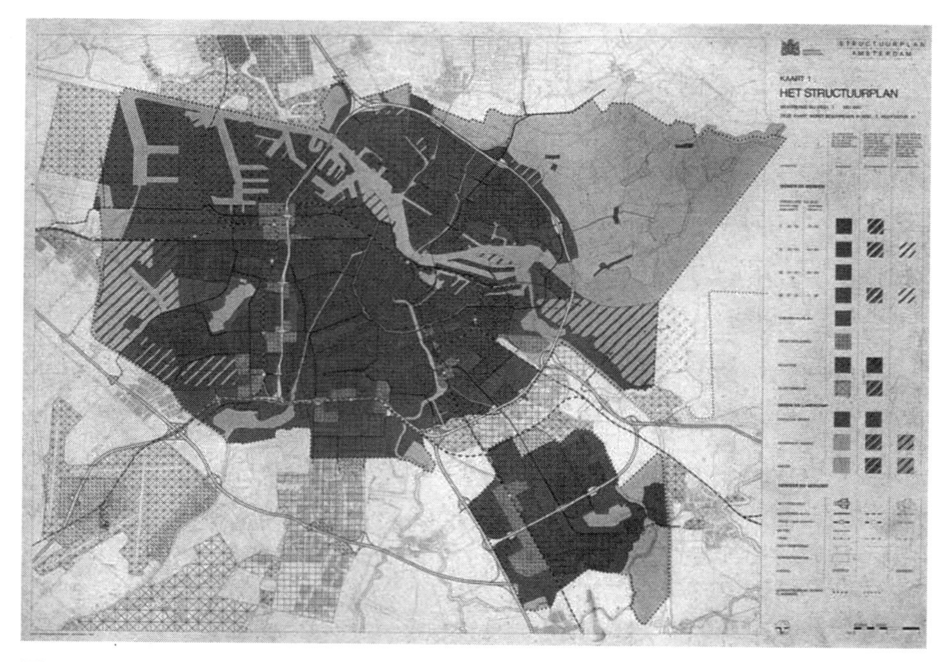

图 3.5　1985 年结构规划

资料来源：Jules *et al*. 2003：96/97，经阿姆斯特丹市议会许可

是增加住房供应的另一个机会。第三个提议是，自 1970 年代以来，市中心逐步向东扩展直到前港湾地区，并将 IJ 河南岸直至市中心北部的沿线土地填海造田。这样操作的结果是城市依旧可以围绕着它的传统核心而发展，同时有一条东西走向的发展轴线穿过市中心。这在十年之后逐渐为人所知，被称为“IJ 轴”。城市中心依然保存在其现有的城市肌理中，开发项目之间的间缝空间用作商业发展，散布的绿楔延伸向兰斯塔德地区的“绿心”。城市内部的连通性将由市中心的有轨电车网络来联系（Jules 2003；Ploeger 2004）。在东部地铁线的建议被取消了。与以往所有的规划和政策声明一样，人们强调社区新开发的质量，以及配套设施和绿地的提供。对于环境质量和可持续性的考虑为城市邻里社区质量的概念增加了新的维度。

因此，该规划淡化了城市区域新兴的多中心现实，并因此受到学术界和一些商业及劳工权益团体的批评（Terhorst and Van de Ven 1995）。然而，其他的城市中心商业群体和拥有产权的游说团体支持这一做法，其主要目的是撬动国家对城市化项目的投资。该规划也引起了居民对当地城市宜居性的关注。结构规划也很好地对标了国家层面的第三次国家政策报告（1988/1989）、省区域规划以及阿姆斯特丹 1985 结构规划中与空间规划有关的规定。重点从分散扩张转向“紧凑城市”：

通过鼓励他们留在大都市地区，来减少城市力量的流失。这个想法是将住房建设和工业安置在城市内部和边缘地区。外围地区被“绿色缓冲区”封锁，禁止城市扩张到这些界限之外（SalET 2003：180）。

1985 年，规划中体现的政策转变回应了阿姆斯特丹市的担忧，即抵制周边城市的发展破坏其自身社会和经济资源，并承认环境问题在国家和地方政治中的重要性日益凸显。

在国家层面，第四次国家政策报告强调了“兰斯塔德”概念是作为一种空间组织理念，尽管对其的批评仍有存在。此时，国家政策强调了兰斯塔德地区对荷兰经济“竞争地位”的重要性。第四次国家政策报告呼吁在主要城市要以更高的密度进行重建，并鼓励公私合作参与城市发展项目，特别是城市复兴计划和重大基础设施项目。 阿姆斯特丹率先开创了这样的举措，与特定市政部门签署发展协议，与此同时国家投资基金越来越分散化（de Roo 2003；Kickert 2003）。在空间规划领域，这些协议与相关区域规划和结构规划中的主要项目说明相关联。为具有国家影响力的主要发展地区，特别是史基浦和鹿特丹这样的主要港口设立了特别安排（ROM）。第四次国家政策报告也标志着住房政策发生重大转变，更加鼓励多元化的住宅占有方式，并扩大业主自有率。这挑战了阿姆斯特丹对社会租赁住房的重视。到 1987 年，该市 50% 的住房都属于租赁住房。随着更多富裕公民的相继离开，该市的政策已经受到压力。到 1980 年代后期，市议会的政策转向在城市中心鼓励更多私人开发的住房用于自住。经过一段时间，这种“私有化”暗示着市议会作为房地产所有者和开发商的角色将被削弱，尽管即使在今天它仍然保留着土地所有者的角色。

认识到区域的依存性

毫无疑问，“大城市”游说团体通过对城市更新的关注，在 1980 年代大大影响了国家规划和发展政策的制定。由于荷兰财政部也面临着“财政危机”，公共支出的需求呈指数式增长，却没有税收反哺支持，该政策也举步维艰。与欧洲其他场所相似，其中一个应对方式是通过公共 – 私人协议和伙伴关系，让私营部门更多地投入发展资金，补充多层次政府协议的内部实践。在阿姆斯特丹，这意味着住房补贴不仅与租赁住房对应，也同样与私人住房供应挂钩。这也意味着该城市可以通过租赁其拥有的大型重建项目用地来筹集资金。但城市官员与私营部门合作的经验有限，而且不习惯于从市场价值和动态的角度来理解城市的发展。

另一个举措是为大都市地区的城市间合作创造新的正式舞台（Dijkink 1995）。大城市的政治力量联合起来，为推动“大城市”（Grotesteden）创造了一个新的战略。由此产生了蒙津（Montijn）委员会，其在1989年主张城市在塑造国家国际形象方面的重要性（Salet 2003）。在大都市地区的城市被鼓励通过正式的“协议”体系相互合作，分配用于城市发展和更新的国家资金。非正式联合协商组织在阿姆斯特丹地区已经存在，作为区域间合作的非正式“平台”。在1986年，这被纳入了阿姆斯特丹区域咨询机构（ROA），最初由北荷兰的23个城市和弗莱福兰省的阿尔梅勒组成。在1987年，北荷兰省和阿姆斯特丹市达成协议，要给城市更多的权力，特别是在阿姆斯特丹结构规划的准备和批准方面。

蒙津（Montijn）委员会是一个正式的、由选举直接产生的区域组织，负责大都市地区的战略规划、交通运输、住房分配以及环境和经济问题，并承担该省的战略协调角色（Alexander 2002）。阿姆斯特丹市议会设法重新调整城市规模加入这个区域组织，与此同时，将许多实施职能下放到该市的区层面，这些区的地位与该区域其他城市的地位相同。 然而，市中心仍然保留作为精简后的阿姆斯特丹承担区域咨询组织的职能。通过这种方式，希望在不断扩大的大都市区中，贫富地区之间获得政策上的“公平”，同时鼓励通过“合作”来增强其在国家和国际层面的竞争力。

但是，这一战略转型从未完成。1980年构想的设区制度在全市范围内实施缓慢，尽管这些制度需要时间来发挥重要作用和体现政治特征。周边城市的市政当局对区域组织的态度模棱两可，有些退出了这个平台，包括阿尔梅勒这样的主要开发地区。阿姆斯特丹市长对于出现软弱的提案感到不满。最后，1995年，阿姆斯特丹公民被要求对这些提案进行投票，并以城市的集体声音和身份，以捍卫阿姆斯特丹市的重要性为由拒绝了这些提案。阿姆斯特丹区域组织作为论坛保留了下来，但从那以后，大都市区域的协商方法必须通过不太正式的渠道进行（Salet and Gualini 2003）。

从1980年代后期开始，空间组织的理念和分散投资协调机制都在迅速发展。与空间组织理念相关，“紧凑”城市的理念逐渐被挑战，包括网络和流的概念，以及被公认的城市“多中心”聚集结构。1991年，市议会制定了修订后的结构规划。这较大程度遵循了1985年的规划，但对绿色空间和景观更为重视。在城市中心修建地铁线的提议重新启动，并向西延伸，在沿线新建了一个开发节点。但因为史基浦机场噪声等值线的扩大，西部绿地上的住房扩建不得不减少。后者被移除出市议会房地产运营布局中适合发展的地区，并因此反而能够为城市其他发展活动提供资金。IJ河岸进一步发展的雄心得以推动，但由于尚未达成协议，所以这些在修订后的规划中并没有体现（DRO 2003a）。在国家一级，第四次国家政策报告在经济方面的强调被由国内政治家和规划团体驱动的一个新的环保主义理念所取代。这导致了 1992 的第四次国家政策说明补充（VINEX），这被公认为是以生态为核心的空间规划理念在荷兰的影响力达到峰值。这次批准了 11 个特别规划区（ROM）和其他与投资基金协议有关的国家重点项目，以及维持与省和市政府的项目融资协议体系。VINEX 还引介了著名的“ABC”方法，从交通可达性角度进行就业中心分类。同时，大都市区的区域规划开始准备，省级为正式文件，而阿姆斯特丹区域组织制定的则为非正式文件。该规划于 1995 年最终完成，主要集中在运输问题和住房选址问题上，旨在落实优先选址和项目，然后通过“协议”体系吸引投资。

因此，到 1990 年代初，城市发展投资是通过强调横向协调与合作更甚于纵向的联合。在开发项目中，也越来越多地涉及私营部门。但是，这些安排只是在构建良好的规划政策网络中运行，而在不同政策界别之间则存在明显的紧张关系（Needham 2005；vanDuinen 2004）。阿姆斯特丹继续以其协商和结盟的过程而享有盛誉，但由于城市更新活动脱离物质性规划的主管部门，协调方面出现的问题不断增多，而区政府也开始主张制定本地区划规划的权力。市议会着手准备进一步的结构规划。这个规划的作用不是影响投资，而是发挥滚动政策机制的作用，巩固项目建议并使其合法化。新的私人住宅项目在市中心出现，但有关 IJ 河岸的发展遇到了困难。市民们拒绝了华丽的具有雷姆·库哈斯风格的滨水区设计，因为其开发成本高于预期，而私营企业对在那里进行商业活动的兴趣不大（DeRoo 2003）。预计城市中其他几个开发项目也会出现预算亏损。另外，沿 A10 公路的新兴南部轴线（Zuid As）吸引了主要的商业投资（特别是在南火车站的 ABM/AMRO 银行）。市议会意识到将一些市属用地转用于商业开发后产生大量的收益。因此，两条发展轴线开始成为空间概念。在 1990 年代早期，城市的经济发展强烈促进南面发展轴的理念。而在 1996 年以“开放城市”（Open City）为标题的结构规划中（DRO 1996 年），这个轴线反过来被认为是环绕城市周边的主要节点，它有着混合开发的市中心特质，被定义为“外围城市中心空间”的概念（peripheral city centre space）（图 3.6）。虽然城市规划师认为，1996 年的结构规划只是 1985 年规划的更新（Jolles *et al.* 2003），但是这其中体现的多中心城市结构现在已经被明确认可了（Ploeger 2004）。

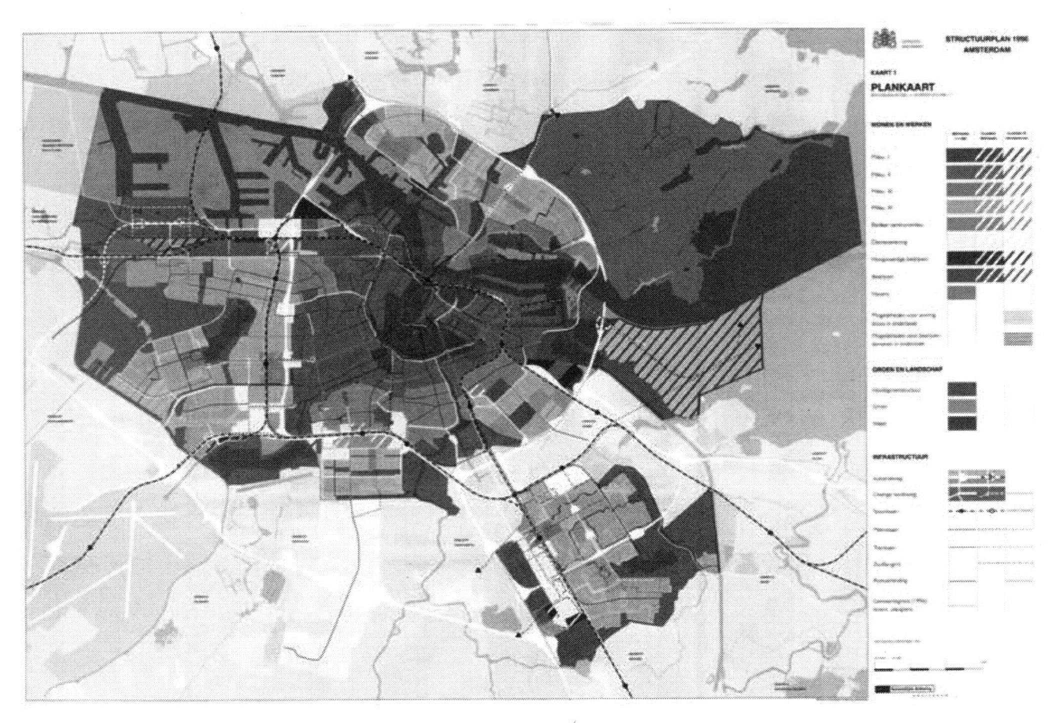

图 3.6　1996 年结构规划

资料来源：Jules *et al*. 2003：102/103，经阿姆斯特丹市议会许可

面临挑战的规划传统

随着国家对城市发展和基础设施的投资从长期的、大规模的方案转向更具体的、有针对性的方案和项目，更多私营力量加入进来，规划战略、土地和房地产开发项目以及基础设施投资之间原本的紧密联系开始解体。对于法定规划如结构规划和区域规划，与其说它们是界定开发项目的选址、形式和协议，更不如说它开始顺从这些投资项目。法定规划已经成为谈判过程的结果，而不是发展战略的制定。规划中蕴含的能量已经从规划本身转移到重大开发项目的实施和管理。荷兰的规划工具及其在实践中的功能主要是为了管理城市扩张的进程，特别是在阿姆斯特丹地区，管理其周围的圩田建设用地。现在，城市地区面临着重新配置已经城市化的领土和重新组织城市内空间 / 场所的挑战。空间组织概念也必须进行修正和调整，以反映城市结构中新出现的模式和改变对环境和场所品质的态度。到 1990 年代末，一些人认为在荷兰的多层次规划政策共同体中，国家领土的空间演变由以城市发展和住房供应为中心转向以基础设施发展为核心。此外，关于空间和场所的新想法逐渐深入到规划政策界。随着 1990 年代的发展，这些挑战变得更加集中。但这些不仅是对荷兰规划界传统的挑战，这些问题

也是在经济困难和对荷兰“执政”的方式不满的暗流中进行的；这一组合在 2002 年 5 月的全国选举中爆发，取代了前十年的社会民主 / 自由主义霸权。

实际上，到 20 世纪末，荷兰人对过去半个世纪社会民主、协同社会（co-sociational）的治理传统进行了批判性反思。半个世纪以来，通过多层次政府在政治和技术上的共识构建过程，规划塑造、开发和管理了这个人口拥挤国度的宝贵资源。许多战略空间组织思想，如“兰斯塔德”“分散式发展”“分散集中”和“紧凑发展”得到政府其他部门的关注，因为它们与资源分配以及管控权力有关，因为它们被认为是基于高质量且恰当的专业知识，以及因为它们看似反映了荷兰人对他们领土的发展愿景。但到了 1990 年代，空间组织原则和公共基础设施投资之间的联系被分离，同时规划师对资源分配的影响也减少了。在政治层面，关于空间规划的共识正在破裂，社会民主党越来越多地将城市发展作为发展节点，而自由党则把郊区和城市化程度较低的地区与财富联系在一起。对于阿姆斯特丹这样的市议会来说，这种共识的分裂和分离尤为严重，因为城市适宜发展的土地资源是有限的，他们不能够再像以前一样将其管辖权扩展到周边从而获得城市发展的价值。同时，伴随着活跃的经济活动和城市地区社会群体日益多样化，市中心旅游压力巨大，严重的社会问题充斥于城市的各个角落。阿姆斯特丹城市已经成为一个更加国际化的场所，吸引了一些更富裕的家庭回迁市中心，且比周围的大都市区更加多样化。它的多样性体现在它拥有密集且多样的场所，特别是在市中心。因此，作为曾经是欧洲主要社会民主国家里的一个伟大的社会福利城市，正在新的资源背景下伴随着社会文化基础和治理环境悄然改变。在这种情况下，该城市的规划部门（DRO），努力维持区域背景下的城市战略概念，使其有充足的说服力来作为框架性的力量。这对于塑造多元利益攸关方的政策和方案很有必要，通过他们的行动和观念，阿姆斯特丹地区的“空间秩序”现在正在产生。

在挣扎中创新：阿姆斯特丹地区的战略规划 1996 ~ 2005 年

重新思考阿姆斯特丹的未来

直至 1990 年代中期，阿姆斯特丹市议会制定了一个新的城市概念。在强调普通居民生活质量的同时，开放、世界主义和多元文化的城市品质也越来越受到人们的欢迎。这与城市的特殊地位相结合，既是都市区内不同类型的城市场所，又是欧洲和全球范围内最重要的城市。1996 年的结构规划在它的标题“开放城市”中颂扬了城市对于世界的自由开放。该城市的规划师开始为阿姆斯特丹构建一种特质，以反映它作为一个更广泛的大都市地区，不仅在欧洲和全球都具有重要影响力，而且是一个充满活力、安全的宜居城市。随着强有力的政策话语“经济竞争力”在欧洲大力推广，阿姆斯特丹被认为是荷兰和欧洲的“顶级区位”（top location）。这些定位强化了要提升城市内的“顶级区位”，特别是那些沿着 A10“南轴”（Zuidas）发展的场所。

政治家们仍然关注着市中心和市中心的内部社区，这是 1970 年代政治抗议的中心地带。尽管 IJ 河岸上新建了住宅区，但在城市的老城区，西郊和庇基莫米尔新的租赁街区里，人们最关心的问题还是更新和社区管理。在这些行动中，安全和治安问题与城市发展本身一样重要。在城市尺度制定战略规划不再具有优先性。建立大都市区域的尝试失败了，而且难以将商业发展的注意力集中在 IJ 轴线上，这使人们对战略规划失去了兴趣。空间规划界别的新任市议员斯塔迪格（Duco Stadig）于 1996 年上任，他起初并不热衷于再做一个战略规划。DRO 的规划师们还预计 1994 年结构规划将是关于此地的最后一个战略规划，而下一个规划则会针对大都市区规划。然而，现在需要某种形式的规划来支持关于特定项目的国家和区域资源分配协议，包括 VINEX 拨款分配的支出。

同时，空间规划职能在更广泛的市政和治理格局中的地位正变得越来越复杂。由于国家空间规划部（VROM）本身的权力下降，规划政策界中多层级的政府关系受到削弱。协调发展和投资变得更加困难，在国家和省 / 区域层面，围绕可能调动具体投资项目兴趣的战略性构想展开了激烈的游说。在这种情况下，DRO 战略规划师在斯塔迪格议员的支持下力求在市议会和更广泛的公共领域动员人们关注城市的空间发展潜力。他们委托进行未来可能性的研究，利用与官员、公民有良好关系的各种讨论场所和媒体，就城市的性质和未来进行辩论。除了关于城市独特性名片的问题之外，他们还试图将注意力集中在其他具有城市中心特征的主要节点（特别是在阿尔梅勒和史基浦机场附近），并以开发轴而非节点的空间发展概念来推动其发展。

这些举措再加上国家层面开始编写新的空间发展政策报告，促成 1999 年达成政治协议，开始为阿姆斯特丹准备新的结构规划，同时为更广泛的大都市区准备制定新的区域规划。该规划的制定遵循正式建立的步骤进行公平和迅速的磋商，有初步的简报文件、战略草案、公众辩论和一个修订草案，并最终在 2003 年 4 月由市议会批准。由此产生的结构规划本身并没有提供一种理解城市的新方法。相反，它巩固、连接和合法化了城市规划师和议员之前的研究和讨论中得出的结论。然而，在筹备工作中关于城市区域未来的讨论引入了一些想法，之后在更广泛的城市区域战略讨论中得到了加强。正如 DRO 规划师所评论的那样，规划的编制包括一个仔细的“阅读，倾听和学习”

的过程，在“95%谈话”的过程中寻找新出现的事物并寻找其意义。正式编制过程运用了城市调研统计部门的数据和信息，而具体的咨询过程则集中在市民关注的焦点——南轴发展对现有体育场地，配给和航道所构成的威胁上。

DRO的流程管理也面临挑战。争论主要在于规划师是否应该提出一个或几个场景供公众讨论。DRO规划师陷入了困境。市民倾向于讨论更多可能性，但市议会和DRO争取在区域和国家范围内的战略协调中就特定议程获得认可。

阿姆斯特丹市寻求一项长期战略，使其主要项目协议延长至2030年，包括与阿尔梅勒的连接，以及开发过程中返还的收益分成，由此，在更广泛城市区域的绿地开发返还的财政收益可以用于城市内部的发展。但是，省、中央政府和市政府无法在2010年的视野下达成协议。尽管结构规划和区域规划大约在同一时间（2003年春季）正式获得批准，但代价是在正式规划中缩短了规划期限，并忽略了2030年的愿景草图。

由此产生的区域规划和结构规划在方法和展示方面几乎没有创新。结构规划推进了1985年规划中的许多想法（图3.7），并将已经进行的开发项目纳入规划框架。在空间组织方面，它在既定战略上取得了一些重大突破，围绕“城市性”（urbanity）这一概念提出了城市身份认同的新思路。借鉴阿姆斯特丹大学学者的研究成果，DRO规划师认为城市性表现为城市既是“市场”又是“聚会场所”的理念。

> 作为市场的城市强调专业化和商品、产品、服务、知识和信息的交换。必要条件是有差异性的工作人口，各种各样的住房和企业，设施的多样性以及最佳可达性和数量足够的设施。城市作为聚会场所涵盖了人口群体的多样性、示范性、发生互动的机会、生活方式、文化/亚文化及其观点。这些条件包括特质、最佳可达性和选择的自由（Gieling and de Laat 2004：316-317）。

特别是，结构规划认识到发展“南轴线”背后的强大动力，越来越多的国家政治和商业团体将其看作是国家经济实力的关键所在，也是兰斯塔德地区北翼的主要发展走廊。城市的南部地区（Zuidas）现在专注于发展南火车站，成为“城市区域核心区”，这是一个重要的发展节点。其他重要的发展节点包括市中心，以及在ArenaA足球场周围且横跨庇基莫米尔铁路的一个主要的运动场，休闲和商业综合体。1995年，成立了一个特别机构来促进南部地区发展并争取国家和区域对其发展需求的关注。在空间组织方面，结构规划显然偏离了1985年的一个集中且紧凑的城市理念。取而代之的是，城市被呈现为不同地区和发展节点的集合，通过发展的轴线相连，而发展轴线又被楔

（a）

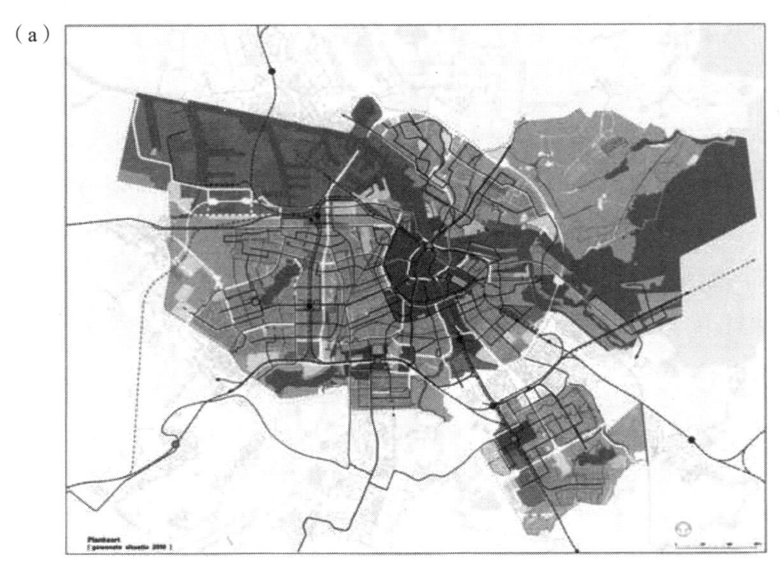

（b）

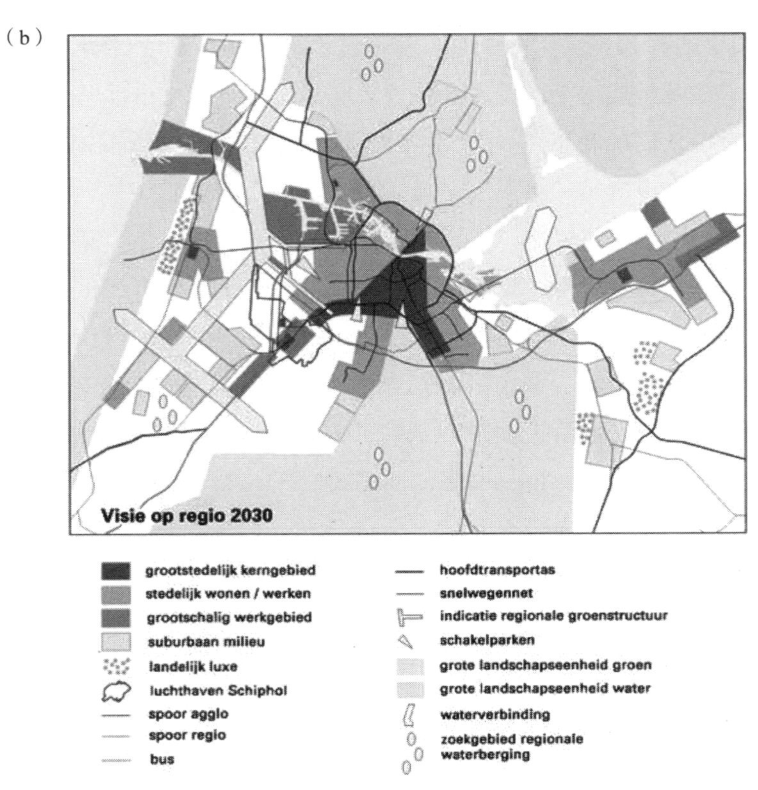

图 3.7　阿姆斯特丹 2003 年结构规划和更广泛的区域"愿景"（a）2003 年结构规划；（b）2030 年的阿姆斯特丹地区

资料来源：（a）DRO 2003：26，（b）Jolles *et al.* 2003 年：104，均获得阿姆斯特丹市议会的许可 © 阿姆斯特丹市物质规划部

状绿色空间分开。

DRO 规划师也非常清楚，2003 年的结构规划是表达阿姆斯特丹大都会区域更加协调一致的临时声明。阿姆斯特丹市在这个更广阔的区域内被设想为一种特殊的城市区域；它兼具了多样性，大都会氛围和自由气氛，并且长期以来一直强调通过公共交通、自行车和步行系统来加强宜居性和连通性。在发展“城市性”概念时，城市规划师主要依靠学术方面的研究以及城市内部持续进行的讨论。这些概念既反映了城市日益多元化的现实，是与国际上其他商务中心有多重联系的商务场所，又反映了它作为一个繁忙的旅游目的地，毗邻围绕着国际机场不断扩张的国际商务物流节点。然而，这个概念与许多政治家和城市居民所想的城市形象并不协调。对他们来说，城市形象仍然与其旧城核心，以及市议会在住房开发和社区管理中的作用相关联。在接下来的两个小节中，我将更详细地研究影响该规划制定的空间概念和制度背景，以及关于城市、城市区域和塑造他们未来发展轨迹的不断演变的概念。

演变中的空间组织概念

在空间框架中表达空间秩序一直是荷兰规划传统的重点。从 20 世纪中叶开始，这些框架有助于政府将投资集中在全国城市发展和基础设施供应上。与国家空间规划部门 VROM 权力相关的框架性概念对其他政府部门具有强有力的“说服力”，因此具有协调性。但是如果空间规划的协调和整合力量在总体治理格局中弱化，那么空间框架概念会继续发挥什么作用？ 如果城市政策关注的焦点集中在诸如“城市性”氛围之类的特质上，那么城市战略的空间表达发挥什么样的作用和价值？到 1990 年代，在规划政策界内部及其周围开始探讨有关荷兰传统空间规划与当代城市活力的相关性（Hajer and Zonneveld 2000；WRR 1999）。

尽管有这些争论，但一些相对传统的空间秩序概念仍应用于阿姆斯特丹地区。北荷兰南部区域规划主要侧重于界定和分离城市和农村功能。然而，规划政策界也正在制定关系动态和活动网络的概念，特别是在国家层面的第五次国家政策说明报告以及阿姆斯特丹 DRO 战略规划人员的工作中。在国家层面，第五次国家政策说明经历了复杂的演变过程。最初的文件是在 1999 年编写的（VROM 1999）。当时，政府部门中的规划人员强烈倾向在更广的欧洲视角背景下考虑荷兰的空间发展（Zonneveld 2005a）。网络的概念带来不确定性，特别是基础设施路线、人员、物品和信息的流动等方面。城市被认为存在于“集群”之中，像“区域性的网络城市”（VROM 1999：12）。在更大的兰斯塔德地区范围内，阿姆斯特丹就被定义为这样的三大主要“网络城市”之一。廊道，发展节点和紧凑型城市的概念并不容易和谐共存。此时，廊道作为空间组织原则的概念受到了相当多的批评，规划界开始用“城市蔓延”来定义走廊的发展。廊道发展应关注多种模式的“基础设施捆绑包”。城市发展则应集中在节点上。在廊道周围应用绿色空间，将城市节点连接到对“野生动物，休闲，供水……以及（国家）文化和历史遗产”等具有国家和国际影响力的“绿宝石”上（VROM 1999）。

这些概念混合了荷兰空间分析师常用的两种空间概念。第一个设想的空间模式是创建不同活动“层”，“层”这个概念主要被景观和水资源管理规划师使用。第二个设想是城市地区受新兴的关系城市地理学的影响，由多个网络构成。这两个概念遭受了批评，因为那些强调紧凑城市理念的人要求严格控制城市周边蔓延发展，而那些提倡提高经济竞争力的人则强调发展沿着主要“廊道”涌现的新节点（Zonneveld 2005a）。

第五次国家政策说明最终草案的编制过程一直试图调和空间概念、由空间概念推导的主要发展项目选址以及政府补贴三者之间的矛盾。2000 年 12 月，它终于获得内阁批准，但后来未能在全国大选以及政府换届之前获得议会批准。第五次国家政策说明多次使用“层”（layers）或“地层”（strata）以及“城市网络”的概念。尽管试图在“城市网络”的概念中加入更多的关联性想法，但基于物质性邻近性（physical proximity）理论而假设的紧凑和中心城市的概念，持续地将网络的概念重新诠释为一个物质性的概念。“层”的概念主要是指流动，包括地质结构、水流、生态流和城市节点中的人流以及基础设施网络相互分层。它旨在通过对建成环境的分析引入对空间模式动力的更加清晰的认识。但它也萃取自物质性角度的景观分析传统，根据传统观念将城乡地区区分为绿色的乡村地区和红色的城市区域，形成土地利用法规可以管控的“轮廓”。在重新应用传统地理学的背后，是农村和郊区利益集团出于保护当地景观和政府部门坚持空间组织概念之间的冲突。同时，对城市网络的阐述也存在争议。在某种程度上，它们被视为城市区域日常生活的“层”，但第五次国家政策说明也坚持了不同尺度下城市网络的概念，从而形成了潜在资金影响的层级结构。只有某些网络可以打破阿姆斯特丹“红色”轮廓内紧凑发展的制约。结果，市议会就网络概念中的特定名称进行了争论。

阿姆斯特丹在内阁批准的第五次国家政策说明（VROM 2000）中被定位为兰德斯塔德的新概念——“三角洲大都市群”。这个空间概念由城市设计师德尔克弗里林（Dirk Frieling）与一小组空间规划师和城市设计师共同提出，并被“大都市”的市长采用，用以推动国家对大都市区发展问题的重视。成立于 2000 年的政治和经济行动者的非正式“平台”致力于推动这一概念，并在一段时间后初显成效（Salet 2003，van

Duinen 2004）。第五次国家政策说明将三角洲大都市群的概念解释为“层”的语汇，因为是通过“蓝绿网络”，“基础设施网络”和“城市网络”所构建。所有这些不同的概念都汇集在第五次国家政策说明的地图中，有望成为关于国家空间政策的核心规划决定（KPD）中的一部分（图3.8）。

图3.8 2000年国家空间政策核心规划决定草案

资料来源：VROM 2000，获得住房、空间规划和环境部的许可

对于阿姆斯特丹地区，核心规划决定草案（Draft KPD）将该市视为全国城市网络中的重要节点，作为“去往北方的快捷联系”，为到达阿尔梅勒提供一个桥梁。其强调史基浦作为主要港口的重要性，并与其他五个城市一起作为“新重点项目”的地点。现在阿尔梅勒在国家政策中被视为阿姆斯特丹都会区的主要住房增长地。但是，在 2002 年选举之后撤销第五次国家政策说明时，关于国家空间政策的争议仍未得到解决，并且这个情况直至 2004 年依旧未得到解决（Nota Ruimte，VROM 2005）。它采取了三角洲大都市区的概念，将兰德斯塔德分成南北两翼（北翼和南翼）。围绕这个划分成立了两个非正式“平台”，供空间规划师和议员一起讨论发展问题。有人认为，“两翼”更清晰地体现了荷兰西部的实际日常生活网络，而不是兰德斯塔德或三角洲大都市区的概念。空间政策说明强调经济竞争力以及强调六个重要的经济发展区，哈勒姆梅尔（Haarlemmermeer）—史基浦—祖伊达斯（Zuidas）—阿尔梅勒轴线在其中享有“首要”地位。这意味着国家资金将流向这个轴线，但政策说明上几乎没有提及哪个轴线上的节点将获得最多资金补助。

尽管第五次国家政策说明经历了种种困难，阿姆斯特丹城市规划人员利用了它的一些空间概念。2003 年，结构规划遵循国家空间政策提出通过三个“层”来建设城市，包括主要的绿地和水体结构，“道路、铁路和电缆”等基础设施以及建成环境。每个层都与具体的行动相关联，重点强调对建成环境中的集约化和混合使用。规划师们还提出具有非物质性方式的“第四层”：

> 此外，在城市中可以区分出来的第四层，即生活文化。这一层在与市民协商城市的理想发展方向时发挥了重要作用。然而，很难在结构规划中迅速得出结论。因为生活环境只是空间因素的一部分，并且与其他三个层相比变化更快（DRO 2003b：31）。

分层的概念对城市规划师很有吸引力，因为它在城市被划分为不同的门类、活动和功能的传统方法之外提供了一个将城市概念化的整合方式。它有助于摆脱过去的分门别类（住房、农业、经济发展等），提供了一种新的方式来表达空间形成的环境和社会经济层面之间的联系。城市规划人员使用“层”的概念来讨论不同的发展选择，并发现不同的团体和政府部门可以方便地找到他们的关注点并比过去更容易找到这些关注点与其他问题的联系（Gieling and van Loenen 2001）。现在他们想强调用途混合，以及不同层中各种“流”的复杂交互过程。在结构规划之后制作的图中，DRO 规划人员更清楚地表达了他们对层的思考。“区域网络”的概念是由地面层（水和景观），基础设施层，节点层（从全球到场所）和新住宅区层组成。史基浦被指定为世界中心，南部的 Zuidas 新城为“大陆”中心，而市中心为有全球影响力的区域中心（图 3.9）。

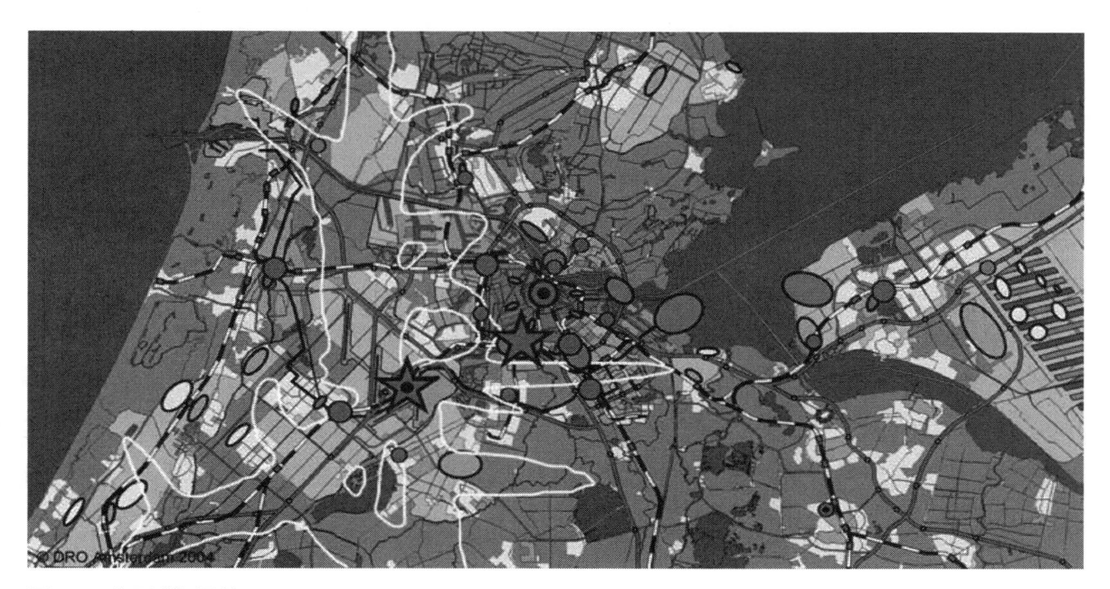

图 3.9　“区域”网络

资料来源：阿姆斯特丹市议会，2004 年的“网络区域”图册，经 ACC 许可

最终的结构规划仍然保持其传统的地图形式（图 3.7a）。该规划重申了 Zuidas，体育场区和市中心是“中心城市”的主要场所。它强调，其他周边中心应发展为混合使用地区，在阿姆斯特丹地区提出四个“一级”火车站，并强调保护绿色区域和水域，以及阿姆斯特丹与大都市区其他地区的关系。但是由于区域协调的困难，2010 年规划草案中要从 IJ 河跨河发展到阿尔梅勒的雄心构想并没有被包含进去。

然而，与第五次国家政策说明相比，阿姆斯特丹结构规划并没有对其国际地位明确强调，这被理所应当地认为是“中心城市”定位应发挥的作用。反之，其重点更多的是关注区域间的联系，在这个联系中，该市正在努力争取基础设施项目和收益分成方面的协议。在这种情况下，一个以交通运输轴为中心的新的空间发展概念正在形成。这些轴线在结构规划中阐述得很少，但在 2003 年晚些时候发表的一篇论文中变得更加清晰，这篇论文是由在非正式场所中围绕北翼利益讨论空间战略时而产生的（图 3.10）。它强烈地表达了驱动大都市区的经济发展轴，同时也说明了如何利用一个宽泛的发展轴概念来确定住房开发项目的主要位置（Mansuur and van der Plas 2003）。对于市议会

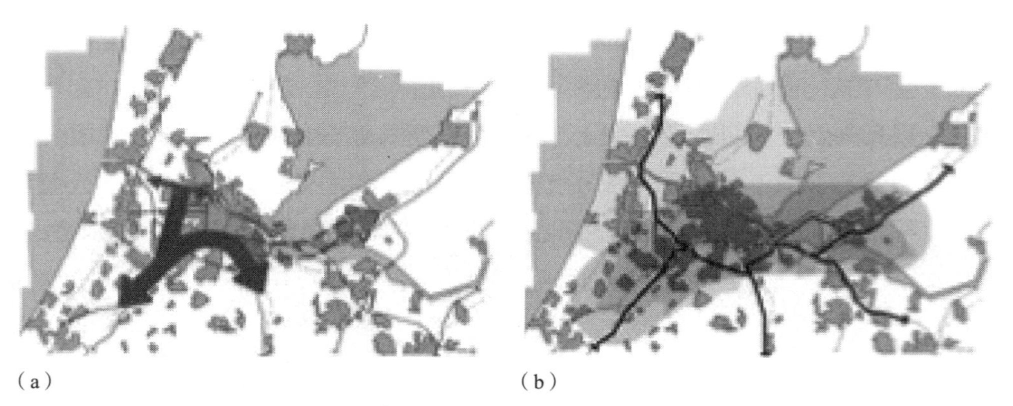
(a) (b)

图 3.10 Haarlemmermeer-Almere 发展轴线（a）经济开发场址;（b）住房和就业地点

资料来源：Mansuur 和 Van der Plas，2003 年：第 7（a）和第 10（b）页，获得阿姆斯特丹市 C 的许可

来说，最关注的是主要战略项目，而不是其战略规划。在市议会网站上重点呈现的不是结构规划而是这“七大”项目，这体现了市议会意图在“建设城市”中扮演重要角色的雄心壮志。因此，对作为战略“载体”的重点项目的重视在全国乃至阿姆斯特丹都显而易见。

城市治理的复杂性

阿姆斯特丹市议会一直以来是塑造城市地区、区域和国家财富的主要力量。比起20 世纪中期到了 21 世纪初，其处于一个更为复杂的治理环境。当时，城市的管辖范围涵盖了大多数市民的日常生活行为模式。市议会按照战前战略规划设定的路线，是进行城市扩张的主要力量；市议会是一个土地、财产的主要所有者，并从中央政府获得大量的公共投资资金。国家和市议会都致力于为公民提供优质的生活环境和工作场所。其空间规划部门在城市开发活动中强化了城市土地的所有权以及投资实力，在引导开发的过程中发挥重要作用，包括制定战略，形成投资，表达和创造城市形象——为作为一个整体的城市，以及城市内的场所。但 50 年过后，市议会面临的情况完全不同。城市地区对国家有着重要的作用，主要是因为它作为商业、金融、旅游和物流中心的经济角色，而不只是工业中心或文化中心。更广泛的城市区域突破了该市的管辖范围，该区域不仅延伸到非正式的阿姆斯特丹区域组织（ROA）管辖的范围，而且延伸到更远的兰斯塔德北部地区，即北翼。由于国家将投资资源（主要国家项目除外）下放给省和市，理论上市议会获得了更大的权力。 实际上，这种权力下放意味着总体资源减少了，并让市政当局彼此之间争夺资源。而且，尽管市议会仍然是主要的土地所有者，但城市的空间格局日益受到企业和更富裕家庭的决定所推动，它们跟随交通的发展，也塑造了对交通基础设施的需求。

由于从中央政府获得的资源面临着种种限制，市议会越来越多地从特定城市目标相关的“使用价值”来看待其土地资产，强调资产的市场价值以充实城市财政，并动员私营部门投资发展。在这种背景下，社会民主党长期建立的议程在关注宜居性和邻里环境的同时，也要关注 1980 年代提出的环境可持续发展议程和在全球城市竞争力的背景下重点发展阿姆斯特丹的“世界城市”特质。因此，阿姆斯特丹要成为整个城市区域发展的领头羊和引导者备受压力。

在这种情况下，市议会不得不重新考虑其治理关系和角色，特别是对于它在 1980 年代和 1990 年代创建的邻近城市和自治市。多年来，对于周边的城市来说，阿姆斯特丹一直是北荷兰省的强大力量。这些城市倾向于将市议会视为“敌人”，而市议会本身也倾向于通过充当权力和知识的最强者。正是在这样的政治格局中，该市起初努力创建一个正式的阿姆斯特丹大都会区域，随后由于其他城市（特别是阿尔梅勒）对阿姆斯特丹的收益分成计划和重大项目议程都构成挑战，这一构想逐渐被削弱。该区域的第二个重大发展，即史基浦机场作为主要城市节点的发展，尽管市议会保留了公司股东的角色和发展计划的正式咨询者的地位，但作为国家关键发展项目，它无论如何都超出了城市的管辖范围。

由于中央政府发展投资资金的变化，这些城市间的斗争更加尖锐。“协议”体系伴随 VINEX 的资金分配包，提供给同意在空间发展项目中合作的城市组合，这些项目在结构规划和区域规划中达成合意。但后来这种情况发生了变化，国家资金分配给重大项目，取决于各市之间的协议。这为创建北翼平台提供了契机，通过该平台提高阿姆斯特丹在第五次国家政策说明和空间政策说明中的利益。另一个大都市舞台也发展起来了——阿姆斯特丹区域联盟（阿姆斯特丹地区合作组织），其中包括市长、北荷兰省和弗莱福兰省省长。一些私营部门的参与者被邀请参加相关的工作组。这些舞台能够比以前的安排更容易地达成协议，部分原因是政治已经变得不那么意识形态极端化。主要的讨论集中在基础设施动脉，特别是 A9/A6 与阿尔默勒的连接以及私营部门高速列车公司的路线和站点（公共部门对其拥有有限的控制权）。但是这些大都市区舞台保持着流动性和非正式性，新的“平台”覆盖现有的平台，并且都由复杂的联合过程支撑（Salet and Gualini 2003）。发展有说服力的动员概念和强大的协调动力以前尚可操作，在这样的治理环境中则变得越来越困难。

市议会也被吸引到更多与私营部门联合的项目中。特别是 Zuidas 项目，即 ZUID/

WTC 站推广的“全球城市”（Salet and Major 2005）。这个发展节点已经出现在城市的门口，而非由市议会本身推动的重大项目。议会只是在 Zuidas 的想法背后缓慢摇摆，这是由一些城市设计师和开发商大力推动的，尤其是建筑师布鲁恩（Pi de Bruijn），他早先设计了庇基莫米尔地区的竞技场大道（Arena Boulevard）开发项目。1995 年成立了一个特别的公私合作伙伴机构（Zuidas 联盟），该联盟达成了一致意见，认为所有城市开发产生的资金应该重新投入该项目。但是，Zuidas 的发展存在两种竞争性的前景，高档写字楼集聚的“顶级”区位概念，与更加多元化并具有传统城市中心特质的概念并存。实现后一个想法的关键是它要在建筑群内部和外围产生有重要影响力的公共空间，方便连接到城市其他地区。项目发起人和市议会认为项目的关键是建立一个平台横跨现在已经运行的 A10 和铁路线。尽管对于 Zuidas 只有有限的公共讨论，但有人反对把隔离进一步扩大。由此产生了一个“码头”平台（所有交通运输路线在地下），而不是“堤防”（所有交通运输线在高架平台上通过）的方案。这个方案的成功主要依靠于以安全问题说服交通运输部，以及作为一个“重要项目”获得中央政府资源。此外，对于高速铁路运营公司是否选择 Zuidas 作为主要车站还是未知数。它的区位非常接近史基浦，而史基浦站点已经被广泛使用。因此，Zuidas 尽管在国家层面被认为是一项重要项目，对于市议会来说是一项风险投资。

在分区（districts）层面，市议会也处于新的局面。如前所述，这些分区是为了回应 1970 年代的公民抗议而创建的。起初，这里的工作人员很少，并且非常依赖市议会。但是，1990 年代，一些规模较小的分区合并，他们的实力不断增强，从市议会手中接管了土地利用管控和地方环境管理的具体职能，包括一些项目开发工作。区议员被选举出来，并经常通过政党网络与市议会联系，而官员们则通过他们的专业网络相关联。尽管如此，他们越来越频繁地挑战市议会的意见和行动，同时作为市民意见传达给市议会的渠道。分区发展出多样的管理流程和自己的文化，但保持市民和政府之间的紧密度是非常重要的，这种关系是在 1970 年代的斗争中发展起来的。市议员们认为分区是他们的核心地带，并且随时准备聆听从分区提出的议题。尽管议员和城市规划人员通过丰富的咨询网络来测试市民意见和反应，但在将市民的关切与各区域性舞台中出现的议题联系起来时，出现了脱节的现象，尤其在涉及重要项目的公私合作发展过程中。这种情况因部门间的矛盾而加剧，尽管这些情况在 2000 年代中期逐渐减少。制定城市战略性空间规划，长期以来作为多重尺度、多重价值观和多部门利益相结合的舞台，似乎失去了协调功能和综合能力。

市议会治理格局的演变为城市的战略空间规划师创造了一个不确定的状况。他们是一支 20 人左右的强大团队，拥有超过 280 多名技术人员，并为一名承担大量职能的市政议员（alderman）服务，工作范围涵盖土地管理、住房、城市更新、水资源管理以及空间规划。到 2004 年，由于议会节省开支，规划师开始重新考虑他们的角色。随着城市日益重视对重大项目和资源的争取，进一步削弱了发展城市区域战略性构想的理念。在荷兰空间规划政策界讨论的战略概念，不管是“层”、“城市性”，或是“三角洲大都市区”，都并不稳定且似乎说服力有限（van Duinen 2004，Zonneveld 2005a）。通过国家和市政法规监管发展项目的行为也被批评为抑制市场投资。

但是 DRO 的战略规划人员并不想让他们的战略方向消失。取而代之的是，他们努力增强对更广泛城市区域动态的战略性理解，并与其他城市在北翼非正式舞台的背景下一起工作。他们试图将战略性空间的概念与主要项目联系起来。他们设计出一个新的咨询机制来框定重要的场地和建筑，即地区发展的概要形式。大家预计城市不再需要准备另一个结构规划，他们希望未来的战略将是针对大都市区域。2004 年对国家规划立法进行了主要的检讨，意味着结构规划这项法定规划工具将要取消，取而代之是某种“战略愿景”。阿姆斯特丹规划师在北翼的舞台上，用发展节点和层的概念制定了类似的“结构性愿景”（structuurvisie）（图 3.10）。他们刻意不采取城市区域空间组织的高度专业化概念，而是提出一个更微妙、灵活的理解，重点关注连通性以及城市地理在持续变化中演进的方式，而不是系统性的规划设计和组织管理。到 2005 年，DRO 重新定义自身作为推动对城市区域战略性理解的一个主要参与者，同时作为大都市区拥有更多研究功能的“战略性智库”。为了加强这方面的能力，战略规划人员使用了大量基于高校的科研力量，特别是阿姆斯特丹大学的 AME/AMIDST 研究所，从“可达性”角度对“城市性”的性质进行研究。它意象如何把城市视为邻里的“组合”，而每个邻里都是不断变化的。“战略性知识服务”的角色转变，也意味着规划人员不得不转变其他人认为阿姆斯特丹议会过于主导甚至视之为“敌人”的想法。

所以，正当市议会的战略规划师们庆祝阿姆斯特丹规划办公室成立 75 周年之际（Jolles *et al.* 2003），该机构的角色受到了挑战。它在定期更新的法定规划中提供城市空间发展的综合性愿景，引导公共投资的传统逐渐消逝。市议会本身及其各部门正在学习如何生活在一个拥挤的制度空间中。尽管 DRO 规划师正在努力与更广泛的城市区域里的各个城市建立联系，他们被批评忽视了与城市分区和市民的关系，以及发展与国家和国际的联系（Salet and Gualini 2003）。但他们还是可以借鉴强大而活跃的议会的做法，市民希望议会在塑造城市未来和表达形象方面可以起到关键的作用。城市规划师注意到阿姆斯特丹市民对他们的议会抱以很大的期望，他们敏锐地意识到身处在活跃的，参与度高的治理文化中，这种治理文化对城市的性质和未来，以及市议会的行动高度关注并具有批判性。尽管建立起来的治理关系和城市概念呈现不稳定的状态，以及由市场决定城市发展优先权的概念正挑战着宜居性和环境可持续性的理念，这些观念仍不得不在一种治理文化中共存并相互联系，这种文化期望强大而可及的市政府来管理不断发展的阿姆斯特丹。阿姆斯特丹市议会以及所有参与治理城市地区蔓延扩张的相关部门人员，其面临的挑战是应当如何利用过去已构建的能力和文化期望来帮助塑造新兴的城市现实，尽管这种现实永远不可能被完全把握或被“全面管理”。正如 DRO 规划人员 10 年前所述：

> 今天的城市规划师心中有一个晦涩难懂的未来：他们不再是崇高的精神，将自己的想法强加于城市。今天的城市规划更多的是城市自身的功能而不是规划师的职能。现在的规划人员是为城市而服务（DRO 1994：218）。

结论

在 20 世纪的大部分时间里，阿姆斯特丹市议会在建立和塑造其主导的市区发展方面发挥了重要作用。它引导大量公共投资流入物质环境并制定指导特定建设项目的规则。在此背景下，阿姆斯特丹的空间战略制定在整合城市发展的不同目标、活动以及协调发展项目，推动发展项目的合法性方面发挥了至关重要的作用。城市的空间规划对于表达城市的形象也很重要。正如在荷兰一样，城市规划的战略和发展工作不仅通过集中关注特定地区和机遇，从而形成市场；它还创造了市场，同时推动了市场参与者的出现，尤其是在住宅开发领域（Needham *et al.* 2005）。基于居住环境质量以及城市服务设施的可达性来理解，对这项活动倾注精力是为了给日常生活创造宜居的环境，直到今天，宜居性和质量依然是关注的重点，并在对环境可持续性的关注下得到加强。这种以社会为中心的发展取向塑造了市政府在一个活跃的、国际化和结构丰富的公民社会的强大能力，这样的社会在 2000 年代通常被称为“无政府状态”，精力充沛地挑战政府的干预，但也支持政府的存在。在这种背景下，城市空间战略产生了重大的影响力，影响了城市中的建筑、建成环境质量以及城市形象的展示。它们在城市与国家以及省政府互动的过程中也发挥了重要作用，适用更高等级的发展原则和土地利用法规，并且获得融资。

但是，过去建立起来的政策议程和实践在 21 世纪的新兴治理背景下并不稳定。国家空间发展原则和场所空间战略创造建设项目的力量不仅受到融资的限制，而且受到公共投资资金分配新方式的限制。后者的关注焦点在重点项目上而不是长期投资项目上，是在大的计划上而不是对建成环境变化的连续仔细的管理上。此外，人们越来越认识到，在扩张的大都市区中，“场所”和连通性所发挥的作用不仅仅是生成了建设项目，而且推动了社会、经济和环境力量的各种转变。与建造新的城市局部地区相比，市议会对这种力量的相互作用的影响要复杂得多且难以理解。因此，市场力量、文化运动和政府干预以比 1920 年代城市规划师范・埃斯特伦（van Eesteren）所设想的更为复杂的方式混合在一起。阿姆斯特丹市政府正试图将城市形象表达为一种多元文化的国际大都会特质，但这导致了对文化活动以及“氛围”（ambience）产生的干预不亚于开发项目。可能正在消失的是将各级政府与市民对宜居性的关注，压力团体为实现环境可持续性而开展的运动以及通过商业利益实现的公共利益联系起来的综合能力。这不仅仅是因为空间规划师被束缚在旧有的传统中，尽管许多评论家都提出了这一点。事实上，DRO 规划师正在努力改变旧的模式，并用新的、更灵活的方式来理解城市关系如何演变以及哪些领域需要战略关注。整合能力的困难还源于多个领域之间治理工作的分散，以及难以找到一个清晰的方式，表达对不断发展的大都市区的特质和关系的思考。

市议会凭借其可观的财政和土地资源以及对国家投资基金的杠杆作用，仍然在城市发展中发挥重要作用。像整个荷兰一样，20 世纪在阿姆斯特丹地区建立的治理实践和文化，仍然具有“召唤”（summon up）城市概念并在充满活力的“公共领域”中进行辩论的强大能力，在此其中，冲突的价值观、优选项以及理解可以成为重点，并对具体的战略性干预产生影响。从城市开发活动中可以看出，阿姆斯特丹的城市治理可能正处于转型时期，对于如何利用过去的能力建立新的治理关系和发展新的城市观念还存在不确定因素。战略性空间规划可能会在议会以及更广的区域中，退居为更有限的位置。但这似乎不太可能。传统及其实践仍然是强大的力量，政府和整个社会普遍支持空间战略，并认为政策应具有明确的空间表达方式（Zonneveld 2005 a，b）。与意大利和英国的经验相比较时，这种继承的独特性变得更加明显。

第4章
米兰城市规划中的战略灵活性之争

米兰城市规划历程中的一大难点是寻求一种有效的方法来规划这个位于充满活力的意大利经济中心地带的城市（Balducci 2001a：159）。

在1993～2002年间，米兰虽然在经济实力和社会财富方面表现强劲，但是却缺乏真正的战略性引导（Dente 2005 *et al.*：45）。

引言

当研究焦点从阿姆斯特丹切换到米兰，城市背景变成了一个更大的国家和城市群。与荷兰类似，意大利是一个统一的国家，国家的角色在生活的各个领域都有着举足轻重的作用。不同的是，意大利既没有社会主要领域的合作伙伴关系对政治达成共识的传统，也没有政府内技术专家进行大量政治活动的惯例。换言之，意大利异于欧洲西北部的大部分福利国家一样享有社团主义的传统。相反，政治网络和庇护主义（clientelist）在形成地方行政管理文化和政府态度方面发挥了重要作用。本章讲述的是，不断努力对抗并包容旧的治理做法，确保政策关注的连贯性，以面对一定程度的社会公正和环境质量的挑战，使米兰可以从一个历史悠久的城市变身成为一个不断蔓延扩张的，经济富有活力的大都市。

米兰是欧洲中部最伟大的城市之一。虽然几个世纪以来，它位于几个不同的地缘政治区域，但它仍然是意大利北部的最主要经济中心，也是这个富饶农业区域，密集经济生产力和文化敏感性地区的重要首府。米兰是20世纪意大利经济和政治生活重点发展的地区，也被公认为该国的商业之都。米兰行政管辖的城市地方是米兰市（Comune di Milano），这是一个具有密集的商业、文化和居住的地区，在2001年人口超过125万。但这个地区同时也位于一个动态蔓延的城市地区，其延伸至米兰省（2001年人口:371万）行政边界以外，并跨越伦巴第大区（Regione Lombardia）（2001年人口：903万）到了瑞士（图4.1）。河流横跨帕多尼亚地区的波谷平原，城市空间发展很少受到自然条件的限制——除了北部的阿尔卑斯山、山麓和湖泊，而这也为米兰的社会上层提供了极

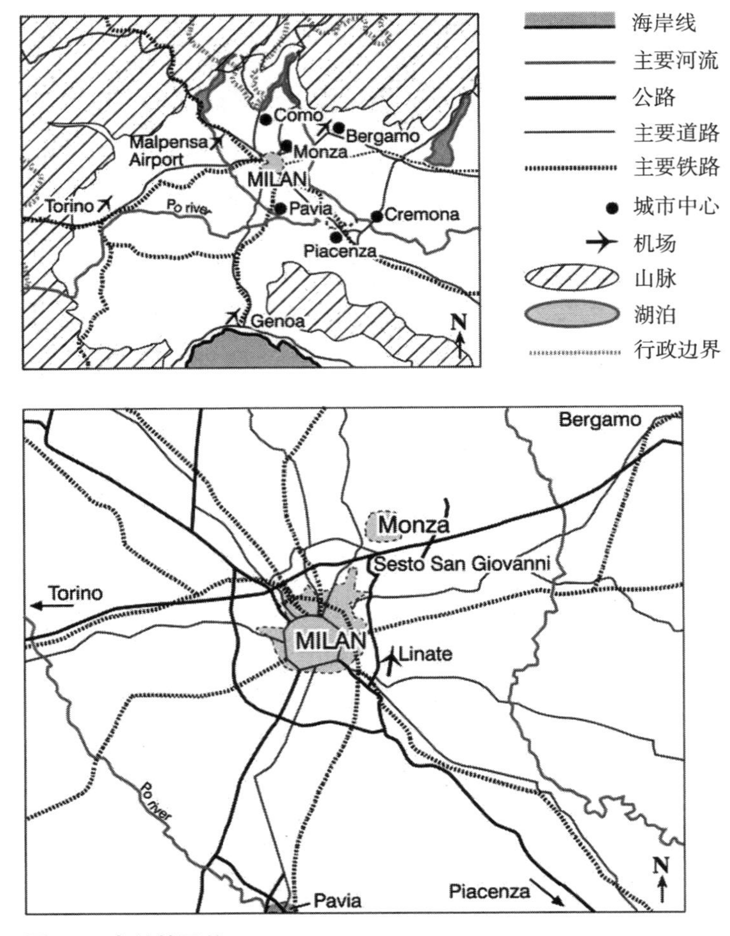

图 4.1　米兰的区位

富有吸引力的场所；南方的洪泛平原拥有富庶的农田，因其在粮食生产中的重要性而受到保护，免于过度开发。

在 20 世纪期间，米兰大都会区位于两个“经济奇迹”的核心地位（Foot 2001）。第一个经济奇迹是以重工业等工业发展为重点。作为一个由小家族企业主导经济的城市，米兰见证了包括阿尔法·罗密欧（Alfa Romeo）、安萨尔多（Ansaldo）、布雷达（Breda）、法尔克（Falck）、因诺西蒂（Innocenti）、马雷利倍耐力（Marelli and Pirelli）在内的几个主要国际制造公司的建立。这些公司位于城市核心边缘区的大型场地，并且在其临近提供工人住房。这些公司的黄金时代是在 1950 年代和 1960 年代，这也是意大利的工业繁荣期和大规模的移民期——从农村向城市迁移，从意大利南部向北部迁移。米兰市的人口在 20 年内增长了近 100 万，米兰省的人口在同期增长了将近 150 万。

在这个人口大量涌入的情况下建设住房，对于米兰及其周边地区来说是一个重大挑战，在强大的工人阶级共产主义 / 社会主义的政治背景之下，与天主教会有密切联系的同样强大的基督教民主党受到了挑战。但当 1970 年代米兰共产主义 / 社会主义政治联盟获得胜利时，面对国际竞争，如欧洲其他场所一样，米兰的工业经济也失去了动力。这些大公司走下坡路，搬离或不得不倒闭，留下了废弃的工厂遗址和遭受失业威胁的工人。到了 1990 年代，米兰大都会区内已有超过 1200 万平方米的废弃工业用地（Mugnano *et al.* 2005）。

但是，随着工业“奇迹”般的消逝，米兰凭借其充满活力的小企业老传统，作为国家商业和金融枢纽的地位以及丰富的文化传统，如艺术与设计等产生了新的经济奇迹。许多企业（其中许多是家族企业）以经营时装、家具和设计产品为主，而文化和经济网络以不同的方式将这些企业与全球市场联系起来。这些小公司的网络、分散的土地和财产所有权塑造了城市精英的政治文化。同时，米兰的商业和金融活力越来越多地参与到全球网络，许多国际公司的总部设立在米兰，并与当地公司建立联系（de Magalhães 2001）。这种经济和文化气氛有助于孕育富有活力和灵活性的创新能力，1980 年代的社会主义政治家以“米兰大教堂”的华丽形象庆祝了这一经济文化“奇迹”。正如 Foot 所阐述的深刻见解那样，强大的文化兴盛和强烈的消费主义社会将引起更多的新自由主义政治态度（Foot 2001）。

在意大利，政治与商业和民间社会交织在一起，其主要的经济机遇受到政治变化的强烈影响。城市发展进程和城市规划也不例外（Vicari and Molotch 1990）。米兰一直是意大利 20 世纪大部分政治发展的核心。它是法西斯主义和抵制法西斯主义的核心；共产主义或社会主义工人阶级动员的核心，也是 20 世纪 90 年代右翼政党“北方联盟”（Lega Nord）和西尔维奥·贝卢斯科尼的“意大利前进党”（Forza Italia）发源地。同样在米兰，意大利“庇护主义”的传统于 1980 年代被系统化为一个复杂的权钱交易政治制度，被称为“贿赂”（tangente），这为城市挂上了“贿赂政体”的称号。但是，该制度也在米兰遭受到挑战——“净手”（mani pulite）运动在 1990 年代初导致了米兰政治阶层和高级管理者层面的崩溃，并在 1990 年代对技术性提高行政效率的运动起了推波助澜的作用。

米兰的公共行政管理体制以一种非常复杂的方式与不断变化的经济动态和政治动态联系在一起——在理论上，行政人员和技术人员之间，以及政府官员和政治家之间的权力是明确分离的；在事实上，官员、政治家、专家、经济和社会参与者，通过家庭、政党、教会、大学和利益集团的重叠网络联系在一起。这种交织的方式，其中蕴含的分配逻辑，以及物质和文化利益的规模随着时代的更替不断变化。当 1980 年代的社会主义政治家颂扬这一充满活力的新型消费主义文化时，公共行政管理的职能却在城市生活中产生了变化且逐步减弱。在 1970 年代甚至 1980 年代，市政管理部门仍可以意象它们在“负责”定义城市发展方式，构建发展机会和提供管理服务。米兰等城市在其城市边界内外拥有大量的土地和财产资源，并分配了大量资源（Vicari and Molotch 1990）。然而，越来越多的公民和企业认为公共行政管理过分复杂和效率低下，甚至无法处理最亟待解决的项目。公共行政管理成为商家和公民都强烈反对的对象。与之对应，在商业和文化领域以及民间社会都出现了各种自组织安排。

在 1960 年代和 1970 年代，城市规划被视为是塑造城市发展的意识形态方案的重要舞台。但是到了 1980 年代和 1990 年代，鲜有社会活动关注城市发展战略和管理问题。在城市中心拥有大量财产和商业利益的米兰精英对“室内空间”，他们的公寓、办公室、会议室和展览厅等更感兴趣。尽管在学术界和文化杂志上对城市未来进行了大量的讨论，但很少有人关注城市中心区的未来。虽然 1990 年代，市民对交通问题、城市健康和安全以及城市中心区的公共空间质量的关注度有所提高，但是米兰的政治家及其支持者在近年来对战略性的方法几乎没有兴趣（Dente *et al.* 2005）。因此，在 1990 年代和 21 世纪，米兰城市发展战略的经验与意大利其他正在积极参与制定战略发展规划的主要城市截然不同。

与阿姆斯特丹一样，政治家们也想通过规划部门并利用城市规划作为工具来阐明城市发展战略。但政治演变为米兰市的城市规划实践创造了一个非常复杂的环境。20 世纪下半叶，米兰规划功能面临一个重大挑战，即在管控开发活动的同时，为各种提案提供灵活性，并且关注更广泛的公共利益。本章总结了最近一次尝试，在此次尝试中，已经充分认识到综合规划方法（Piano Regolatore Generale）的局限性，并且在 20 世纪末，管理机构在伦巴第地区和米兰市的规划中引入了一系列新的规划方法。这恰逢政治契机，城市的政治家关切地认为，许多引起热议的项目应该被建造起来，而不是在讨论和谈判中停滞多年。在一个鼓励设计理念的社会，米兰和大都市地区的未来，从来不乏有创意的想法，但是将美学和一般原则与实际行动联系起来则是另外一回事。

20 世纪五六十年代的“奇迹时光”

在经历了第二次世界大战的惨痛岁月之后，米兰进入了成长和繁荣的时期。米兰主要的重工业扩张，带来了意大利乡村和南部的大量移民。与阿姆斯特丹一样，发展重点是通过城市扩张来适应这种增长，提供充足的住房、城市服务设施和公共交通。新区建设将环绕城市核心的城市邻里结构扩展为米兰周边的自治市。工人阶级城市住区活跃的社会和政治生活是二战前后米兰重要的历史记忆，但其特质往往与这些周边新建的地产相反，尽管现实总是更加复杂（Foot 2001）。同时，米兰精英阶层和高级资产阶级居住在城市的心脏地带，建于 18 和 19 世纪的宫殿和公寓楼，时至今日又增加了一些新设施，使人们可以方便地进入各式各样的文化场所，如斯卡拉歌剧院（La Scala）、米兰大教堂（Duomo）广场和附近的高档零售商业、优秀的大学、各种小型专业服务和公司总部，这些功能提供了许多工作岗位。“米兰核心是一个 24 小时都充满活力的商业和社会‘场景’”（Vicari and Molotch 1990：614）。米兰市中心从古至今，都是一个经典的多功能城市地区，有着四通八达的交通。

由于米兰在工业繁荣期间的扩张，该城市拥有大量租金受控的住房。这有助于维持该市的左翼政治基础，不断挑战资产阶级和小型企业所持有的右翼政治。然而，米兰城市地区太小，无法容纳新的房屋建设，这意味着米兰市不得不与周边市镇交涉，以便进一步的建设。在这样的情形下，出现了一个由政治驱动的外围产业，主要是 8 层公寓街坊，在左翼市镇建有工人阶级的建筑，在右翼市镇则是较低密度，较高收入的建筑。与这些开发相关的土地交易和建设活动赚取了或多或少的财富，也产生了大量的投机行为。由此产生的空间结构继续强调围绕市中心的同心发展——从 19 世纪至 20 世纪 20 年代的发展之环，以及环城市的城墙和旧的同心环状运河，曾经被大型工厂打破，这些工厂主要集中在北侧，并排在五条铁轨旁，汇聚于城市中心的边缘。这就是米兰邻里生活的腹地，在此之外周边的房地产以比阿姆斯特丹更为紧密的形态萌芽，并且对居住区、开放空间和交通路线之间的衔接没有太多关注。

在这个时期的意大利，城市规划被称作“urbanistica”，其主要侧重于建筑及其周边房屋的设计（Foot 2001）。根据 1942 年国家法律，规划的权利包括城市开发项目必须位于城市总体规划（Piano Regolatore Generale，PRG）的框架内。它把城市空间组织的战略重点与详细区划整合在一起，后者把开发权分配到特定的地点，并为每个用途分区类别制定标准和规范表格。1953 年，米兰市政府批准了第一个总体规划方案，这是由建筑师顾问博托尼（Bottoni）领导小组编制的（图 4.2）。该规划表达了战后初期在意大利发展的许多规划思想，并被认为是当时意大利的领先规划的范例（Piccinato 1956）。它主要侧重于城市的扩展，同时强调城市中不同要素与更为宏观区域范围内城市区域之间的相互联系。它还关注建成环境中所表现的生活场所的质量。这个总体规划作为市议会执行委员会（Giunta）（Gabellini 1988）的“宣言”，重点在于基础设施投

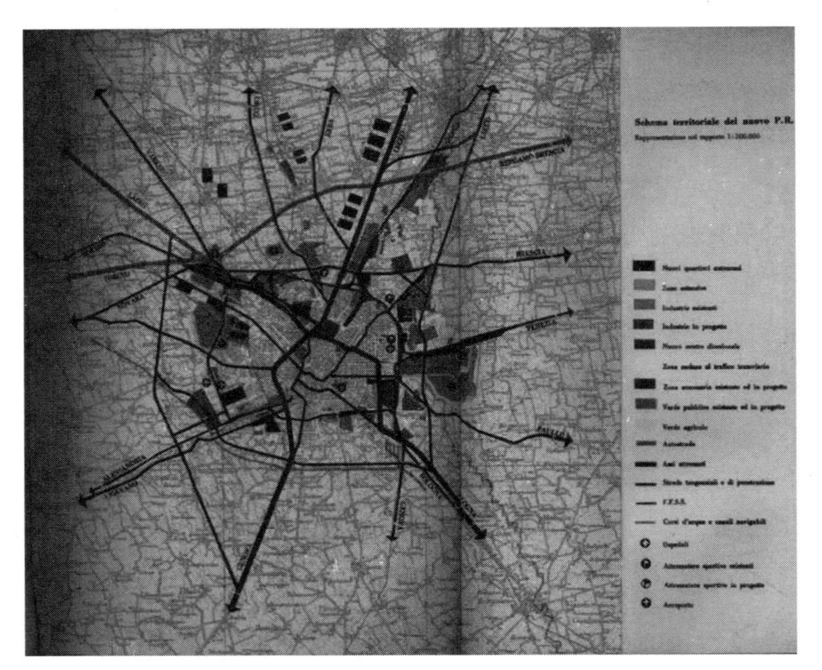

图 4.2 米兰 1953 年总体规划

资料来源：Piccinato 1956 年：第 54/55 页，经罗马 Invedicione 许可

资以及城市扩张方面。就像在阿姆斯特丹那样，政治家和规划师认为，米兰市领导了城市区域内的发展活动，城市总体规划指导和协调了城市的发展工作。但是，实际上，这个规划对于在城市外围发展起来的资本，产生的杠杆作用不大，而且区划条款的“变通”（varianti）变得尤为常见。

由于市政府正在城市周边地区建房，因此米兰的政治家和规划师有兴趣创建一个更大范围的大都市地区组织。当时，上层次省域范围太大，除了被国家法律承认之外，这个区域在实际上是不存在的。在 1950 年代和 1960 年代，周边城市致力于建立上述这个城市性的组织。一度有 70 余城市参与，但是政治上的分歧一直打断其发展。与此同时，制定了米兰大都市规划（Piano Intercomunale Milanese，PIM），规划地区涵盖了 35 个城市，于 1959 年被中央政府批准。此时，米兰大都市规划（PIM）涵盖的城市主要是左派，并试图控制米兰地区猖獗的土地投机。但是，这个规划从来没有得到有关市政当局的充分认可，正式的城市间合作也没有形成。尽管如此，城市之间的合作仍然得到一些市镇的支持，在市长们的指引下，建立了一个自发的研究和咨询联盟（Gualini 2003）。这个被称为米兰大都市规划中心工作室（Centro Studi PIM）的机构至今仍在米兰的规划中扮演着重要角色，尽管形式不如当年那般重要。米兰大都市规划

（PIM）是第一个主张在市中心进行重大投资的机构，旨在利用通过市中心的地铁，连接两个主要地铁站点，来扩展城市的中心节点。米兰大都市规划（PIM）工作组认识到不断扩大的都市圈内的城市之间存在利益冲突，但可以通过寻求合作以减少紧张关系，以集体行动的方式介入大都市城市发展进程（Gabellini 1988）。

在 1960 年代的米兰，其城市发展轨迹上出现了越来越多的意识形态冲突。左翼的观点强调分权并建立一个多极的城市中心。米兰大都市规划（PIM）提倡建立公共交通轴线的理念被发展成了贯穿市中心西北 – 东南轴线上连接主要车站的“直通线”（Progetto Passante）（Vicari and Molotch 1990）。右翼的观点强调了大教堂周围传统核心区的主导地位，并寻求比 1953 年总体规划更大的灵活性。为了适应大都市地区蓬勃发展的市场动态，政府试图在 1960 年代修改总体规划，但由于左右翼的冲突，导致其未被批准（Gabellini 1988）。

来自米兰理工大学建筑学院的城市规划师在这些规划编制中发挥了关键作用。作为设计专业人才，他们在米兰和意大利文化中备受尊重。他们负责筹划了一些城市扩张规划（Foot 2001），并集中参与了米兰大都市规划的工作。学校的教学研究传统主要是城市设计，强调城市形态和建筑设计。住宅、居住区、大型项目、社区和城市的设计被视为可以应用相类似的技能和视角。然而，与荷兰和英国相比，这种规划文化与项目管理、公共管理或土地与开发流程的运作方式等任何务实意识之间的联系非常薄弱。这些规划主要是以咨询模式为客户提供的，而这些客户则被寄予厚望来解决实际问题。当实际的发展过程受到复杂的政治谈判，投机压力以及企图颠覆和忽视城市总体规划的条例制约时，这一点被证明是有严重问题的。庇护主义、官僚程序的回扣机制以及利用“变通”来协商改变区划规划（plan zoning）已成为正常的做法，投机开发的进行受到很少限制。因此，实际上只有一部分发展是符合规划的。总体规划框架以外发生了很多交易，或通过“变通”程序进行了协商。如果规划中的建议不符合政治家、土地所有者或开发商的具体利益，则被采纳的概率极小。因此，尽管希望 1953 年总体规划所表达的城市发展进程具有全面的战略指导意义，但它与城市发展方向及主要基础设施投资之间几乎没有联系。

一个强调以设计为导向的战略性城市规划方法，难以将框架概念与投资进程或有效管理开发的选址和形式关联起来。这一时期城市发展带来的投机利润推动了左翼对猖獗资本主义的批评，但忽视了发展中的协作给企业家、城市居民和工人带来的问题。在人口大规模扩张的时期，对米兰战后早期规划的这种批评为革新观念创造了机会（Balducci 2005a）。在 1970 年代，米兰政府的政治平衡总是依托某种形式的党派组合，从天主教基督教民主党转向社会党和共产党。这种转变支持了1960年代以米兰大都市规划（PIM）为代表的在左翼团体中发展起来的城市规划和大都市发展的思想（Gabellini 1988）。

1970年代米兰方兴未艾的城市规划

米兰在1970年代处于城市区域战略规划创新的前沿。1970年代后期，特别是政治上强力支持在大都市背景下采取技术上稳健的城市发展战略性方法（Balducci 2001a; Gabellini 1988）。这产生了1980年的总体规划，并一直合法地延续到了2000年代中期。这是具有创新意义，不仅仅是作为一个意大利主要城市的新的综合规划，而且在于它不再过多采用城市设计师形态学方法的规划思路，而是开创了一种更依赖于社会科学分析的方法。该规划是基于对社会和经济状况的实质分析。其目标是将社会经济动态的分析与城市物质结构的演变联系起来，以一种全新的、整体的方式了解城市。规划团队试图超越过于刚性的区划，以便根据大都市土地利用变化的复杂原因提供更大的灵活性。其关键目标在于在战略性概念和实际发展之间建立更密切的关系。这个团队本身的运作方式与标准的城市规划咨询公司不同。成立了相应的特别小组提出特定主题的知识和政策构想，其涉及来自全市的，包括政治家在内的各种利益相关人员。由此产生的战略和规划成为新兴社会主义政治家的重要政治平台，尤其是在这十年的后半段（Balducci 2005a）。

在1960年代，新总体规划的出现或多或少源于当时的困境。1953年的规划并没有被实施。相反，产生了“史无前例的市场投机”——社会住房被排挤到了城市的边缘，城市的公共空间被不断“变通”的建设所侵占，历史文化名城地区被“毁坏”（UTERP 1975）。当时学术界的评论员把这个新规划看作是一个尝试，对付在福利国家和在经济中的“危机”（Ceccarelli and Vittadini 1978）。有了强烈的政治支持以及在一定程度上的跨党派合作，规划受到了高度重视。政客们认为这是对城市未来发展的重要声明，引导广泛的城市活动。考虑到城市过于拥挤的生活条件，这个综合规划也为一项新战略提供了宝贵的支持——为工人及其家庭提供更多社会住房。

新总体规划的发展历时八年。在1972年，议会授权组建一个专门的办公室来修改此项规划。这个办公室于1974年成立，并被称作总体规划审查执行技术办公室（Ufficio Tecnico Esecutivo per la Revisione del PRG，UTERP）。在1973年，办公室通过专门的数据收集单位，为收集城市的各种数据付出了很大的努力。当这个由多学科和多党派的年轻专业人员组成的技术办公室到位时，规划编制工作就能够高效地进行。尽管党派的联系更为重要，这个团队仍与米兰理工大学以及其他大学有着密切的联系。办公室与 20 世纪 70 年代创建的城市邻里委员会密切相关。为了获得社会支持和对发展的理解，该团队也与工会和党派网络有着紧密的联系（Gabellini 1988）。团队同时也与米兰大都市规划（PIM）团队保持着密切的联系，把 1960 年代的米兰大都市规划思路纳入米兰市的总体规划（PRG）工作。这有助于在新的总体规划中全面了解米兰城市与更广泛的大都市区之间的关系。

米兰总体规划的草案于 1975 年提出。分析认为，米兰的城市人口将下降，工业将离开城市。规划的关键是要提高城市区域的宜居性，抵制士绅化，保护工业场所，以助于抵制进一步的封闭和外移倾向，改善运输服务，并提供更多的绿色空间。到 1970 年代后期，关于城市及其规划的讨论已经强烈地分极和政治化，这也顺应了各政党在意大利的政治、经济和社会生活中日益增强的作用（Foot，2001；Vicari and Molotch 1990）。然而不论是对于左翼还是右翼，米兰的中心区是神圣的，包括它的街道和天际线。国家保护立法也限制了老城市中心的发展可能性。对于基督教民主党——天主教会和许多传统的米兰精英联系在一起的中间偏右党派——而言，整个米兰地区都是围绕米兰市核心（“cuore” 在意大利语中指心脏）。因此，他们主张通过投资来提高中心地区的区域中心性，在土地使用管控方面，为第三产业的发展提供灵活性。市场力量应该在调控城市增长以及产生和分配公共物品方面占据首要地位（Gabellini 1988）。共产党人强调为工人提供住房和服务，提高邻里的生活质量，并通过保护和扩大工业增加工作机会。主要支配城市的社会主义者在这个时候基本上支持共产主义的立场。因此，米兰城市总体规划表达了一个工人阶级城市的左翼理念，结合历史中心的邻里社区，提供优质的公共交通实现可达性。

那些参与制定规划的人相信可以通过场所（体现在城市上）的力量来塑造城市发展。得益于强有力的政治领导和多个市政部门的共同参与，他们预计公共空间管理和服务设施的提供将按规划落实。意大利的城市组织与阿姆斯特丹市的组织在形式上类似。它包含一个市议会（city council），以及一个由市长（Sindaco）和市政议员（Assessore）组成的执行委员会（Giunta）。城市职能被分配到各个部门，部门负责人和许多高级职位都是由接受过法律培训的行政人员担任，各领域的专业人士处于从属地位。技术支持通常由咨询人员来补充，他们大部分来自大学。新的城市总体规划被其倡导者视为是一种政治导向，但主要是技术性的机制，用于整合此正式结构中存在的不同群体，从而取代了以前跨越了专业界别，作为整合工具的政党和社交网络。

规划小组认识到，有必要对规划工具进行一些修改，为规划管控土地利用变化提供灵活性。他们理解城市总体规划应该是一个宏观综合的区划工具。但是，鉴于难以准确预测公共和私营的发展提案会以何种形式出现在哪里，他们认为需要在分区的类型以及区划的规范和标准方面提供更大的灵活性，特别是在更为中心的地区，已建成地区的形态是新开发的性质和形式的重要指南。这种方法在意大利是被认为是颇具创新意义（UTERP 1975）。上述的改革结果是一份覆盖整个米兰市区的详细区划图（图 4.3），与1953 年城市扩展规划的重点相反。此番规划成果假设市政府会根据市民的需求，引导开发活动。房地产市场活动将主要在现有建成地区和现有城市边界范围内进行。

图 4.3　1978/1980 年米兰总体规划

资料来源：Ceccarelli and Vittadini，1978：第 80 ~ 81 页，经罗马 Inuedicione 许可

这种灵活性对每个分区都有非常精确的标准和规范。通过国家法律的要求，每个分区的项目不仅要符合土地使用和立体空间的规定，根据1977年的国家法律，它们还应缴纳城市化进程中所需公共服务（学校、健康中心、开敞空间）的费用（Ave 1996）。米兰总体规划草案预示了国家层面的变化，并确定了要求。这些权力在1978年通过国家法律引入更新规划（Piani di Recupero）得以强化，该法律允许市政当局征收需要更新的土地和建筑，并在这类项目中重新分配资金以支持进一步的城市更新项目（Ave 1996）。因此，新的总体规划得到了城市发展进程中公共管理部门的鼎力支持。同时，它也因为国家和城市在政治上重视城市规划而得以强化（Gabellini 1988）。

新总体规划于1978年制定终稿，且于1980年得到正式批准。相比于1953年的城市总体规划，新版规划颇具雄心壮志。它关注整个城市区域，而不仅仅是城市的扩展地区。它要求在城市内部应具有战略协调能力以及技术能力来管理发展项目，并根据政治要求，以政策导向的技术规范和标准来规范城市建设发展。但是这样的城市管理手段在意大利几乎没有先例。尽管政客们最初对新总体规划给予政治支持，对是否要通过该规划却表示犹豫。许多商人和部分政治家对这个规划提出了争议，一些规划学者也批评了此规划蕴含了企业的野心。切卡雷利（Ceccarelli）和维塔迪尼（Vittadini）在1978年的著作中，视该规划为一个意识形态的梦想，很容易被“米兰人”（rito ambrosiano）破坏，米兰人对有影响力的游说团体采取灵活多变，渐进调整的做法：

> 米兰的城市社会僵化、老龄化严重且充满冲突，城市居民总是倾向于捍卫他们区别于大都市地区的特权，但这些特权将不断受到通勤者、短期流动居民和低薪工人的挑战，并危及城市功能。在未来的几年里，在米兰治理此种情况并不是一件容易的事情，而对于许多居住于此的人们来说，这将变得越来越困难（Ceccarelli and Vittadini 1978：87，作者译文）。

社会党的市长卡罗·托尼奥利（Carlo Tognoli）和他的城市规划委员保罗（Paolo Pillitteri），最初就对该规划表示支持。米兰总体规划最终于1980年获得批准，但几乎立刻就被政治家们所唾弃。尽管与意大利其他主要城市相比，米兰的政治力量和技术能力可能是最强的，但是，建立政策驱动的城市发展治理模式需要政治和治理文化的转变。1980年代，城市的政治生态是由社会主义主导，使城市治理进程朝着与以往不同的方向发展，其中党派网络在创造经济和地产机遇方面的作用比1960年代更强。然而，1980年的规划仍依托于20世纪中期的相关法规文件。在1980年代，“变通”程序的使用再次成为常态，规划对整个城市的战略指导作用也随之消失。对规划支持的崩溃不仅仅是在政治领域，规划的制定时期是工业化时代，同时第三产业出现了新的发展势头。尽管规划对社区生活质量做出了强有力的承诺，但规划对阻止米兰工业所依赖的大企业倒闭几乎无能为力。与 1970 年代的战略相比，规划有重大突破，提倡一种新的战略和实践，热情拥抱新经济，从“规划”转向“项目”。

1980 年代的项目政治

在 1980 年代，米兰的工业持续性衰退，与此同时，商业和金融产业持续稳定地扩张，主宰意大利和米兰政治的社会党，对城市的发展持有支持及期待的态度。这一切都使促进经济增长和第三产业扩张成为主要的战略重点（Gabellini 1988）。城市中心区又一次成为关注的焦点——米兰并不像一个邻里城市，而是一个伟大的欧洲城市和高级别的政治经济中心（Bolocan Goldstein 2002；Boriani *et al*. 1986）。其保留了大都会的定位，在重新强调了米兰市中心的核心地位背景下，取消了将活动分散到各个社区的政策，转而支持中心城市项目，并且随着去工业化进程的发展，旧工业区的主要项目也纷纷撤出。 1980 年的城市总体规划被视为维护城市竞争力的障碍，基于这个观点，新的政治战略得到了房地产企业和建筑企业的支持，这与城市总体规划内容强烈相斥（Balducci 2005a）。因此，在此时期，城市发展的新重点在于赋予规范和标准更大的灵活性，并强调积极促进城市发展和建设区域级的重大新项目（Gualini 2003）。这些新项目与过时的工业用地、主要火车站的周围场地相关，因为这些场地拥有大量闲置土地。

米兰理工大学规划学院对这个政治上的“转变”提供了专业支持。基于米兰城市发展的经验，两种时常冲突的主题在 1980 年代关于城市规划的争辩中回荡—— 一种声音批评了意大利总体规划的根本性质（Mazza 2004）；另一种声音赞扬城市建设中的重点“项目”，在塑造城市形态和动态变化方面起到了战略上的作用（Secchi 1986）。因此，向项目建设的“转变”不仅仅是回应新的政治和经济项目，它也建立在如何理解、复兴和更新大型且复杂的城市集群的思考上。

然而，在实践中“转向项目建设”使得规划的注意力转移到建筑项目的美学上，而不是对城市动态发展施加影响。对项目房地产方面的技术关注很少，其假定公共部门有权决定是否给予私人投资方参与项目的机会。由于政治上对 1980 年总体规划的抗拒，因此在实践中支持对土地使用管控有更大的灵活性，从而形成一种寻求“变通”的解除管制形式。随着 20 世纪 80 年代后期房地产市场的回暖，一批小尺度的地块可供开发（Gualini 2003）。公共部门主要关注的是公有的或大型工业企业所有的大型地块，关于这些企业的问题政府进行了大量的讨论，但鲜有实际进展。

尽管 1980 年总体规划的概念被搁置，并且其倡导的综合性规划方法被忽视，但在这版规划中制定的两个重要的城市发展战略在 1990 年代取得了重大的实质性成果。第一个是 Passante 项目（Documento Direttore del Progetto Passante），该项目重新使用市中心共和广场（Piazza delle Repubblica）的加里波第（Garibaldi）车站，与维多利亚港（Porta Vittoria）的 Rogoredo 车站之间修建铁路联系线的概念。与目标是建立一个穿过市中心的西北－东南方向的发展通道，联系铁路两端的发展项目和就业节点，形成一个多中心的城市结构模式。这个项目通过了经济可行性评估，尽管这在很大程度上被忽略。相反，它在媒体宣传中以颇具吸引力的形象证明了自身的价值。第二个战略是 1988 年完成的振兴废弃工业区的规划文件（Il Documento Direttore delle Aree Industriali Dismesse），该文件进一步确定了重要的重建项目可转变的用途——将工业用地转变为商业和服务业、开放空间以及公寓。这两个战略与之前综合性的规划方法相比已经有所突破，制定了项目选址的议程。许多建筑师、规划师和米兰的设计精英参与了这些项目的讨论，讨论内容主要围绕项目的设计理念以及建议。这些项目计划反过来又在受影响地区引发了民众抗议的活动，邻里委员会依然坚决抵制周边地区的士绅化，更喜欢 1980 年规划所提的工业发展战略。一些学者也批评这些项目缺乏城市和区域发展的逻辑，无法检验提议的各种开发活动组合是合理的（Tosi 1985；Vicari and Molotch 1990），但也有学者从这些项目中解读出它会产生一个更加明显的多中心城市形态（Secchi 1988）。

对于铁路部门，以前工业用地的所有者以及作为土地业主的城市政府而言，项目的议程不仅代表了在现代化欧洲背景下如何呈现城市的方式，而且从城市发展的角度也是实现房地产回报的机会。这与 1980 年总体规划的“基本需求和生活质量”的逻辑相比，项目导向型政策提供了潜在的市场逻辑，这也提供了在公共部门和私营部门之间发展新的伙伴关系的可能性，虽然这在意大利城市发展中是一种不常见的方式（Bolocan Goldstein 2002）。然而，尽管房地产方面支持这一规划转变，但他们并没有积极参与项目开发，因为他们认识到这些地块的市场潜力只能通过复杂的政治谈判来实现（Vicari，Molotch 1990）。在 1980 年代初期，托尼奥利市长十分看好自身的战略领导和对城市发展动力的把握，并且与升任国家总理的贝尔蒂诺·克拉克西（Bettino Craxi）有着密切联系，这样的磋商似乎很有可能促进米兰城市的发展以及房地产发展机会发生重大转变。但是，米兰大力推广重点项目的悖论在于，建筑师在期刊中提出的想法基本上都没有转变为真实的开发项目，尽管也有一些小型项目通过“变通”程序正在缓慢进行。正如瓜拉尼（Gualini）所说，“在1990年代初，米兰在实现战略目标方面的得分非常低”（2003：275）。

导致这样结果的成因很复杂，围绕它的讨论也很多（Gualini 2003）。其中一个挑战是，就实际的建筑设计和交通路线达成协议。由于政治、设计和房地产方面的原因，项目支持者意见并不一致，结果是，即使某个项目计划最终获得批准，它往往也包含了许多相互矛盾的要素。例如，旨在加强城市中心区地位的西北 – 东南轴线的Passante项目，与地铁三号线不能相互协调，后者的目的是通过共和广场连接中央车站和Roptero站，因此两者有着类似的目的。只有与地铁项目结合起来，Passante项目的第一部分才能获得国家资金的支持，因此项目的交通逻辑也变得越来越弱；另一个原因是整合各个产权分散的地块极其困难。此外，许多项目建议都受到米兰活跃的邻里组织强烈质疑，这与左翼政党逐渐被崛起的社会党边缘化有关。

项目难以实现的另一个深层原因在于，需要通过城市政府各部门的监管批准和投资审批程序非常复杂（Ave 1996）。项目议程是由政治来驱动，很少关注到城市组织以及推动其实现所需的更广泛的治理过程。更为困难的是，这些项目的大部分投资资金都要通过城市和区域的不同部门获得，而后者并没有把这些项目议程作为自己部门的优先投资对象（Balducci 1988）。各个公共部门的主要负责人之间无法达成一致意见，从而导致一些重点项目举措出现重大失误。这种行政上的不协调又反过来改变了公共部门和私营部门之间的权力关系。建设项目只有在强有力的私营部门有强烈动机，并且对土地拥有单一所有权的情况下才能进行，例如Pirelli（Bicocca）的案例（Gualini 2003）。

到1985年，米兰的政治话语权基本上已经从社会党主导转变到多党派议会，党派间的纷争使得通过磋商达成战略协议变得更为困难（Balducci 2005a）。因此，米兰公共行政部门无法为实现重大项目或修订综合性规划提供政治支持。在这一切的背后，治理格局还有更为复杂的一面。与1960年代一样，项目议程是由政治驱动的，即开发商和地产商通过提供“回扣”或“分成”换取建设合同和地块发展机会的政治制度。直到1990年代，这种企业通过与政治党派联系，进行“庇护主义”支付的方式在意大利广泛流传。在米兰，这种做法已形成惯例，在计算企业的支付金额时，根据选举的支持率在各党派间按比例分配（Foot 2001）。通过这种方式，“回扣”变得常规化，并且很好地使各政党间相互合作。正如Vicari和Molotch（1990）所言，与美国常见的，由地产利益推动形成的促进发展型政体（pro-development regime）不同（Logan and Molotch 1987），米兰的促进发展型政体主要由社会主义党派驱动，背后隐藏了其他党派以及重要公共部门的合纵连横，因为各方都能从“回扣”中获利。在 1980 年代，关于米兰规划和发展的讨论日益集中在城市本身。尽管米兰大都市规划（PIM）机构继续提供有价值的研究和数据，但是在区域层面推动各城市的合作（comprensori）以提供特定服务的尝试却罕有成功（Gualini 2003）。与此同时，米兰大都市地区持续扩张，而米兰的人口却在稳步下降。交通投资促进了更大区域的城市化进程，其中包括主要的国家公路（tangenziali），但也有许多道路规划是由各地市政府发起建设的，当它们相连时，就形成了一个不断扩大的道路网络（Bald ucci 2005a）。在政府层面，上下级之间、各城市之间以及各个行政部门之间都缺少协调。当整合出现时，无论是垂直层面还是水平层面，都是通过党派网络来推动。

然后，突然间，“党派制度”瓦解了：

> 1992 年 2 月，一名中级社会党官员被捕，社会主义者从他们长久以来所掌握的政坛消失了，之后米兰开始富有戏剧性的“净手运动”（mani pulite）调查，它揭露了大规模根深蒂固的政治和经济腐败体系（Foot 2001：157）。

这次瓦解贯穿了意大利的政治和政府，米兰不仅从所有主要政党中铲除了一个政治阶层，而且清除了一些有很长工作经验的技术人员。在治理能力方面、与过去的决裂比 1980 年大得多。然而，1980 年代的大部分城市发展议程一直延续到 1990 年代，包括重点关注第三产业和重大项目建设。1990 年代出现的新主题是寻求技术力量，强调关注实际项目的可行性，并寻求一种更为灵活且有效的城市发展管理方法，而不是采取市域全覆盖的综合性区划或政治驱动的项目开发。

构建全新治理能力：1990 年代的另一种运作模式

米兰的政治危机席卷了全国各地，它不仅淘汰了一代政客，而且至少在短期内消除了将各层级政府以及在经济、公民社会各阶层联系起来的网络。在这种背景下，1990 年代的意大利建立了新的城市治理模式，以及城市和区域发展新途径的创新和试验时期。具有法律、行政和专业背景的各级政府官员，都利用机会启动更多技术性、政策性的政府管理方法（Dente 2005）。和欧洲的其他地方一样，新管理机制的重点是与来自社会和市场的各方建立平等的合作伙伴关系。对技术能力和伙伴关系的强调，表明了 1990 年代初政治危机之后当选的政治家寻求新的法律支持以及政策理念。欧盟委员会促进了这些治理发展，特别是关于分配“结构基金”的谈判（Cremaschi 2002；Gualini 2004b）。同时，欧洲城市之间的经济竞争也鼓励着城市层面的战略规划。

意大利政府结构和职能的关键创新是增强了区域的角色。意大利仍保持作为一个统一的国家，自 1972 年以来，区域一直拥有立法和资源管理权力，支出中央政府资金（Gario 1995）。在 1990 年代初，区域政府的职能和权力范围都得到加强，也包括在城市规划领域立法，以及为规划与相关项目和政策订立了方案协议的权力。区域已经在支出国家资金，提供服务项目方面发挥作用，各省以及其他特定的城市团体（comprensori）主要是协调这些项目。传统的城镇格局仍然保持——从人口约 100 万的大城市到人口数千的众多小市镇，但鼓励它们之间建立合作。1990 年的国家立法也创建了大都市地区（表 4.1）。对于城市而言，主要的革新是在 1993 年市长是通过选举产生（Magnier 2004）。这些改革表明，建立更加全面、面向问题和技术知识的网络将修补政党网络的崩溃，以及政党体系在多层级衔接中产生的差距。

1990 年代中期的政府层级 **表 4.1**

政府层级	对应的米兰空间层级	城市发展与规划的相关权力
国家		为城市规划和市政府组织提供有利的立法支持 为特殊项目提供资金 为区域分配资源
区域	伦巴第大区	向各市提供由中央政府提供的资金 有权通过立法确定规划程序和文件 批准监管计划
省	米兰省	分配某些服务的区域级预算，重点是道路建设和技术教育 在提供服务和其他举措上鼓励城市间协调与合作
市	米兰市	制定规划文件 批准私人发展项目 投资基础设施和某些开发项目 提供服务
次地区	九个分权地区	提供本地服务 提出对城市发展建议的看法

城市和区域规划领域的改革势头强劲，各区域和市都力求在城乡地区改善条件。事实证明，获得欧洲结构基金的要求及其在中央政府层面上的发展方式对于推动新的政策驱动型和技术型的治理实践尤为重要（Gualini 2004b）。意大利建筑工程学院扩建后的新一代城市规划专业毕业生在市、区域和专门机构任职。然而，在伦巴第和米兰这类富裕的地区，欧洲的基金支持没有多大意义。更重要的是国家更新老旧工业

区，即城市重建计划（Programmi di Riqualificazione Urbana，PRU）（Bolivan Goldstein 2002）以及区域被授权就城市发展规划工具立法。在米兰引入了一个重要的全新国家规划工具——综合干预计划（Programmi Integrati di Intervento，PII），该工具赋权区域以指定如何使用此权力。米兰市和米兰省并没有意愿组建大都市区，因为市政当局不想失去对该地区许多具有发展潜力的工业用地再区划（re-zoning）的权力。在城区内，1970 年代引入的邻里委员会被重新组建为 9 个“分权地区”（Zone di Decentramento Comunale），其具有提供服务的功能，但在加强公民与地方政府联系方面鲜有作为。

当意大利的其他城市大力开展战略性空间规划时，米兰在 1990 年代中期显得更为保守，以一种相当传统的方式来强调技术能力和行政程序。由于缺少了政党的协调机制，部门主义比以前更加强大。米兰日益被认为缺乏城市特质和公共行政能力（Gualini 2003）。主要政党倒台后出现的新的政治力量属于民粹主义，且愈发以商业为导向。从 1993 ~ 1997 年，当选的市长福尔门蒂尼（Marco Formentini）和政党多数派均来自北方联盟（Lega Nord），这个党派倾向于区域性的理念，而非一个特定的政策议程。在规划领域，政治家们把重点放在阻碍发展的项目上。福尔门蒂尼市长最初计划进行新一轮的总体规划，这也是 1980 年代后期一个中间偏左的议程。但这样一个非常复杂的项目背后却几乎没有什么动力支持（Balducci 2004），而且房地产市场的压力在 1990 年代初的房地产低迷时期有所缓解。为此，福尔门蒂尼执政时期的规划部门试图从战略的角度推动项目的议程。这些提案的主要动力和目标是为综合干预计划（PII）的治理规则和城市重建计划（PRU）的资金分配建立区域层面的立法和实践。

这产生了两个重要的举措：第一，关于米兰 9 个公共休憩场所工程（Nove Parchi per Milano）的研究（Mazza 2004c），更关注城市中心之外的主要发展地区，挑战了既有城市地区的单中心理念（Oliva，2002）。其次，它还包括一个在开发中磋商公共利益的新机制：

> 将城市肌理中的废弃地区作为城市重要的土地资源，使其转变成为……具有吸引力的城市场所……旨在通过在部分地区提供更高密度的建筑以换取其他地区公园的建设，进而提供绿色休闲资源来提高居民的生活水平（Gualini 2003：276）。

这开创了一种新的理念，即公共利益不应只是参照常规的、基于市场建设需求的相关标准来解决，而是应该作为对城市发展的具体贡献进行磋商，以创建公共领域资产。这是意大利规划的一种新方法，但需要强大的私人投资意愿和公共部门高效的管理和协调能力（Bolocan Goldstein 2002）。9个公共休憩场所的研究是由学术团队进行的，既为规划整体推进提供战略，又为特定项目提供设计思路——研究成果作为规划部门针对特定场地磋商的非正式指引。然而，它相比已有的项目议程，提出了更多的场地，且对于不同项目的发展预期和落点，并没有阐述清晰的战略逻辑。当米兰提出城市重建计划的建议时，这种情况更加严重，9个公共休憩场所工程的项目与城市重建计划的项目衔接程度非常有限（图4.4）。

图4.4　1990年代中期的项目位置

资料来源：Bolocan Goldstein 2002：101，经罗马 Inuedicione 许可

注释：城市重建计划（PRU）的项目以及那些位于米兰9个公共休憩场所（Nove Parchi di Milano）的项目用浅灰色表示。9个公共休憩场所用数字标号。

总体而言，北方联盟当政时期主要采取务实的行动，其特点是几乎没有新的举措，也很少与城市内的其他社会团体接触。在旧的政党体系建立了复杂丰富的网络之后，这一时期与更广泛的米兰城市区域相比，做到了政治和行政的分离。尽管强调国家和区域的协调与合作，但现实中米兰市政府仍然是高度部门化的，每个部门在其市政议员（Assessore）领导下，很大程度上是独立运作，政府行政机构的协调作用极小。

在 1997 年的选举中，有市民运动提出要从更加战略性和互动性的视角看待这个城市的发展以及与区域其他场所的联系。这一点在中偏左翼联盟的宣言中得到特别清晰的阐述。其宣言强调了米兰与区域之间的战略关系，以及与邻里之间的互动，并提出在战略制定和发展管理中优先建立合作和参与性的方式。这一参与性议程及其在规划领域的发展源于米兰理工大学正在形成的一系列理念，与规划领域的国际学术讨论相联系，部分受到加州大学伯克利分校朱迪思（Judith Innes）和其他人的启发。然而，中偏左翼的阵营惜败于西尔维奥·贝卢斯科尼（Silvio Berlusconi）的意大利前进党（Forza Italia），市长由商人阿尔贝蒂尼（Gabriele Albertini）担任，意大利前进党组成了市议会，城市主要部门都具有商业背景。结果合作议程只能由米兰周边的城市，在省的帮助下建立城市间的合作倡议（Pasqui 2002）。

同时，米兰城市地区继续在伦巴第区域及其以外无序地增长和扩张，伴随着服务和基础设施逐步且不均衡地增加。城市分析人员越来越多地关注到这种蔓延的现象，并提出了一系列术语来指代，包括“碎片化的城市”（la citta frammentata），“蔓延的城市”（la citta diffusa），“无限的城市”（la citta infinita）或“混沌的图景”（un immagine caotica），他们还提出了其他城市形态理念的建议。这不仅仅反映出米兰核心地区和其他城市地区之间的距离越来越远。这些图景试图用多层社会空间网络来捕捉现实，并具有多种节点模式。城市群不仅仅是“多中心的”，而是应该从网络的角度来思考（Tosi 1990）。然而，米兰拥有巨额财富的商业精英们对这些问题关心甚少。房地产市场在 1990 年代末期复苏，并在 21 世纪初再次兴起。城市核心区的土地所有者并不是特别注重发展，他们满足于看到他们的资产在长期内会增值（de Magalhães 2001）。精英们对这个城市的其他地区也不感兴趣，他们有着城市中心的公寓和南部海岸或北部山区的大房子。那些试图寻找更大的住宅，更好的服务和更清洁、更安全环境的家庭就搬出了城市。相比之下，进入城市中心的是来自欧洲各地的许多年轻人，这些年轻人被设计和时尚产业以及米兰的美食所吸引。还有来自欧盟较贫困地区的移民以及巴尔干和北非的移民，后一种移民在高价值城市中心周围的混合社区中产生了某种程度的社会空间隔离。

然而，城市和区域内的各种社会空间转变对政治家看待城市的立场几乎没有影响。在政治家、精英团体和许多市民的心目中，这个城市不需要被清晰地表达。它以一种理所当然的力量存在，其氛围如此强大，以至于扩散和碎片化力量所造成的威胁几乎没有被注意到，除了对城市中心日常生活的影响，尤其是污染、拥挤、安全和公共空间的质量。正如一位市政府参与规划改革的人员所述，对于米兰的精英而言，米兰只是大教堂广场（Piazza del Duomo）周围的2.59平方公里的范围。至于米兰的其他地区，包括内部和外围的社区以及更广泛的城市地区，只是“领土”（territory）。

相反，公共行政管理则处于一种新的状况。旧政党及其网络的崩溃不仅破坏了政府与广大社会之间的各种联系，它也摧毁了对公共行政的任何尊重和期望。其中一个后果是民间社会中各种自治组织的扩张，其中许多是借鉴了1970年代和1980年代的邻里动员经验（Denteet 2005）。一些侧重以问题为导向的新举措也出现了。过去依赖党派网络的商业团体和新的更右翼的政治家为了促进他们的利益，也开始更加坚定地提出他们对城市区域经济发展的担忧。这些发展在公共领域为更多的合作治理实践创造了潜在机会（Bolocan Goldstein 2002），并对市政府的服务实践产生了一些影响。

1997 ~ 2006年间，执政的新市长阿尔贝蒂尼，走的是一条务实的路线，但仍力图将公共行政与更广泛的社会联系起来，并通过完成项目来展现效率和效益。阿尔贝蒂尼认为城市好像是一个扩大的“公寓楼”（condominio），需要高效的管理。在他的领导下，对城市及其发展的战略性和协调性的观点基本没有政治上的兴趣。为了提高绩效，他进行了部门重组，注重业绩，并通过与市政议员团队的定期会议实现部门间的协调。这鼓励了规划部门在开发项目管理方面的创新。1990年代后期规划职能的重点又一次回归到提供了一种更加灵活的开发管控方式，以促进大小项目的实现，但要采取技术胜任且透明的方式。还有一个政治关注是要确保米兰站在制定新的区域规划立法的前沿。这得益于区域和市级政界人士与官员之间的联系，以及通过教会网络取代了旧的基督教民主党网络。为了实现这个议程，规划的市政议员毛里齐奥·卢皮（Maurizio Lupi）在其部门的高级官员建议下，向米兰理工大学国际知名的规划理论家路易吉·马扎（Luigi Mazza）寻求技术咨询。在过去的15年，马扎一直致力于在意大利规划法和实践中引入更大的灵活性和自由裁量权的技术方法。其结果是一次战略性尝试，创造了新的、具有战略意义的项目磋商实践。

技术驱动战略灵活性的选择

动机

在1990年代末到21世纪初，米兰的创新实践是把高度选择性的空间战略方法与新的规划文本形式相结合。对于米兰市的规划师而言，创新代表了概念和实践的重大转变：

> 米兰市政府……[需要]重新考虑其运作模式还有整个组织建构：地方政府“机器”彻底重组的过程是定义和实施新的技术、行政和经济评价体系的必要前提（Collarini *et al.* 2002：129）。

一些规划评论员认为，规划方法和工具的改革体现了米兰不断创新的传统（Palermo 2002）。然而，20 年前的米兰市政府几乎没有准备好“大刀阔斧地重构”以采取新的规划工具。执行委员会（Giunta）被那些仅仅关注城市核心区环境的商人所主导。在更广泛的大都市地区，甚至在城市的不同部门合作中，几乎没有政治利益的存在。当时普遍的态度是渐进式而非战略性（Dente *et al.* 2005）。在这种情况下，规划创新所面临的挑战是启动技术手段，这将及时鼓励和支持“转向”战略性方法和大都市视角。它可以被看作是一种在非常困难的制度环境下的“隐性战略规划”。

虽然阿尔贝蒂尼市长对城市发展领域的战略倡议持谨慎态度，但他倾向于重新建立城市中主要经济参与者（actors）之间的联系，这是被北方联盟政府所忽视的一点。在 1997 年间，与这些主要经济参与者就城市问题和优先事项进行了磋商，尽管这对后来的政策影响甚微。与前任市长一样，阿尔贝蒂尼市长的主要关注点是实现项目，这在土地使用管控的过程中需要更大的灵活性。与此同时，区域立法正抓紧制定，以支持新的方法协调综合干预计划（PII）的开发行动。关键是要形成一份战略性框架文本，以及指导为土地和业主分配开发权的详细规划。在过去十年间，学者们和全国专业协会就将城市总体规划（Piano Regolatore Generale）的功能划分为战略指导框架和具体区划文本进行了激烈的争论。市政府开始认为有必要在一份指导性的政策声明（Documento di Indirizzo）背景下制定综合干预计划。这个想法在区域立法的修订中得到了采纳，并更名为框架文件。市长和执行委员会（Giunta）于 1998 年批准了由规划局战略规划部门所制定的政策声明（表 4.2）。

米兰制定战略规划工具的年表　　**表 4.2**

年份	事件 / 活动	官方决定
1997	选举阿尔贝蒂尼为市长 与主要利益团体和协会的磋商会谈	
1998	执行委员会批准了米兰的政策声明 市政议员卢皮（Lupi）邀请路易吉·马扎担任制定政策声明工作小组的主要顾问 11 月：工作小组开始工作	

续表

年份	事件 / 活动	官方决定
1999	5 月：形成初稿（重建大米兰）	区域法 9/1999 获得通过
2000	1 月：对执行委员会汇报初稿 2 月：征询米兰的各个社会和经济组织的意见 5 月：向市议会汇报 6 月：议会通过了框架文件 6 月：意大利城市规划师协会（SIU）就框架文件举办研讨会 7 月：INU 为米兰建筑师协会举办研讨会 10 月：INU 就米兰制定区域规划法方面的经验举行了研讨会 10 月：与大都市利益协会（Associated Interessi Metropolitani，AIM）利益攸关方举行研讨会	米兰市政府议会通过了框架文件，行使了第 9/1999 号法律规定的自主权力
2001	市政府组织关于米兰发展的会议	第 1/2001 号区域法引入了服务规划文件
2002	马扎向政界人士介绍了城市区划的简化方法	市议会通过了简化的区划方法
2003	致力于服务规划的启动 马扎向市长和执行委员会提出了服务规划的协调办法	区域法提案，建议引入国土政府规划
2004	马扎辞去市政府的战略顾问一职 6 月：服务规划的草案完成	
2005	服务规划的工作继续 进行领土政府规划的准备工作	第 12/2005 号区域法通过，授权编制规划文件，服务规划和条例规划

资料来源：参见 Pomilio（2001，2003），由作者更新

随着这一举措的发展，它不仅促成了战略框架文件（Documento di Inquadramento），而且产生了关于灵活区划和开发权分配的新理念，评估开发项目的新实践，并引入了一个新的协调工具——服务规划（Piano dei Servizi）。所有的这些工具都旨在塑造一种实践方式，以推动公共和私人参与者之间就响应市场的开发项目进行磋商互动，同时影响这些项目在何处实施，并且提取出重要的公共利益。其目标是在明确的政策原则驱动下，采取项目影响的技术评估来取代过去的政治“解决”。

米兰理工大学的路易吉·马扎教授担任这项工作的指导顾问，为该方法的发展提供学术指引。他是规划体系的一流学者，并在意大利和国际上受到广泛的尊重。他在城市层面拥有丰富的实践咨询经验，其中包括在米兰的九个公共休憩场所工程研究的准备阶段中作为顾问。他撰写了一系列研究作品，包括在规划中区分战略和区划作用的必要性，在制定规划战略中需要灵活性，在规划战略和管制工具之间需要相互作用以及需要塑造土地和房地产市场机会。马扎还因其政治独立，远离之前的政治网络而闻名，但他对某些规划原则有明确的坚守。为此，他强调规划工具和实践在塑造土地

和房地产市场中的作用，并规范开发过程以确保公共利益。在这一点上，马扎和市政议员卢皮存在理念上的冲突，后者设想新的规划机制能让区划的“变通”更加快速和透明。

构筑战略性的理解

在行政部门负责人埃米利奥（Emilio Cazzani）指导下，马扎与战略规划部门主管规划师乔瓦尼（Giovanni Oggioni）、一小部分官员以及米兰理工的借调人员一同工作，快速地制定了战略性框架（Documento）草案。马扎于 1998 年被聘用，该文件的初稿在六个月内完成。与意大利其他城市的战略规划提案相比，该文件的重点不在于为城市制定新的全面战略，而是为这种概念的出现奠定基础（Comune di Milano 2000；Mazza 2001）。正如一位规划评论员所说：

> 在理论和技术层面表述上，这个概念尽管不太完美，但在其他情况和不同的语言中，已经被定义为战略规划和结构规划（Gabellini 2002：132）。

马扎强调了对城市动态战略性理解的重要性。与其尝试制定一项全面的规划，不如将战略重点放在正在形成的城市发展趋势上，这种趋势正在塑造城市的空间格局，同时还要关注公共投资举措和管制干预如何战略性地影响城市发展。考虑到该城市的大部分地区已经建成，战略性工作的重点应放在未来预计会发生变化的地区和地点。区划功能可以应用在假设现状使用权保持不变的情况。这意味着符合现有用途的小规模项目可以在无需任何“变通”程序的情况下进行。马扎非常清楚市议会的政治倾向，以及对任何重大战略规划举措所设置的限制。因此，他认为编制框架文件是一次进行技术创新的机会，通过它可以构建一种做法，当空间战略发挥更大作用的政治机会出现时，它就能引领和组织米兰的公共行政工作（Palermo 2002）。

此时，马扎的同事在米兰以南和以北的市政当局制定协作规划，与之形成鲜明对比（Pasqui 2002），制定框架文件的工作是一项技术性的规划工作。规划部门的主要精力集中在属于市政府土地上的重大开发项目，保护地区的城市设计，对私人发展提案（通过综合干预计划的过程）的回应以及建筑的规定和相关许可上。编制框架文件的团队与这些主要职能部门一起工作，并力求与这些部门的市政议员保持密切联系，与市长的联系相对不太直接。这种工作实践反映了技术人员和政治家之间的传统联系。

最终形成的框架文件：重建大米兰分为两个部分。第一部分是由路易吉・马扎

（2004c）以短文的形式撰写。他提出文件有两个主要目标：首先是为规划实践提供一个新的、更灵活但更清晰的程序，并为市政府的城市政策提供一个参考框架。作为战略参考框架，马扎强调了以交互而非线性的方式将战略概念与具体项目提案联系起来的重要性。战略参考框架的一个关键目的是为综合干预计划（PII）的决策提供政策驱动的战略背景，也就是那些不直接符合现有区划的重大发展提案。马扎认为，一个重要联系是将项目评估与对城市动态的战略性理解联系起来。为了反驳项目应符合先前商定的战略的观点，他提出将战略理解为一个概念，可以围绕每个新的开发项目对其进行审查和重构：

> [如果一个项目]从其特殊性出发，它能够围绕自身重建一个全面的愿景，根据该城市形成的其他综合性愿景来评估这个愿景，并从该项目自身对这些愿景提出建议（Mazza 2004c：47，由作者翻译）。

该框架的关键在于对米兰城市在更广泛的区域背景下不断演变的城市动态，即“城市在不断演进”的战略理解。框架文件的第二部分强调，其战略方向旨在提高米兰作为国家和国际经济和服务节点的特质，并结合“传统能力”来整合城市中游览和工作的活动。这被称为“关系战略”，旨在将城市定位在与其他欧洲城市相关的增长轨迹上，明确地调动城市“竞争力”的话语权（Comune di Milano 2000：63）。然而，马扎强调了更广泛的城市区域（大米兰区域）的持续增长，以及米兰市地区相对于外部地区失去动力的程度。在这个地理背景中，这座城市正在失去大都市地区的活力。这导致了一种观点，即需要在城市内创造更多的开发机会。然而，与其继续推行单一中心城市的模式，一种替代性的空间概念更有必要，它具有足够的现实性，可以为土地和房地产开发参与者提供一个稳定的概念。借鉴1980年代主要研究中已经形成的思想，以及借鉴1990年代的九大公共游憩场所项目研究和城市重建计划（PRU）项目，马扎提出应该鼓励开发项目沿着大都市区的一个新兴的重要交通轴进行集聚发展。轴线从西向东，从马尔彭萨（Malpensa）的新机场经市中心到Rogoredo和现有的Linate机场，向东延伸到贝加莫（Bergamo）机场。该轴线向东北方向突出，经过比科卡（Bicocca）地区向北联系偏远的老工业地带，该工业地带与塞斯托－圣乔凡尼市（Sesto San Giovanni）重叠。由此产生的结构化图像是一个“倒T”（t-rovesciato）结构（图4.5）。

规划意图是公共和私人投资应该集中在这个轴上（Balducci 2001a）。通过这种方式，在1980年代遗留下来的项目建议和开发场址图纸中，增加了大都市区的视角。这

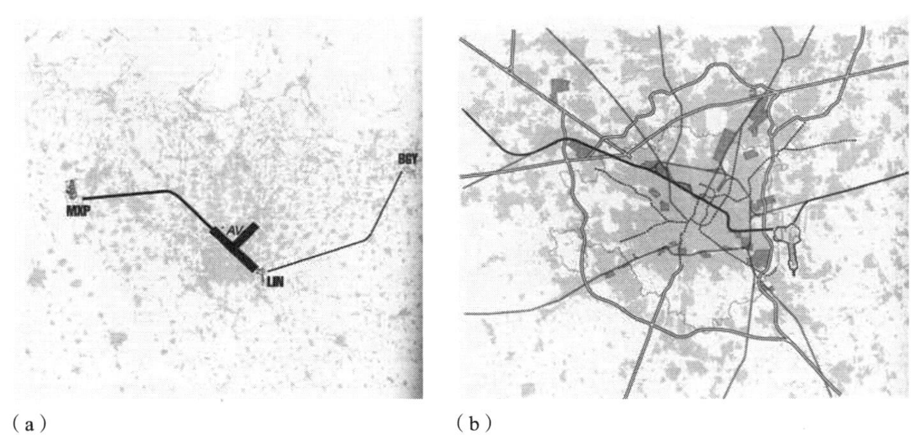

（a）　　　　　　（b）

图 4.5　“倒 T”轴和主要开发场址：（a）城市“脊梁”计划；（b）新的城市空间模型

资料来源：Comune di Milano 2000，Figures 6 and 8，经 Milan City Council 许可

条轴线被称为“脊梁”（dorsale）并在城市中心拥有“心脏”（cuore），其概念是将围绕机场周边区域的发展与城市中心联系起来，城市中心的发展理念是指之前连接火车站地区开发的想法；该方案同时鼓励沿着轴线的发展机会。结合城市地区的这种战略性塑造，文件强调了在城市内提供“更好的城市和环境质量”的重要性。这将关注提供更多的绿色空间，更好的服务和整个城市的可达性，对各种资源的紧急措施采取积极的态度，并提出与整个城市地区的其他利益攸关方建立合作关系的建议。马扎的介绍性文章以提出战略方法在组织层面的建议结束，包括需要更多关注管制规范和标准，进行行政重组，以及创建一个城市辩论舞台的构想，讨论城市的未来和重要的项目建议。框架文件的第二部分扩大了简述中概述的问题，并借鉴了规划部门内已经运作的政策和想法。

虽然城市和区域的关键结构性要素扎根于早期规划理念之中，但“倒 T”的概念来自马扎，而不是米兰主要人物之间的任何讨论。对于工作组而言，战略形象的目标是影响市政府的政治家和官员而不是私人投资者，并使他们更加意识到城市内部的开发项目与更广泛的区域之间的关系。在强调文件不应被视为一项战略，而是朝向战略迈出的一步之后，许多议题仍未得到明确规定。这在市政府其他部门的投资建议中尤其如此。在部门间缺乏协调的情况下，框架文件旨在提出挑战和问题。对于处理项目的规划技术人员，文件明确了“动力线”，即早已开始塑造城市的新兴力量。市政府的规划师们一边开始挖掘战略思想的潜在意义，一边探索多节点走廊和放射动力线的概念，重提单中心城市的旧理念，通过多个城市节点向区域辐射。

鉴于政治支持对战略方法的重要性，与市政议员和执行委员会的讨论非常重要，在2000年6月市议会批准框架文件之前，留给其他利益相关方的时间有限。之后与规划师，区域官员以及大都市利益协会（Associated Interessi Metropolitani，AIM）组织了关于框架文件的几次研讨会。马扎在规划新闻中也描述了此事（Mazza 2001）。因此，到2001年为止，框架文件的工作在规划师中引起了相当多的关注，为此专业杂志《城市规划》（Urbanistica）出版了一期特刊（Bonfanti 2002）。

对于意大利规划界来说，框架文件与通常的规划和方案相比完全不同。这是一个政策文本，充满了仔细的论证。除了精简的战略概念草图之外，它没有插图。有些人认为这种方法将极大的“灵活性”考虑在内，这代表了采取市场主导的方法放松对土地利用改变的公共控制。有些人重提市场控制和市场驱动的旧争论，这两种观点在过去把规划师分为两大阵营（Salzano 2002）。还有些人思考对技术和政策导向的强调是否足够强大能清除“庇护主义”的操作。另一种批判关注于其过程，认为其过于狭隘，因此无法在政府部门或者私营部门建立说服力。特别令人担忧的是其忽视了米兰人生活的邻里层面，这在1970年代曾经如此重要；尽管到了1990年代，市民与市议会之间的联系似乎变得越来越疏远。其他批评者声称，对中心地区仍然过分关注，对于发展新的节点中心和在地方背景下疏散功能和联系的关注太少，这让人回想起1960年代和1970年代的论点。

在学者们讨论框架文件背后的原则和意识形态时，市政府的规划人员更关心对他们而言完全不同的管理方式。相比于检查项目是否符合区划和规范，现在必须根据其与城市动态演变以及一般性政策原则相关的表现来评估项目。毫不奇怪，他们觉得需要某种更精确的规范来指导项目开发管理工作。随着时间的推移，他们也受制于框架文件无法获得部门之间的共识。当市政议员Lupi成为国家议会成员时，规划人员的地位就削弱了。到2004年，框架文件的主要作用是在综合干预计划的背景下进行项目磋商。

开发项目中的公共利益谈判

在意大利，直到1990年代制定新的国家和区域规划法律之前，那些希望进行建筑项目开发的土地或房产所有者或开发商，只能在获得建筑开发许可证的前提下才有权开发建设，并且这个项目需要符合当时城市总体规划（PRG）所规定的用途和规范，其通常采用详细区划图纸的形式。1980年的米兰城市总体规划（PRG）在当时引人注目，因为它在区划和规范的表述中引入了相当大的灵活性（Palermo 2002）。大多数大型项目至少在某些方面偏离了总体规划的规范。在米兰，随着 1980 年代总体规划的基本政策主旨被否决，偏差成为常态。因此较大的项目是通过“变通”程序进行的。但是这可能会很耗时，包括在规划办公室内进行评估，咨询其他市政部门的意见，咨询受影响的土地和财产权益，以及咨询在拟议项目范围内的公众。伦巴第区域的新规划立法通过第 9/1999 号法律授予了编制框架文件的权力。文件的关键作用是提供一个框架，在该框架内可以遵循一个更简单的程序来审批“变通”，综合干预计划（PII）项目可以遵循此程序。综合干预计划的程序主要适用于由私营部门发起的项目，而非公共部门发起的重点项目。随着公共部门资金的减少，法律预计会更加依赖这种私人发起的项目，就像欧洲其他地方一样。米兰制定这一新程序的主要创新点在于，咨询和技术评估过程是平行关系而非先后关系，以政策驱动和协商的方式，决定公共利益和私人目标如何在项目中相结合，以及更侧重于对项目的优势进行技术评估。

新程序强调在开发提案的早期阶段与主要利益攸关方进行密切磋商。规划官员的一项关键创新是使用非正式的“桌子”（tavoli）或圆桌会议，吸引相关的服务机构，开发商和业主以及公民团体的代表。这些中间层面的协作舞台越来越受到参与各方的重视，他们能创造性地解决问题，并且能够理解在协调开发过程中面临的挑战。规划部工作人员的职责是确定需要参与的人员，并建立磋商过程，同时承担或委托外部技术评估，包括环境影响评估。规划人员同时担任战略政策的守护者和公共利益的谈判者。在缺乏正式战略的情况下，规划人员使用框架文件来为这些咨询过程提供战略指导。对于谈判达成的项目，包括一揽子商定的公共利益，以及技术评估，都提交给一个专门小组进行审查，并作出技术报告。在 21 世纪初，成立了评估小组，由技术专家、法定行政官员和三名独立顾问组成，其中包括路易吉·马扎和来自博科尼（Bocconi）大学的经济学教授兰弗兰科（Lanfranco Senn），提供了在开发提案的评估中如何平衡公共和私人利益的指导。总体而言，小组成员的挑选强调技术专长。专家组根据政策和技术问题进行评估，并向公众提供会议记录。

整体的评估结果随后提交给市议会，申请“变通”批准。一般来说，评估小组的建议是被遵循的。除了这一关，项目提案还需要通过其他相关审批，包括获得建筑许可和有关保护要求的许可，然后才能最终获得市议会的完全批准。只有这样开发商才能进行施工。尽管这些后续流程可能会延迟，但是市政府的规划人员认为，开发审批的程序和对公共利益的重要谈判已经大大加快。21 世纪初，房地产热潮中许多完成的开发项目都落在早期城市重建计划（PRU）项目的地点，到了 2005 年，新的程序已经开始推动项目落地。

同时，基于马扎的建议，市政府在2002年批准在通用的区划方法中进行创新，为小型开发项目提供进一步的灵活性。区划赋予土地和物业所有者开发的权利。新的区划方法在现有用途的基础上建立了三个概要的分区：历史性核心，由保护法控制的区域；其他建成地区；以及可被视为空置的地区（包括体育场，机场等）。这些概要分区取代了1980年城市总体规划指定的40多个分区。采用这种新方法，在建成区域内，每个人都拥有相同的开发权，表现为标准容积率。如果某个开发商希望建立更高的密度，并且如果政策框架表明这是适当的，那么就需要计算那些想要开发但政策框架表明不合适的人那里转移出来的权利。通过建立开发权转移市场，随着时间的推移，开发集中在框架文件提出的发展轴线上，城市的土地价值图将会发生改变。这种简化区划方法的一个关键要素是，开发者只能通过其他土地所有者获得增加的容积率，而后者要将其物业出售给市政府。这种新方法显然对房地产价值，以及对市政府收购和管理土地和房产的方式有着重大影响。

参与这些过程的市政府规划人员通常对创新非常积极。他们强调，这将实质性地提升参与人员之间的了解，包括开发项目的影响和彼此的立场。然而，这些新的进程和权力提出了复杂的挑战。一方面，关于开发权的性质以及从旧的区划方式转向新的区划方式中，权利受损人的补偿平衡存在疑问。另一方面，更紧迫的问题是确定哪些公共利益需要进行磋商以及如何管理所获得的公共利益。这需要了解现行的规范及不足，进而与市政府进行协调，以确定规范、需求以及财务支出和土地转让应流向何处。为了保持对综合干预计划（PII）过程中技术操作的信任，规划人员需要提供一些保证，一旦转移，这些捐赠将用于开发磋商中指定的目的。服务规划是第1/2001号区域法律中引入的规划工具，它作为解决这些问题的机制，受到米兰规划人员的支持。

服务规划的想法是提供一个透明和合法的声明，表明市政当局在与开发主体磋商对公共利益的贡献时所提出的要求。这试图从之前刚性的规定转变为开发主体的贡献与特定土地用途/容积率挂钩，避免了贪腐回扣（tangente）的可能性，并为开发主体提供更大的清晰度和确定性。因此，理论上，这是将投资资源与管制权力结合起来的关键工具。在米兰，马扎认为服务规划应被视为整个市政府重要的合作性规划文件，协调每个服务部门的投资计划。但到了21世纪初，市政府的不同部门以更加独立和部门化的方式运作，他们有着各自的议程，各自的服务规划以及他们各自的专家和承包商网络。在此背景下，难以形成一个协调的市政府投资计划。服务规划并非作为一个合作协调的机制来使用，而是由规划师乔瓦尼（Giovanni Oggioni）领导的一支年轻的、素质优良但临时组建的团队在规划部门内编制。

这支团队深受框架规划（Documento di Inquadramento）影响。他们把服务规划不仅仅视为开发主体贡献的市政府项目清单。他们着手了解现有服务设施的空间格局，以便确定哪些地区存在服务和交通的不足。他们采用简单的距离衰减方法分析了不同服务的可达性，重点关注了市政府提供的服务。关于服务供应的信息并不容易获得，为此团队成员通过横向的、中间层面的接触与其他部门联系。然后他们发现，参与服务提供的大多数人并没有保留有关其服务和投资计划的空间参考信息。团队成员遇到了各种自主的组织文化，也开始认识到其他部门普遍存在不一样的思维方式。此外，许多规划人员发现，市政当局对中央的协调有强大的抵制情绪，通过这些讨论，各部门之间开始形成一种非正式的中层网络，也让规划人员有机会为其他部门提供有用的信息。随着团队成员寻找在城市中研究社会团体和服务供应的学术团队时，这种情况扩大了，并开始与“权力下放区”（decentralisation zones）建立联系。2004 年 6 月，服务规划的概念首次出现，并于 2004 年 12 月进一步完善。团队成员逐渐将服务规划视为一个知识体系，鼓励服务提供者根据位置分析所揭示的不足和机会，以及通过规划过程中的公众利益磋商来修改自己的计划。到 2005 年年底，一些部门和“权力下放区”正在致力于推动这一“知识体系”，并在实践中加以应用，事实证明它对项目磋商过程能发挥有效作用。

但是，尽管这项工作有助于提请注意在综合干预计划（PII）的开发项目中应将哪些内容作为公共利益进行磋商，但如何使用和管理这些公共利益还存在其他问题。市政府在管理现有设施方面已经遇到麻烦，并且面临着减少公共开支的压力。新的综合干预计划正在产生更多的资产。到 2004 年，一些参与者还担心庇护主义的幽灵可能会重新出现，即通过磋商过程获得的土地资产被用于政治赞助的目的，而不是用于磋商达成的公共利益。如果这种情况发生在任何场合，开发商对磋商过程合法性的信任很容易就烟消云散。

在治理实践方面的创新

这里描述的举措并不是像许多其他意大利城市的尝试一样，去“唤起”一个新的有说服力的米兰城市形象，而是更加侧重于改变行政做法。他们在技术上致力于政府流程的精细化。他们的目标是解决先前那种以规划为中心和以项目为中心的城市开发战略中，遇到的政策与行动脱节的问题。这个想法试图结合适当的法律文件、技术上的判断以及与相关利益者的互动来减少脱节。实际上，这项倡议的发起者正在努力建立起围绕规划功能的技术政策共同体，这一共同体在阿姆斯特丹已经得到很好的发展。

治理过程的倡议得到了规划学者的高度认可，他们认为城市动态的复杂性和驱动因素的多样性塑造着城市的未来。国家的作用曾经被认为是重要的，但比以往米兰规划师所设想的更为有限。因此，在城市开发中发挥战略作用的关键是深入地了解城市的动态性，将注意力集中在关键的结构要素上，并以协调一致的方式运用合适的操作工具。因此，规划职能的核心既不在于制定全面的战略规划，也不在于项目设计或总体规划，而是在战略思想和操作工具之间形成强有力的关系，这既尊重了开发过程中的公共投资，也尊重了土地使用管理的实践。因此，技术判断而不是综合规划，成为将政策与开发权分配关联起来的关键机制，而开发权的分配将影响到城市结构发生重大变化。

在试图改变米兰等城市的“官僚主义”作风时，需要不断的努力以使地方实践与新的区域立法相协调，并在两级政府之间建立牢固的政治和技术联系。规划人员还需要确保市政府主要政治家的想法与技术论点站在同一阵线。到 2000 年代中期，新的实践已经取得了实质性成果，项目审批采取新流程，并进入了积极的实施阶段。他们深入了解了那些密切参与者的新做法，其中一些有助于形成区域和国家立法。然而，尽管政治家们重视以技术为中心的行政改进，但米兰市在整个城市发展过程中采取更具战略性和协调一致方式的势头并未出现。

尽管如此，规划部门内部的做法仍在持续改进，预计将会制定进一步的区域法律。这些措施巩固了战略框架（现在称为 Documento di Piano）与开发权规范的分离，后者将包含在一个新的管制规划（Piano delle Regole）中。连同服务规划，这三个文件可以形成一个新的总体规划类型——国土治理规划（Piano di Governo del Territorio），其将最终取代旧的总体规划（PRG）和不断的“变通”操作（图 4.6）。那些参与规划编制的人逐步见证这些规划联系着不同的利益攸关方。框架文件对于政治方向尤其重要，未来的修改可能会与经济和市民社会的参与者有更多互动。服务规划被设想为各方知识的汇集，为市政府不同服务部门与“权力下放区”的协调提供了一个舞台。预计管制规划的编制将涉及房地产的利益。到 2004 年底，主要的工作是编制服务规划，并开始修订框架文件。由于 2000 年初房地产市场的上涨，这一修订已变得迫在眉睫。结果，发展轴（倒 T 轴）所指示的大部分发展机会都已落实，市场的兴趣已转移到城市的南部边缘，那里的重点是保护景观和自然资源，因此发展也受到强烈抵制。

但是，对于城市中任何一种连贯的空间战略制定方法而言，更大的制度背景仍然是一个难题。到处都是壁垒分明——在市政府的部门之间、城市之间、公民与市议会之间，以及许多经济利益与市政府之间。围绕治理职能将专家们聚集起来，主要

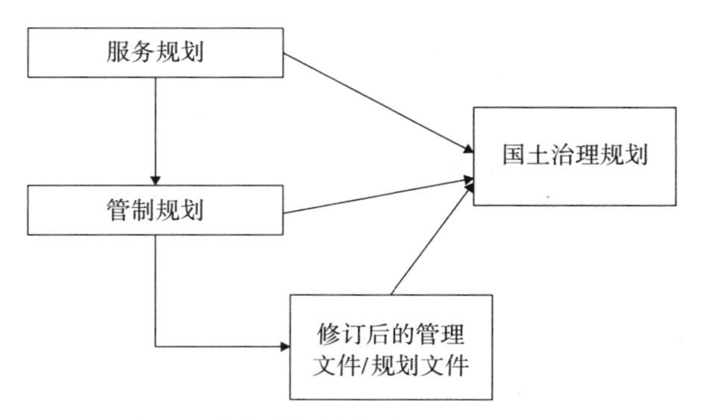

图 4.6　建立一个新的规划战略

侧重于部门重点，即便如此，专家网络也没有像其他社会和经济关系以及政治重组网络那么强大。在这种治理背景下，大都市区的许多群体以各种自组织的方式开展活动，并且大部分都没有参考政府的正规平台，他们对此几乎没有任何期望。关于城市的环境在各种场合都有热烈的辩论。观察人士评论说，米兰有着强大的经济和公民社会，但是其政府能力薄弱。该省试图在跨市战略方面采取一些举措，但对这些举措的支持并不均衡（Balducci 2005b）。到 2004 年，米兰商会受到了全球化和经济竞争力概念的强烈影响，也在探索对城市开发采取更加战略性的方法（Bassetti 2005）。然而，米兰市政府的领导者对这些举措没有兴趣。凭借自治城邦的悠久传统，他们将市政府视为一个强大且基本上自主的角色，在市政府所代表城市的政治、经济和文化环境中运行。而这座城市本身就强大、充满活力、自主，在空间战略制定的过程中，他们感受不到威胁、挑战、危机或任何政治机会。大都市区不同群体采取措施推动自己的项目似乎印证了领导层的观点，即重新构想城市及其方向的重大战略举措是不必要的。正如一位评论员所言：

> 这座城市正在经历一次重大转变，但这不是对城市发展重点精确描擘的结果，而是许多小型项目之间没有任何联系地扩散、微观变化的结果。矛盾的是，并没有为不同的参与者、为基层项目的开发试验在改善城市环境和宜居性，以及在促进社会交往方面留下空间，这在城市规划的语境中仍然处于原则宣言层面（Mugnano *et al*. 2005：191，作者翻译）。

如果在米兰能形成一股更广泛的势头，为城市区域开发提供更加协调和战略性的方法，米兰在世纪之交对管控实践的创新会成为一项宝贵的资产。但是，他们能够提供多少养分来鼓励这种方法的发展，目前还很不确定。相反，创新可能更适合理解为一种“在实践中等待”的战略机会之窗 。即使没有一个完善的战略，他们也提供了一个机制，在与开发商的谈判中保证社会和环境议题“发挥影响力”（in play）。但是，要使他们按照预期工作，在技术上胜任且廉洁奉公需要严苛的要求且复杂的组织。它要求市政府的规划和行政人员培养新的技能，并要求转向以政策为重点的绩效评估，而不是追求开发与规范的一致性。这意味着开发商和基础设施提供者在考虑如何保护自己的利益时需要采取不同的思考和行动方式。 这也意味着，市政府各个部门能够以高效且与政策相关的方式管理公共资产。如果不能实现这一目标，房地产业将对公共行政部门本着创新精神提供服务的能力失去信心，而转向容易操作的项目，其中许多项目都在城市地区之外。或者他们会寻找非正式的方式来获得建设项目所需的东西，尤其是在 21 世纪，促进公共行政中以技术为核心的创新驱动力减弱了。

总结评论

米兰是一个富有且生机勃勃的城市，充满了经济机遇以及多元化的文化网络。它在设计和时尚氛围方面的声誉吸引了全世界的人们和公司，他们享受着米兰的流动性和机遇。各种关系网络创建和联系了不同的利益和活动群体，一些关注经济关系，一些关注文化领域，一些关注老年家庭和组织，还有一些则关注新兴的事物。这在市民社会以及各种商业组织中产生了创新源泉（Vicari Haddock 2005；Vitale 2006）。米兰所缺乏的是一个发达的“公共领域”，在这个公共领域中，所有这些创造性活动所产生的机遇和挑战都可以“调动起来”（called to mind）并进行辩论，从而可以动员集体行动以促进协同作用并限制活力的负面影响。尽管在各个领域展开了热烈的辩论，但这些辩论之间以及其与政府之间的联系并没有得到很好的发展。这在过去并非如此，部分原因是整合治理能力的政党系统崩溃了，并且人们对政府能力的信心大大下降。但这也源于精英利益攸关方群体对该城市在这一区域，在欧洲以及在国际上的地位骄傲自满。这与围绕特定议题的政治行动主义相结合，而不是关于城市状况的广泛政治平台。前面提到的米兰的“灰色”氛围主要指代了其薄弱的“公共领域”。

在这样的背景下，以某种“观察城市”的能力来促进城市发展战略的治理倡议在社会上几乎没有得到任何支持。在新自由主义政策理念非常强大的欧洲和意大利环境中，以商业为导向的政治领导也不会对围绕城市愿景引起集体关注，并联系城市多重网络的尝试感兴趣。对于很多人来说，这座城市的身份是作为一个深厚的文化内涵而存在的。它不需要被重新“召唤”和更新。阿尔贝蒂尼市长及其团队的主要战略干预是为城市经济和文化生活中的复苏提供机会，特别是使复杂的政府官僚机构以更高的技术效率发挥作用。对于政客和大多数官员而言，要求政府组织采取更加综合的方法，以及更加关注场所品质而非单独的服务职能，这样的目标过于遥远。相反，通过服务规划（Piano dei Servizi）建立了“知识体系”，从而提出了有关场所品质和公共利益的议题。

对于这个城市的特质和面临的挑战不乏讨论。尽管许多新的想法很容易按照单中心城市与邻里城市的固有认识来重新表达，这些辩论已经为城市动态和规划过程的关系方法提供了丰富的知识基础。然而，这些辩论只是微弱地联系在一起，并没有在城市多样化的舞台和网络中引起回响，也不会与正式的政府平台建立良好的联系。他们只是这个城市文化力量的一小部分。因此，尽管城市生活的许多方面被部分人系统了解并且被所有人感受，但对很多人来说却是不可见的，并且不会有集体行动。邻里生活和更广泛的城市问题之间的联系似乎变得特别薄弱。城市居民担心的是交通堵塞、停车场供应、街道环境质量、安全和保障、逐渐的社会空间隔离、污染增加、供水、城市人口外迁和城市人口迁入。市政府的一些部门已经对这些问题做出了逐步回应，但是，没有任何动员机制能够触及这些问题，并提出明确要求更多地关注城市不同场所“宜居性”的综合方法。

因此，米兰提供了一个治理能力不足的案例，无法采取集体运动围绕“城市”或城市“区域”形成一致看法，以此作为指导干预措施的基础，开放机会并限制动态经济和文化城市性（cultural urbanity）的不利影响。地方政府的正式机制在创新型社会中作为一个相对孤立的纽带运作。在这方面，与其他一些古老的欧洲城市一样，它们现在都处在一个庞大的大都市地区（Motte 2005；Salet 2003）。但是这种治理能力不足又有多大影响？有人认为，经济和市民社会的创新能力能弥补正式政府的弱点。无论如何，设计和时尚经济几乎不需要城市的空间组织。公共部门行政管理的混乱为替代行动创造了充足的空间，并更容易适应新的需求，因为更强大的政府系统可能会形成僵化和障碍。封装在“rito ambrosiana”概念中的“米兰人方式”也难以让外人渗透，并因此有助于抵制“全球化”和国际化力量的入侵。

但也有人认为，由于缺乏以相互关联的方式“看城市”的战略治理能力，产生了对许多问题的持续忽视，忽视了未来正在形成的重大问题。多种创新和自下而上的举措相互竞争并相互冲突。一些社会群体，特别是老年人和新移民，在这座城市生活艰难。大型房地产开发项目相互竞争，并在房地产市场下跌时相互破坏。因为有限的住房负担能力，人们不得不离开城市，日益严重的拥挤和污染也是人们离开城市的另一个原因。一个自满的精英阶层所意象中的，以单中心为主的城市正在慢慢消失，就像在阿姆斯特丹一样。这些观点鼓励以战略的方式重新构想城市，以此动员人们关注整个城市区域出现的场所品质和宜居性问题。一些人呼吁开展一项重大的合作活动，为城市在区域中的发展制定一个“战略愿景”，作为创建“公共领域”的一种方式，将城市内外共存的各种网络起来（Balducci 2005a）。在这个故事的最后阶段所描述的技术创新，其长期价值将在很大程度上取决于上述哪一种论点在城市和大都市区不断发展的治理文化中占主导地位。

第5章
“剑桥次区域”的变革

不能为剑桥制定一个良好的扩张规划（Holford and Wright 1950：viii）。

以前的政策试图通过将住房分散到剑桥绿带以外的村庄和城镇来保护剑桥的历史特征。然而，限制在剑桥和剑桥邻近的就业增长，并鼓励其他中心的发展，只取得了部分成功。之前规划框架培育了次区域并使之作为“剑桥现象”的发源地，现已不再具有可持续性（CCC 2003：98-99）。

引言

前两个案例研究的对象是欧洲主要城市中心，具有悠久历史的大城市。“剑桥次区域”（Cambridge subregion）的出现，将焦点转移到中心以外的场所。然而，在欧洲人的印象中，剑桥也有着悠久的历史，尤其是在英国精英的意识中。在过去的半个世纪里，这个地区被与不断扩张的伦敦大都市区域相连结，剑桥距伦敦中心只有50英里（80公里）。然而，更重要的是，剑桥已成为伦敦外城区的一个主要增长节点。在世纪之交，英国政府在各个层面的能力正在经受考验，努力实现“平衡”和“可持续”的增长管理方法。

与英国南部的大部分地区一样，剑桥地区拥有中小规模的行政中心，以及市镇和乡村，并且拥有在英国文学、绘画和诗歌中享有盛名的连绵绿地、草地和林地。即便有优渥的地理区位，这里蕴含的历史才是塑造剑桥在国家精英文化和政治中特殊位置的主要原因。直到20世纪末，剑桥既是大学，也是市镇，成为一个政治和管理阶层、商界人士以及教育机构高层人士的摇篮。几个世纪以来，剑桥大学吞并了旧城中心周围大片地区，并且成为该地区主要的土地拥有者和开发主体，同时也是一个名副其实的雇主和各种活动的组织者。几个世纪以来，大学一直墨守学术机构的“象牙塔”传统，远离喧嚣、嘈杂的商业和工业社会。到了1960年代末，大学的一部分变成了“创业沃土”（Allen *et al.* 1998）。造就了一批活力的高科技和生物技术公司的出现，在1985年被命名为“剑桥现象”（SQW 1985）。与此同时，随着基础设施的改善以及汽车拥有量和使用的大幅增加，伦敦周围的大都市增长压力威胁着这一地区宝贵的景观（图 5.1）。这个案例的故事集中于阐述在保留传统景观意象的同时，努力管理这一转变的空间需求。英国的规划体系以及它管控开发的数量和位置的权力是这个案例的核心。该案例说明了该制度的优势（Brindley 1989），中央政府的权力决定了场所的话语和实践，在英国的治理环境下，协调管控权力和开发投资的资源分配已日益困难。

这个案例同时也阐述了在面对外部压力的情况下，空间战略对城市发展的规模和形式保持一定程度的地方控制。在 20 世纪中叶，著名的威廉·霍夫德（William

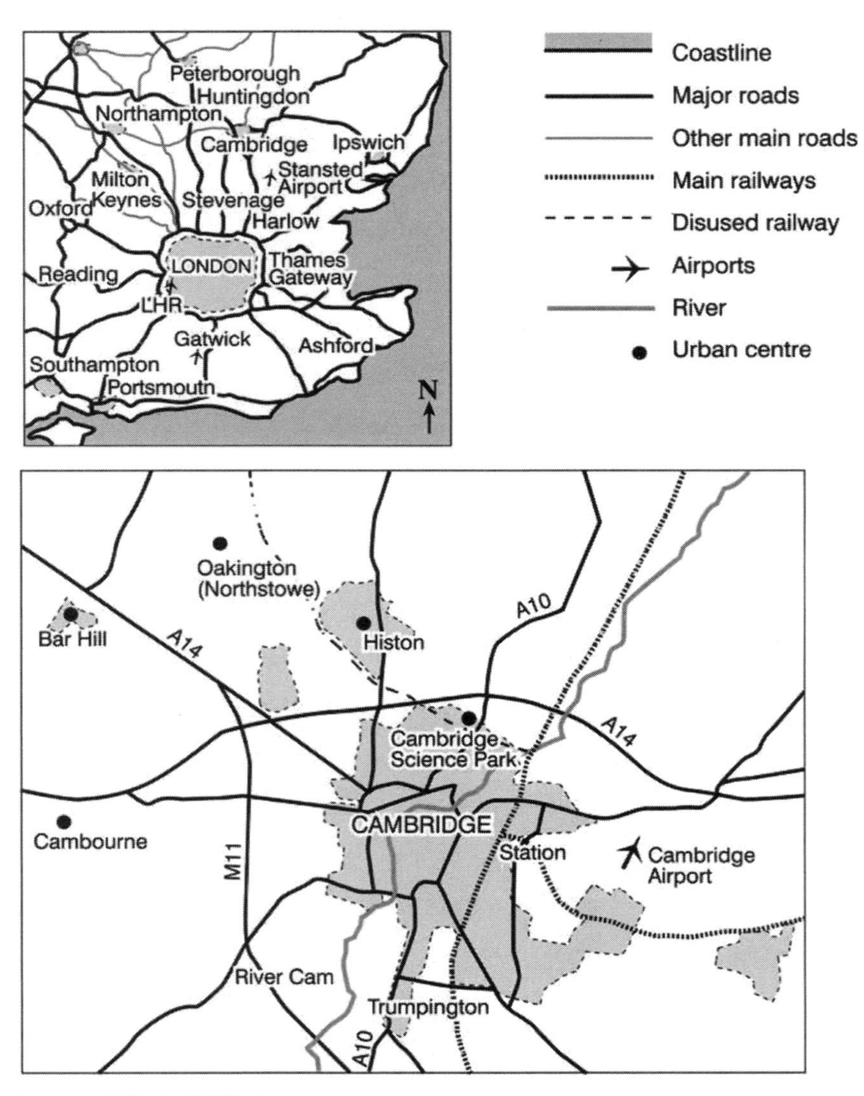

图 5.1　剑桥次区域的位置

Holford）提出了第一个指导战略，旨在“限制”城市的发展，并将该地区的增长压力分散到其他地区。“霍夫德幽灵”的阴霾仍然笼罩着主要参与者对塑造城市未来的想象力。剑桥次区域的故事既是一个范例，也是对21世纪初国家承诺的一个考验，是通过一个具有战略意义的空间规划（ODPM 2003）来管理增长压力的“可持续”方法。他们的目标是找到适应增长压力的方式，同时限制环境资源的使用，为中等收入和低收入人群以及日益富裕的人群提供住所。但是，如果要实现“可持续发展”的目标，就需要克服许多挑战，并影响各级政府。与以前的叙述一样，这个故事开始于20世纪中叶，最后主要强调1995—2005年间，当时次区域新的、以增长为导向的战略已经形成并开始转化为关键的发展项目。

保留象牙塔：剑桥的抵抗

在20世纪中期，剑桥地区是对1947年《城乡规划法》（Town and Country Planning Act）的权力和规划运动思想的关键考验。1920年代末，该地区的增长压力逐渐增加，威胁到这个位于国家相对偏远地区（东盎格鲁）的城市作为一个安静的大学城的概念。此外，机动车交通的增长在该市中世纪道路系统中造成了交通拥堵的难题，该市同时也是两条重要的区域路线的交汇点，连接伦敦到北诺福克海岸的A10，以及从东海岸港口到南中部地区的A14。伴随着污水处理系统的延伸以及大学和学院出售住宅地块，城市往南部和西部呈带状发展，这引起了当地对景观影响的担忧，进而吸引了当时全国城市规划中的关键人物，以及国家的政客和公务员的关注。这些关注部分反映了剑桥在政治家、公务员和专业人士的地理想象中的重要性。但这也是1928年成立的剑桥保护协会（CPS）发起了积极而密集的运动所带来的影响（Cooper 2000）。

倡导采用一致的规划方法来保护剑桥传统环境的倡导者们在1928年积极筹建了区域规划委员会。其职责是“对郡的现状进行全面调查……以保留本土特色和促进发展为目的”（Davidge 1934）。1934年《剑桥区域规划报告》出炉，它是由国家城镇规划协会（Town Planning Institute）前主席威廉·戴维奇（William Davidge）制定。报告表达了广为接受的景象：以剑桥这个大学中心和集镇为核心，周边包围着其他村庄，其外界又有着其他集镇。这显然是一个广为人知的概念，一个核心建议是用一条环形道路解决城市中心的交通问题。但这涉及一条跨过康（Cam）河和Grantchester草地，且极为拥堵的桥（其与英国诗人拜伦勋爵和鲁珀特·布鲁克相关）。此外，大学和学院反对任何干涉他们开发自己土地的权利。早期存在的四个规划问题，到21世纪仍然引起共鸣：试图将保持城市特征与适应发展结合起来；交通运输困境；对开发提案的激烈争论；以及建立非正式的网络和舞台以推广规划理念和战略。

在第二次世界大战期间，随着工业从伦敦地区转移到其他不容易受到战争影响的地区，城市的进一步扩张发生了。国防部还建造了若干个机场，其中几个机场后来成为发展关注的焦点。对于那些试图保护城市特质的人，这样的发展加剧了他们的担忧。这同时也给这所大学带来了麻烦，因为它一直依靠廉价的劳动力来服务于各个学院，教职员工和学生共用的公共用餐区和"宿舍"（rooms）。新兴行业提供了更好的工作机会。更多的工作岗位也创造了更多的住房需求和更多的设施。与此同时，道路系统仍然引导着当地和区域的交通通过市中心，它与学生和工作人员在学院之间的流动以及从周围村庄和市场城镇涌入的购物者流动交织在一起。

在战前，英国的城乡规划体系已逐步形成一种管控城市周边地区"蔓延"发展的机制。在管控过程中有一种强烈的反城市化的倾向。但是，由于难以补偿土地和财产所有者丧失的发展权利，管控发展的能力仍然有限（Ward 1994）。在战争时期，如同在荷兰一样，发展空间格局的议题主要集中在战后重建受破坏的地区，以及在重点城市地段重建条件恶劣的住房。这种空间规划的努力成为创造福利国家的重要组成部分，它的目标是为所有人提供更好的生活和工作条件。国家的战略是将工业发展从南方的拥挤地区转移到1930年代受大萧条重创的北部地区，并规范所有定居点的发展以防止扩张。人口密集地区的城市密度将会降低，并在城市外部的独立新市镇提供住宿。土地的开发权利被国有化了，所有人的赔偿金结算得到了"一次性补偿"。因此，开发权利必须通过规划制度从国家获得。这是一种革命性的举措，只有在战后房地产市场崩溃的特殊情况下才有可能发生（Cullingworth 1975）。1947年，《城乡规划法》将"开发控制"扩大到城乡地区，并将开发管制的主要权力交给了郡级政府。

在1947年的剑桥地区，剑桥郡（Cambridgeshire）包含了剑桥市和周围大约100个村庄，它们构成乡村地区（rural districts）。除此之外，还有其他的自治市和乡村地区环绕形成一圈集镇，其中一些后来成为了一个扩大的郡域的组成部分。在1940年代，人们不仅对于剑桥绕行路的提议存在重大争议，而且对于主要规划当局应该是城市还是郡存在分歧。同时，剑桥大学也反对实施规划控制。在郡域成立了郡联合规划咨询委员会，成员包括了郡和市的议员，以及大学代表，大学在郡、市议会均有正式席位。这个委员会后来发展为郡规划部门，规划师利斯·怀德（Leith Waide）为负责人。怀德与国家规划运动以及参与国家规划立法的人有良好的联系。基于此，国家住房和地方政府（MHLG）同意资助一项研究，为郡编制郡发展规划提供框架。委员会委托威廉・霍夫德教授与迈尔斯・赖特（Myles Wright）两位在国家规划部门有过工作经验的学者，利用新成立的郡规划部门的工作资源，共同进行这项研究（Cheny and Penny 1986；Waide 1955）。

霍夫德的传记作者指出，他并不情愿接受剑桥委员会的任命：“在剑桥，强大的利益主导了规划的地区。它散发着历史和传统的气息，还有……具有独特个性和极其复杂的微观政治体系”（Cherry and Penny 1986：141）。这一规划引人注目的地方在于，它直接针对这些“微观政治体系”，聚焦于争议的关键领域，并提供精心构建的论据，以支持拟议的战略框架。报告近一半的篇幅讨论了不同道路建议的利弊。其余篇幅考虑到整体发展战略，大学和学院的情况，以及城市中心的发展（Holford and Wright 1950）。

后来人们都知道，霍夫德规划很大程度上采用了“保护主义者”的观点，因此被剑桥保护协会（Cambridge Preservation Society）积极推广。它的主要关注点是保持剑桥在其乡村环境中的特殊身份：

> 在许多方面，剑桥都是无与伦比的美丽，尽管其他方面也存在缺陷，剑桥仍然是地球上最令人愉快的地方之一。此外，它现在可能是英国唯一一座真正的“大学城”。现在的问题是，面对众多计划外的事件，它能否控制自己的命运，而这些事件往往会改变它。当这些变化出现时，甚至在变化发生之前，是否可以安排它们以维持和提升这个城市的特质和优点呢？

关键在于将剑桥的人口增长限制在 10 万（甚至 12.5 万，Holford and Wright：viii），允许一些增长超出当时估计的 8.6 万人口，以维持所需的服务和零售供应。实际上，这意味着特意限制住房发展。然而，汽车拥有量和使用率的持续增长被认为是不可避免的。因此，需要采取措施来引流本应通过市中心的过境车辆。拟议的概要发展规划（图 5.2）旨在控制如下事宜：

> 剑桥和附近村庄的物质空间蔓延，目的是维持他们现在的整体特质，同时允许必要的改变和一些总体增长。为了鼓励合理紧凑的开发，保持河道沿线开放空间的秩序，防止邻近的村庄与城镇合并，选择房屋和其他新建筑的用地（Holford and Wright 1950：viii）。

该规划的论证确立了限制城市增长的理由并且解释了拟议开发和改进措施的基础。

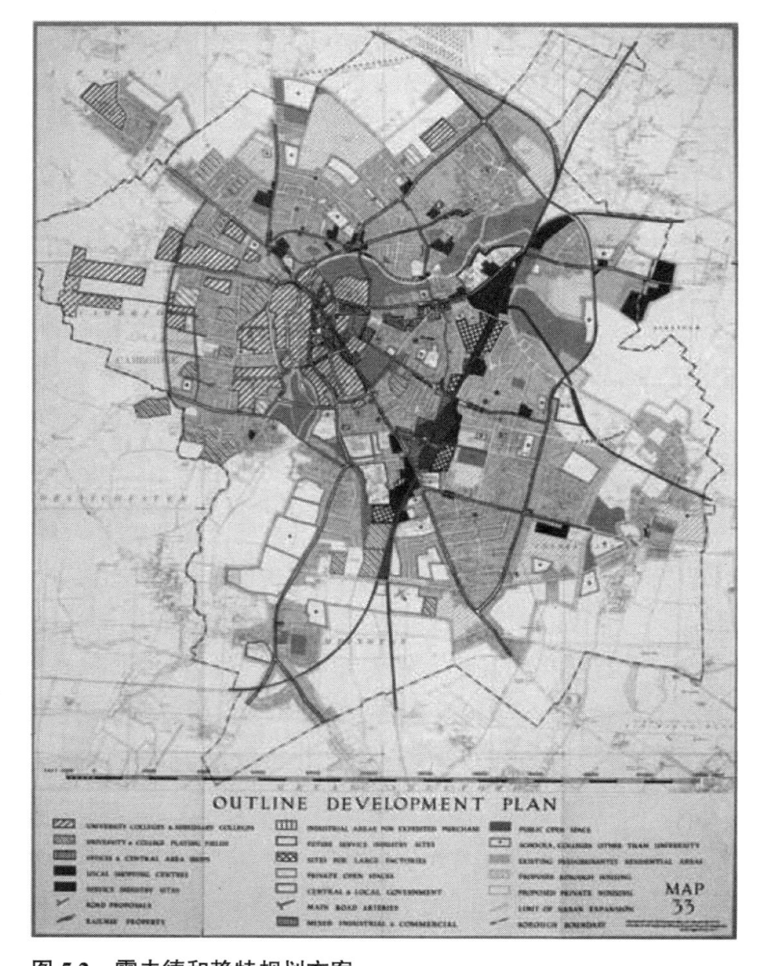

图 5.2 霍夫德和赖特规划方案

资料来源：霍夫德和赖特 1950，最终成果，经剑桥郡议会许可

重点是不断改善条件，为“普通居民”提供良好的环境，让他们如以前一般喜欢住在剑桥。为了实现这个目标，霍夫德和赖特认为，任何与剑桥需求无关的工业发展都应该转移到国家的其他场所。这需要说服中央政府修改工业分配规则。然而，后来证明，大学的发展是这个限制的一个例外。在剑桥周围，特别是在南部和西部，这所大学及其学院是主要的土地所有者。他们有一些扩建项目与城市、郡和国家的治理背景裹挟在一起。剑桥大学的一些关键人物在剑桥保护协会也很活跃（Cooper 2000）。在霍夫德和赖特的规划中，大学发展可以摆脱紧凑发展的限制，作为一个在西部的“发展备用地”。这样的发展预计将被环绕在一个小村庄、田野、森林和草地的环境中，“绿楔”渗透到城市的中心地带，这个概念成为剑桥绿带的原型。该项限制增长的提案无疑受

到了很多反对意见，既来自那些反对任何发展的人，也来自那些相信这个城市应该进一步发展的人。这些争议是通过去信国家媒体以及对规划提出正式的反对意见进行表达。在中央政府对限制城市增长和约束工业发展的战略肯定下，霍夫德规划成为第一版剑桥郡发展规划的基础，该规划于 1954 获得批准（Brindley *et al.* 1989）。尽管如此：

> 长达数周的公开调查，《泰晤士报》和其他主要报纸的大量报道，最后……在高等法院的一天（Waide 1955：83）。

剑桥保护协会在很大程度上支持霍夫德的战略。但是，郡和市之间对于谁来掌控规划战略还存在分歧，同时，大学和地方当局对土地使用的限制也存在争议。市议会认为应该允许城市进一步扩张（Cooper 2000；Waide 1955）。然而，这一战略符合当时规划运动的宏观理念，这一理念对当时的普遍观念以及国家规划部门都产生了强大的影响。这种方法也顺应了大学的利益平衡。霍夫德规划实际上挤压了劳动力和发展机会的竞争，同时允许大学和学院在自己的土地上自由行动。

1954 年的郡发展规划预计剑桥人口将从 1948 年的 86340 增加到 1971 年的 10 万，整个郡的人口从 1948 年的 164700 增加到 1971 年的 187400（Cooper 2000）。为了解释和证明该规划，郡规划官员委托享有盛誉的记者和规划评论员，德里克・斯尼尔（Derek Senior），撰写了一个关于该规划的指南。通过“阐述”规划以便使本地感兴趣的人和世界各地“关爱剑桥的人”可以“全面”地看到该规划，而不需要完成正式规划声明所必要的技术和法律要求（Senior 1956：1）。他提出了将发展规划作为一个框架引导经济增长。“一项规划不是蓝图或工作图，而是一份政策声明”，它表明了国家和地方规划当局将在尊重剑桥地区的基础上行使其权力：

> 因此，发展规划本质上是一个折中方案——在我们拥有的和我们想要的之间；在相同的土地、劳动力和物资上，相互矛盾的主张之间；在不相容的想法之间以及不同的价值尺度之间。考验一个好的规划永远不是它能否完全解决一个问题，完全迎合一个需求，或者完全满足一个主张，而全然不顾及其他问题、需求和主张。考验的标准必须始终是在相同的时间和资源消耗下，另一个妥协方案是否能产生总体的效果（Senior 1956：2）。

这是一份关于发展规划概念的早期声明，它是作为一份政策的声明，而不是作为总体规划蓝图或发展权利的具体规定，反映了英国自 1947 年以来所发展的规划体系设计的独特方法（Davies *et al.* 1989）。

霍夫德和赖特的规划在很大程度上决定了未来 40 年城市发展的模式。1957 年，它关于开放空间和绿楔的想法被转变为剑桥绿带的原则，它的内部边界相对严格，但在城市周围延伸了 3 ～ 5 英里（即 4 ～ 8 公里）；与英格兰的其他城市绿带相比，它的尺度非常宽阔（Elson 1986）。与此同时，国家政策采取了从“拥挤”的伦敦和东南部转向北部工业区的战略。新城的建设起源于大都市绿带外的东南地区 [离剑桥最近的是哈洛（Harlow）和斯蒂夫尼奇（Stevenage）]，城镇扩张计划（Town Expansion Schemes）是与伦敦郡议会协商通过。亨廷登（Huntingdon）和哈弗希尔（Haverhil）在环绕剑桥周围的市镇中设立了这样的计划。

在 1950 年代和 1960 年代的经济繁荣时期，增长压力又一次形成（CCC 1961）。在郡的发展规划获得审批后，该郡又编制了一份剑桥的“城镇地图”（Town Map）或称详细发展计划（detailed development scheme）。但大学和其他利益集团不断寻求发展的空间。在进行微调的同时，郡政府坚持认为，经济增长的压力应该转移到绿带以外的集镇和村庄，甚至更远的场所，诸如东盎格鲁的北部和东部这些正遭受经济困扰的地区。1964 年批准的在巴尔·希尔（Bar Hill）西北绿带以外的新定居点方案中，提出为剑桥地区的增长需求作出一些让步。这开创了一种先例，即在剑桥周围创造更多的“村庄”，而不是扩大现有的村庄，或者让剑桥的扩张吞并其他不同的村庄。在这些发展中所容纳的增长，部分是由地方政府提供的“政府住房”（council housing）（由地方当局建造的租赁性住房），但主要还是由私人住宅的房地产组成，并由公共部门提供服务。

后来，在整个伦敦大都市区域都面临巨大的增长压力，因此提出了建设更多大型新城的建议。其中两个方案影响了剑桥。其中之一是彼得伯勒市（Peterborough）向北，在亨廷顿（Huntingdon）以外，以及米尔顿·凯恩斯（Milton Keynes）向西进行实质性转型，尽管由于东西向公路和铁路交通的困难，到剑桥的可达性并不高。这些似乎为转移剑桥的增长压力提供了一个有力的契机。在 1960 年代，剑桥地区落成的主要道路方案是一条北边的绕行道路（现在更名为 A14），几条道路的改善，以及跨越康河的一条路桥，从而形成了一条内环路。与此同时，在 1960 年代，一些主要的交通方案开始成形。首先是建造从伦敦到剑桥的 M11 公路，这是一条通往城市西部的宽阔绕道（bypass），并与 A14 亨廷顿路连接。其次是铁路系统的电气化，使得通往伦敦仅需一小时的旅程。第三则是关于建立伦敦第三个机场的复杂决策过程。规划方案在 1960 年代提出，最终决定选址在距剑桥南部 25 英里（40 公里）的斯坦斯特（Stansted）。剑桥地区正被逐步纳入伦敦大都市快速扩张的轨道。

到 1960 年代中期，一些地方参与者认识到了这些增长压力的规模和意义。剑桥市议会不断挑战郡的战略（CCPO 1977）。城市建筑师和规划官员戈登·洛吉（Gordon Logie）认为：

> 这种情况令人吃惊……剑桥人沉湎于对过去生活的眷恋，许多人会反对任何形式的改变。如果是这样，他们将被深深地误导。我们今天所知道的剑桥最好之处是建立在比本报告所建议的更广泛的变化上；剑桥最糟糕之处在于惰性和缺乏积极思考（Logie 1966，Introduction）。

洛吉提出几种可能的未来情景，其接受科研产业和其他与研究相关的产业，以及从伦敦通勤扩张所带来的实质性增长。他的战略不同于霍夫德的“紧凑城市”方法，而是沿主要放射线提出“发展带”。到 1960 年代末，一个由当地政府、大学和国家规划部门人员组成的工作组一起检验剑桥未来的规模（para CCityC 1968：24，para，158）。

另一个努力突破增长限制的盟友是东安格利亚经济政策委员会，该委员会是由 1964 年工党政府创建的国家经济事务部设立的（Cullingworth 1972）。委员会成员包括商业、大学和土地物业的利益相关方，以及来自剑桥郡、诺福克（Norfolk）郡和萨福克（Suffolk）郡的地方政府议员。他们的第一份报告（EAEPC 1968）强调了区域内日益缺乏的基础设施，以及普遍存在的增长压力。它特别强调需要更好地连接城市的东西区域，包括剑桥北部的绕行路线。为了把握该地区的空间组织，研究将该地区划分为若干“城市区域”，并在有关地方政府重组的讨论中推广。该研究强调了增长压力的规模影响了“剑桥次区域”。与洛吉的一样，该研究提出，发展应靠近城市，而不是分散到外围的村庄和集市。

尽管有不少研究反思剑桥限制增长的战略，但霍夫德战略还是在 1968 年的一项国家级的决策中得到了支持，该决定拒绝了 IBM（一家主要开发计算机技术的公司）在剑桥设立其欧洲总部的工业开发许可。对于大学里那些认识到新技术科研发展潜力的人来说，这几乎是一种误导，为此大学提出了发展科学园的想法（While *et al.* 2004）。大学对于在剑桥推动科研产业的价值进行了调查。结论报告于 1969 年完成，同年，三一学院提出在城市北部 A10/A14 公路附近的大学自留地上建立剑桥科学园（Cambridge Science Park）（Garnsey and Lawton Smith 1998；SQW 1985）。这是经济增长动力的开始，现在它已发展成为一个以高科技创新为核心的新工业活动集群，具有“全球重要性”。

剑桥次区域故事的早期阶段充分说明了英国规划的许多特征，它是在公众和精英的不断关注下发展起来的。它显示了一个空间战略的管制力量，如果各级政府给予它支持，就可以塑造物质发展机会。它说明了中央政府在地方发展政策上的重要性，同时也体现了有能力的地方行动者对国家政策的影响。它显示了政府政策在以强大的土地使用管制权力为后盾的空间战略与重大基础设施投资的空间后果之间的紧张关系。前者是塑造地理环境，后者是改变地理环境。在剑桥的案例中，制定了明确的空间战略，并不断对空间战略进行挑战和审查，讨论的结构是试图将城市区域，其特殊的质量（本质）和动态进行概念化。在这些辩论中，主要的利益攸关方（大学、大型农地所有者）和游说团体（城市规划运动和剑桥保护协会的发言人）与城市、郡和中央政府的代表共同参与。媒体和报纸新闻经常报道这些辩论情况，并被市民的口口相传所不断强化。持续不断的争论有助于提高发展水平，因为主张发展的人必须表现出其积极的品质。在这些争论中，限制城市增长的总体战略不断得到加强，同时又受到要求为经济活动和更多住房提供空间的挑战。然而，在接下来的 25 年中，这一战略得到了维护。

通过管制性规划实现增长管理

在 1950 年代和 1960 年代，英国城市发展过程是在发展规划的框架内进行管理的。该规划为新开发分配了土地，指定进行全面发展的地区（主要是战后破坏地区、城镇中心和住房状况差的地区），划定了绿带界线，并指出了主要的交通改善措施。在国家层面，政策框架强调了工业的分散，随后是办公用地也要从拥挤的东南地区转移到老旧的工业地区，再到新发展扩张的城镇。直到 1960 年代，这些开发项目以及社会住房计划的实施主体主要是公共部门。然而，在经济发达的地区，私营部门承担了大部分的发展（Hall *et al.* 1973）。发展规划和绿带中包含定居点的概念，提供了有限的场地。这有助于不断扩大的私人房地产业保持开发场地的高品质。产业发展和规划体系之间的紧密关系慢慢发展起来。通过对发展规划土地分配和绿带边界的审查，持续稳定地释放出开发场地（Ball 1983；Healey 1998b）。“城市遏制”战略为产业提供了确定性，降低了风险，而定期调整提供了“灵活性”。房屋建筑行业不断要求更大的灵活性，并争辩要释放哪些（以及谁的）场地来进行开发。这些言论很少认识到“滴灌式”释放场地的做法是如何构成住宅用地和开发市场的。

到了 1960 年代中期，由于国民经济的繁荣远超于战后初期的经济增长预测，导致了东南地区的主要增长压力，以及进一步释放开发用地的强大压力。规划活动已变成集中于管理再发展项目，以及根据相当保守的发展规划管制开发，在此背景下面临着要在区域尺度更广泛认识社会和经济动态的压力（Wannop 1995）。为此，新的规划法提出了两层次的发展规划，即结构规划和地方规划。第一个概念与荷兰的结构规划非常相似，但是地方规划与荷兰的区划规划不同，它仍然是咨询性质，只有在获得规划许可的情况下才有开发的权利。同时，区域和次区域的研究不断增多，以制定适应增长压力的战略（Cowling and Steeley 1973；Wannop 1995）。剑桥地区和东安格利亚总体上并没有集中精力去寻找适应增长的方法。1970 年的东南战略规划（SEJPT 1970）试图将一些增长动态从伦敦西部转移到东部，并预见 M11 公路延伸到剑桥郡。但主要增长地区将会在南安普顿地区，围绕米尔顿凯恩斯，在雷丁地区（在伦敦希思罗机场附近），在南埃塞克斯（沿着泰晤士河口）和在盖特威克 / 克劳利地区（围绕伦敦盖特威克机场）。这些想法决定了未来 20 年英国东南部的结构规划和地方规划的发展用地分配。

然而，适应经济增长的紧迫性在 1970 年代有所减少。1970 年代初，由于石油输出国组织（OPEC，简称欧佩克）石油危机导致的石油价格上涨，房地产繁荣突然中断。在经历了一段时期的经济衰退之后，英国经济的工业基础被彻底地侵蚀，随后在 1980 年代，生产性服务业和金融业开始扩张。在这种背景下，迫使商业从伦敦和英格兰南部转移的战略受到了多重挑战，包括这些地区的当地政府面临着产业凋敝，也包括企业宣称它们的选址将不再仅限于本国内，而是放眼于欧洲或全球环境。在剑桥被拒绝建立总部的 IBM，就是一家这样的公司。

与此同时，中央政府在 1960 年代中期开始着手重新组织地方政府的任务和边界，在寻找一种更适配地方职能关系的行政结构。这导致了 1974 年地方政府的重组。在这次重组中，建立了一个两层结构的法定地方政府，并保留了咨询性质的区域议会。在规划问题上，各郡负责编制战略规划（结构规划）和交通职能，而各区则负责编制地方规划。在这两个层级的规划人员规模都得到了扩充。郡负责教育和社会福利服务，各区则负责社会住房供应和地方环境管理。在剑桥郡，剑桥市成为一个区，与以前周边的乡村地区合并成为南剑桥郡的一个新区（图 5.3）。大学在郡和市议会的代表权被废除。剑桥郡议会因此成为该地区增长管理方面的一个非常强大的参与者，尽管会受到区议会的挑战，后者的规划权力也得到加强。剑桥郡与诺福克郡和萨福克郡归属东英吉利亚（East Anglia）行政区。

这一地区以及整个东英吉利亚的经济活动，在 1970 年代经济衰退时，较之国家其

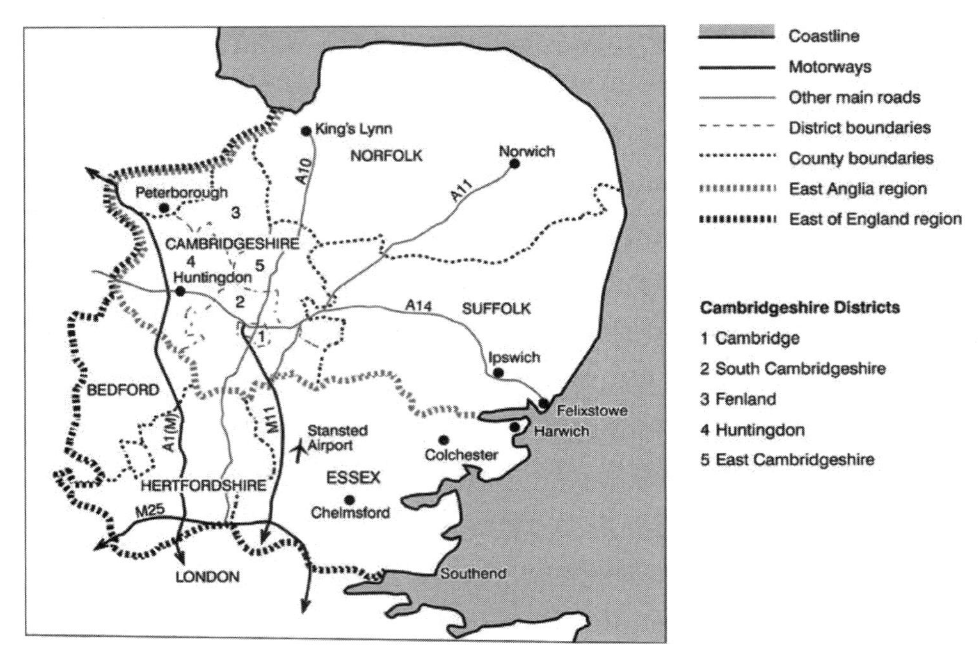

图 5.3　剑桥郡和东英吉利亚的行政边界

他地区受到的影响要小得多。原因是它并没有传统重工业领域的强大基础。东英吉利亚也感受到增长的压力，这相对英国南部其他地区而言程度不大，但对于该区域更为乡村化的环境而言则有实质性的影响。霍夫德和 1954 年编制的郡发展规划，打算把这些增长容纳在附近的集镇，该区域的其他地区包括彼得伯勒（Peterborough）、诺里奇（Norwich）、伊普斯威奇（Ipswich）以及围绕主要中心的村庄内。剑桥人口增长的“上限”得以成功维持，部分原因是家庭规模在下降。大多数新住房是通过私营房地产提供的。操作方式是先获得土地，拿到许可证，然后建造“住宅区”，批量标准化生产半独立式住宅和独立住宅。在 1960 年代，规划当局必须快速学习如何管理这一生产过程，不仅要确保它被限制在规划分配的土地上，而且还要谈判，以提供和维护公共空间，以及为基础设施提供款项。因此，住宅发展的质量逐步变成市场主导，这个市场供应非常有限并且由寡头垄断。在整个英国南部，糟糕的住宅设计和服务缺乏引发了人们对大规模新发展的反对。

此时在剑桥地区，科技产业正在不断扩张。1971 年，中央政府层面回应大学推动科研产业的诉求，修改了产业选址的限制政策，对于剑桥大学而言，“提供更多的科研产业在很大程度上符合大学的利益”（CCPO 1977）。这就形成了选择性限制就业活动的政策。只有那些直接为当地活动（包括大学扩张）提供服务的企业，或者与科研相联系的企业，才能摆脱剑桥限制就业分散的战略。在这种明显的限制性政策下，该地区的就业人数在稳定地增长。

地方政府重组使剑桥郡在规划体系管制权力的战略性引导上处于强势地位。然而，在整个 1970 年代，由于国家财政危机，公共投资的资源变得更加有限和不确定。英格兰国家层面的“城市政策”重点集中在主要城市中心存在社会和经济困难的地区。环境讨论也开始强调资源保护的重要性。增长地区的基础设施投资并不是当务之急。到 1970 年代中期，“通过外围限制的城市更新”的战略已经得到了强有力的确立，支持的人群不仅来自那些主张帮助城市地区解决贫困和衰退问题的人，而且来自那些寻求保护乡村不受发展影响的人（Healey *et al.* 1988）。这样的环境使郡规划部门要谨慎考虑它的首个结构规划的实施。

在开展结构规划方面的工作之前，1974 年为东英吉利亚经济规划委员会进行了一项更完善的研究。该委员会委托了一项专门针对剑桥地区的专题研究，作为一系列城市区域研究之一，展望未来 20 ~ 30 年。其成果报告《东英吉利亚战略选择》（DoE 1974），重点讨论与经济、生活质量和分配相关的问题，并设法确定将会有多少变化和谁将最容易受到影响。关于剑桥，研究得出结论，剑桥周围的增长压力会增加，应鼓励开发转移到其他地方。为此，它重申了限制政策。此外，也有两家咨询公司进行剑桥地区的研究。一家是关于交通的研究，另一家侧重于零售业。

郡规划部门的结构规划小组由大约 20 名工作人员组成，进行了一系列的研究，作为备选发展战略的技术投入。这是当时英格兰的一种惯例（Drake *et al.* 1975）。规划人员设法制订基于社会、经济和环境分析的战略。为了认识到剑桥地区的特殊敏感性，在 1977 年还进行了一项次分区（Sub-Area）研究，作为增长规模和选址的咨询基础。其认为剑桥的特点：

> 这不仅体现在于其丰富的历史建筑，更在于三个不同要素之间的关系，历史悠久的城镇中心、周围的大学圈，以及与康河相毗邻的公共和私人开放空间（CCPO 1977：1）。

这项研究强调了该城镇作为一个次区域中心的作用，与大学和旅游目的地无关的一个小型企业的中心。这反映出一种试图摆脱“大学城”的政治概念。从 1940 年代到 1970 年代，剑桥市议会的政治控制在保守党和工党之间轮替更换，但从 1970 年代末开始，新兴的自由民主党成为重要的第三个党派，到了 1990 年代，自由 – 工党联盟占据了议会大多数席位。工党议员强调为穷人提供服务，而自由民主党则提出了“绿色”议程。两党都寻求对城市的品质和动态性有更丰富、更包容的认识。

在开拓各种选择的同时，1977 年的报告为维持剑桥地区的增长限制提供了仔细的论证。然而，在剑桥地区，将经济增长转移到绿带之外村庄的战略遭到了质疑。这一战略出现了两个问题。首先，它增加了穿越南剑桥郡，从村庄到剑桥的通勤压力，因为在剑桥内部空间有限，一些产业已经分散到村庄了。其次，许多村庄缺乏服务设施，特别是学校和保健中心。剑桥次区研究（Cambridge Sub-Area Study）以及随后的结构规划，为此主张在剑桥内部和周围以及在更大的村庄提供更多的住房开发，对于后者而言，住宅的增加可以支持更好的服务。此外，还大力强调该地区的道路改善和扩大公共与自行车交通供应。在此背景下，研究概述了发展选址的替代战略。这项工作的重点是在某选址议程，其中几个是国防部拥有的机场。在接下来的 30 年里，这一议程经常被重新反复讨论，以适应进一步发展的压力（图 5.4）。

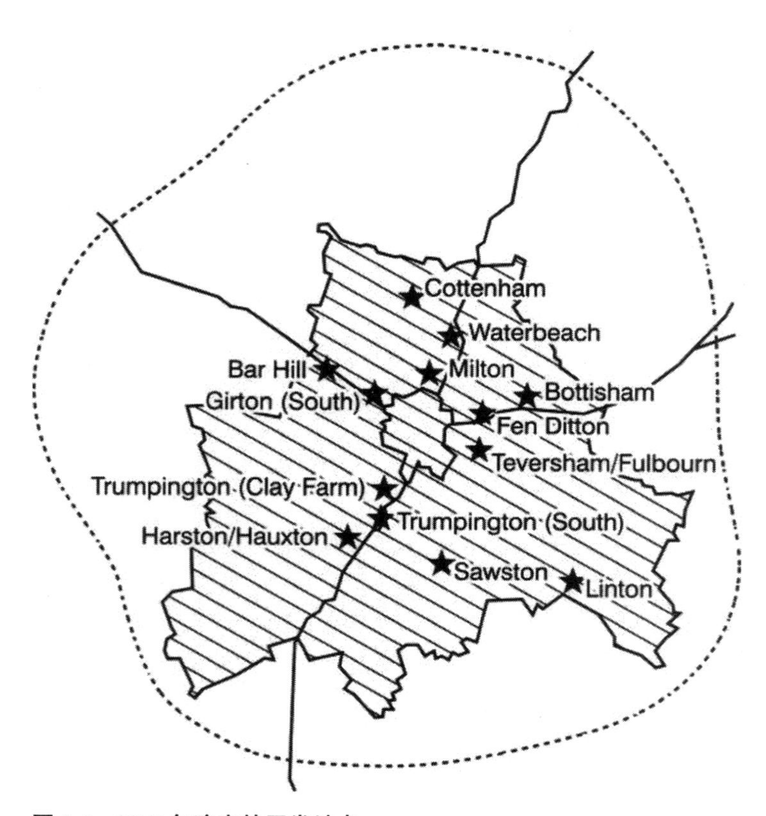

图 5.4　1977 年确定的开发地点

备注：虚线表示更广泛的区域，阴影地区表示“次区域”，在其中标识了可能的增长位置（星号标注）

该研究的作者显然对增长前景不确定。在20世纪70年代末，企业和发展行业对未来增长潜力的估计相对谨慎，但郡里的规划师们可以看到，未来的增长势头可能会加快。他们意识到电子工程和仪器制造以及与大学科学活动有关的其他活动的巨大增长潜力。他们还预见到，剑桥作为一个重要的区域中心的功能孕育了更多的就业机会（CCPO 1977）。因此，他们认为，结构规划应考虑短期分配土地给开发使用，以不损害未来发展的需要。一个关键的问题是减少通勤，作为一种实现社会目标（更好的工作/生活条件）和经济/环境目标（减少拥堵）的方法。这其中的关键是将住房安置在离就业中心较近的地方，即剑桥内部或周边地区。这又意味着对绿带内部边界的一些修改。该次区域的增长动力受制于对非必要就业机会发展的限制。国家关于结构规划的立法所要求的公众咨询是围绕特定增长地点的讨论进行。

郡里的规划师们非常系统地开展了咨询过程，而不仅仅是法律上的要求。这样，经过认真的技术评估和广泛的公开讨论，遵循了正确的程序，最终的结构规划正式立法，得到了郡和中央政府的批准。大学和市议会都希望减少对该市就业扩张的限制，一些村庄希望在当地增加就业机会。但总体而言，增长率应该低于之前（CCC 1979）。释放开发用地的“滴漏”政策以公开和透明的方式进行，为土地所有者和住宅建筑商提供了一个相对稳定的政策环境，以获得他们对潜在开发场址的兴趣。

结构规划在1980年获得批准（图5.5）。它基于之前建立的许多战略性方向，在剑桥地区通过选择性的约束政策限制了就业的增长，将其他增长分散到北部和东部地区。它根据住房开发能力将定居点的类型合并为四类，从那时起就开始使用“规划词汇”。

该规划的内容包括政策议题（定居点、就业、住房、购物、交通等）和关于“次级地区”（sub-areas）的声明。在剑桥次区域，已罗列了用于住房发展的地点，以及在1981～1991年间每一地区所预期的住房数量。在这一时期，剑桥地区将供应8400个新住宅（CCC 1980）。尽管向南拓展的提案被拒绝了，但是绿带的概念仍被保存。此外，还保留了对创造就业机会的发展进行选择性限制。

通过这样的方式，一个清晰的战略框架被重新阐明，体现了过去25年来不断发展的郡规划战略。定居点的增长通过规划管制被严格控制在明确的边界内，而在战略规划实践中，规划人员、保护主义者和开发商之间就分配多少土地，在什么时候以及在哪里分配土地持续博弈。这种做法不仅有利于建造行业，也有助于支撑住房的投资价值和自有住房的物业价值。

结构规划的目的是为制定更具体的地方规划提供一个战略性框架。剑桥郡的规划师们尽可能地将规划具体化，但他们也意识到过度具体会受到区（districts）和国家规

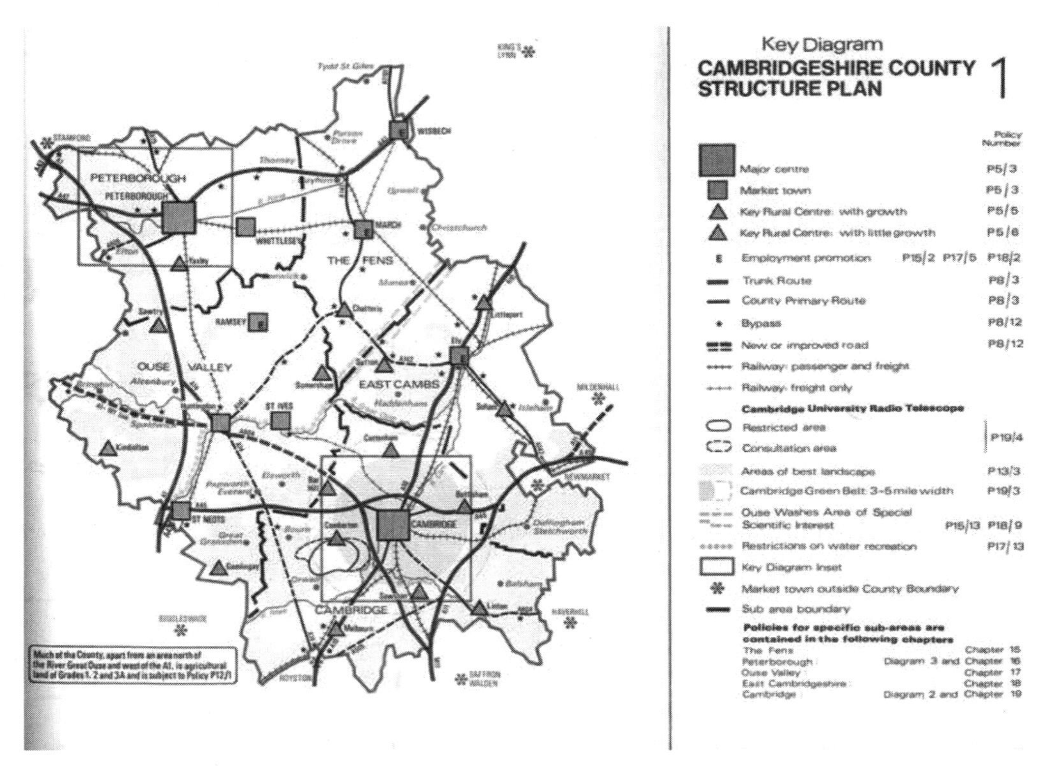

图 5.5　1980 年的结构规划：关键图

资料来源：剑桥郡议会 1980 年，经许可

划事务大臣的抵制。区承担了为主要的开发场址制定地方规划的职责。郡的规划师们转而制定关于绿带发展的地方规划。然而这个规划停滞不前，一方面来源于剑桥市和大学的压力，它们要求在绿带的内部边缘释放场地，另一方面又被 1980 年的结构规划审查（reviews）所凌驾。绿带地方规划（Green Belt Local Plan）在 1987 年得到郡议会的批准，但中央政府一直干预它的实施，直到 1986 ~ 1989 年的结构规划审查过程完成后才开始实施。到那时，一个新自由主义的中央政府已经为增长管理创造了一个更加市场化的环境，并且持续繁荣地发展。将区、郡和中央政府的政策协调一致变得愈加困难。

20 世纪 70 年代，剑桥郡规划师的发展理念是建立在当地发展的传统之上，但也受到战后发展起来的更广泛的规划方法影响。郡的战略性规划团队在 1974 年重组后，新的社会、经济和环境意识，在很大程度上占据了规划行业。这些团队并没有明确阐述地方的愿景，而是试图分析当地经济的动态、人与人之间的关系、工作和出行，以及发展与环境之间的平衡。然而，经济分析主要建立在就业领域的趋势上。对于不同类型公司的动态演变及其时空关系，人们知之甚少。唯一的区别在于“本地”和“非本地”业务。规划师也没有预见到他们所留意的电子工程和科学研究活动正在发展成为一种强大的经济动力。他们还认为，他们可以控制通勤和其他发展压力，这些压力来自于 M11 的延伸，以及斯坦斯特机场的发展。这不仅仅是预测技术的失败。它也反映了 20 世纪 70 年代末的情绪，主要是经济困难。

1979 年，正是这种情绪帮助了国家的保守党政府当选。该结构规划在英国政治的一个重大转折点上获得通过，朝向利于增长、利于市场的原则。在这一理念下，发展倡议从过度管制中解放出来，根据市场需求的估计（DoE 1980），每个地区都将有“5 年供应”的住房用地。这破坏了“滴管”供地的做法，意味更多的发展机会可以通过规划体系进行磋商。作为经济繁荣的推动因素，创业倡议也强化了剑桥新的身份，即作为一个高科技产业的主要经济“集群”所在地。

突破：可持续发展和“高科技”集群

剑桥现象

在接下来的 20 年里，郡及区的政客和规划官员努力为经济增长提供一个连贯和一致的战略框架。当时的时代背景是，开发商不断地挑战战略以寻求突破限制政策，解决冲突的权力在于中央政府，但国家规划政策本身并不明确。这种冲突遍布整个繁荣的英格兰南部。在那里，放松管制的政府遭遇到了自己腹地的支持者，他们越来越意识到要保护当地景观免受进一步发展的破坏。这一斗争在剑桥地区尤为突出，在那里，以科学为基础的高科技产业产生增长动力，在 1980 年代该地区与伦敦通勤范围稳定地结合起来。在这种情况下，郡和区的增长管理战略必须不断地适应变化和不稳定的国家政策立场，这一过程在 1990 年代变得越来越频繁（表 5.1）。在英国的规划体系内，中央政府的正式权力在于审查规划和具体的开发决策。中央政府有权通过质询过程审查发展规划，并处理开发者针对具体开发决策的“上诉”。在这些进程中，与国家政策的一致性一直是人们关注的主要问题。这些规定允许有集权化倾向的中央政府对地方发展战略施加强有力的影响。

1974 ~ 1995 年规划战略年表 **表 5.1**

治理层级	1973	1975	1980	1985	1990	1995
国家			9/80 号通告	14/85 号通告，引入 PPGs	共同的遗产	PPG3（住房） PPG6（零售业）
区域		EA Reg. Plg 议会 Rpt		SCEALA Reg. 政策声明	RPG6（1）	
郡域	零售业研究	剑桥子地区研究	SP 通过的绿带地方规划开始实行	SP 审查和 EiP	SP 审查和 EiP 通过交通研究	
区：市			小型地区地方规划	区层面的地方规划		
区：SCDC				区层面的地方规划		
其他重要的事件和决策	剑桥科技园成立			剑桥现象研究 斯坦斯特德机场扩建计划通过	重要方案被“抽审”	坎姆伯恩（Cambourne）新住区获批 达克斯福德（Duxford）超市被拒

1980 年代的撒切尔政府就是这样一个政府（Gamble 1988; Thornley 1991）。对地方政府和规划体系均抱有怀疑，规划领域早期的国家政策声明强调要放松“官僚”的规划管制，并要求更优先考虑对何时和何地进行发展的“市场”评估。在严格限制公共服务和公共支出的政策下，私人开发商也要为他们所产生的服务和基础设施需求买单。从理论上讲，这为剑桥大学和周边地区的进一步发展提供了有利的条件。关于经济问题的争论也进而日益激烈。1985 年，400 家高科技公司雇用了 16000 人，约占 8 大公司的一半（SQW 1985）。这所大学很好地利用了它作为增长限制政策的“豁免”地位。1973 年，剑桥科技园成立之后，在剑桥郡西侧的梅尔本（Melbourn）于 1982 年又成立了一个科技园。

这种发展的规模标志着次区域经济文化的转变。新技术产业和商业服务的动态集群，科学研究创新的文化以及利用研究成果的创业倡议，正在形成一个大学城和一个次区域中心。在新技术产业的前沿，一种“家长式”大学文化被转变成一种创业氛围。剑桥的案例成为撒切尔新自由主义经济成功的标志性神话（Crang and Martin 1991）。到 1990 年代末，剑桥的“集群”不仅被认为具有国家重要性，而且在全球范围内可以媲美具有相当规模的创新“集群”（如果规模较小的话）。“集群”的概念不仅仅意味着同一行业的一群公司，而且是一种相互作用和交流思想的氛围，在科学和经济上都促进了创新发展。但剑桥大学可以利用它的大学传统为公司提供“声望”（Morrison 1998）。踏入剑桥大学意味着同时也能拥有它特有的氛围。这反过来可能会被那些与大学没有联系的公司利用，要求成为郡的选择性分散政策的例外。

1985年，咨询顾问西格·昆斯·威克斯蒂德（Segal Quince Wicksteed）在一份颇具影响力的报告中指出，在郡规划战略中，允许与剑桥大学科技产业相关的选择性增长，与其分散战略之间存在矛盾。这一研究明确并命名了剑桥经济所经历的变革（“剑桥现象”），并指出选择性增长所带来的压力，尤以住房市场和交通拥堵方面为甚。“剑桥现象”的研究将高科技产业表现为“清洁而绿色”，而不是传统的工业形象。这一理念在“科技园”的发展概念中得到了体现。剑桥科技园（Cambridge Science Park）成为一种模式，1980年代后期，在英格兰南部引发了科技和商务园区的发展浪潮。在剑桥地区，在1985～1990年间成立了两个科技园和六个通用商务园，在1990年代后期又成立了6个园区（SQW 2000；While 2004）。

这种对剑桥新经济动态的“命名”有助于将其发展势头定位为撒切尔新自由主义政治中的一项重要资产（Crang and Martin 1991）。但剑桥的经济增长并不仅仅是这个“集群”发展的结果，这也受英格兰南部日益兴起的地理区位所致。在这里，剑桥愈发接近伦敦大都市圈，成为一个日益重要的经济、社会和行政服务的区域中心，以及重要的旅游目的地。在这种情况下，次区域开发场地的“滴灌”释放不可避免地受到了严重的压力。

通过主要的基础设施投资，剑桥正日益被伦敦大都市区吞并。到1990年，剑桥已经有通过其西部（M11）、东部（A11）和北部（A14）的绕行道路。电气化也在稳步推进，在不到一小时的时间内将城市连接到两个伦敦中心车站。1985年，对第三个伦敦机场进行的长时间调查报告得出结论，决定支持斯坦斯特德机场的扩建，尽管这一决定花了10年的时间。而低成本航空公司的增长经历了一次巨大的飞跃。所有这些都吸引了家庭和企业选址该地区。在1980年代后期灵活而繁荣的发展环境中，该地区也吸引了土地和房地产开发商的兴趣。它们敏锐地嗅到国家和/或郡政策削弱对绿地上开发的限制。项目的重点不仅是科技和商务园区，还包括主要的住房计划和大型的城外零售综合体。这些发展压力导致了大量的重大质询（inquiries），针对道路修建，关于城外中心和关于“新定居点”的问题。在这些质询过程中，正如对现行结构和地方规划的修订一样，剑桥地区的规划政策也在逐步调整。

在一个不断变化的政策框架中进行合作

自1940年代以来，剑桥地区的战略规划就以一定程度的复杂性和连续性进行，并且实现了 1947 年城乡规划体系设计者的期望。规划工作充分了解情况，经过仔细论证，并灵活地结合了对当地情况的认知和关于增长规模和性质的讨论，以及有效地运用管制权力的强大能力（Brindley *et al.* 1989）。这种管制能力在 1980 年代受到了严重的压力。在一个强有力的管制框架内逐步推进发展用地的分配，这种权力不仅因为国家层面市场主导的观念而被削弱，而且公共投资的资源被削减，基础设施建设被私有化，地方政府进行裁员，区域经济规划委员会被废除。编制该郡结构规划的团队，从 1970 年代末的约 20 人减少到 1980 年代末的约 5 人。新的区域咨询机构成立了，但人员编制有限。裁员的一个主要后果是，内部技术性的工作越来越多地被咨询性顾问取代，这一做法在 1990 年代和 2000 年代逐步盛行。但是，规划体系各个层次的主要问题是战略性政策的不确定性。

在国家层面，政府在特定议题上表达了它的"政策"声明，比如绿带、住房分配、零售供应和开发商的"义务"。这些声明在针对规划许可被拒的上诉中具有压倒一切的地位，并且是中央政府能够引导地方规划政策和开发商期望的一种机制。1980 年代中期，规划的重点是为促进增长而分配土地。如前文所述，在第 9/80 号通告中，规划当局曾被要求在他们的规划中分配"5 年的住房土地供应"。在第 14/85 号通告（DoE 1985）中，他们被要求授予开发的规划许可，除非这样做会"对公认的重要利益造成明显损害"。这就使规划文件和具体的开发决策都能保证与国家政策一致。1986 年，在发展压力和新自由主义关于放松管制的想法达到顶峰时，剑桥郡规划部门开始准备修订郡的结构规划。但是，当 1989 年修订的规划获得通过时，中央政府意识到，市场主导的发展在繁荣的环境下造成了基础设施超载的主要问题，并导致选举结果遭到强烈的公众抵制。在这十年的尾声，发展的势头垮塌了，开发商们主张政府政策要具有更大的确定性和稳定性，以保护他们避免决策失误。

到 1980 年代末，人们对环境质量的担忧也开始渗入政府的议程。1990 年，时任环境部长克里斯・帕滕（Chris Patten）就跨部门报告《共同的遗产》（This Common Inheritance）（SoS 1990）达成了协议。它主张"可持续发展"的概念应该遍及所有政府政策。在交通和土地利用规划的领域重新讨论需求管理和增长控制的概念。对于许多议员和剑桥地区的规划师来说，"可持续发展"的理念标志着他们在增长管理中的角色复兴，以及对 1980 年代强调市场主导的发展战略的重要制衡。许多议员和规划官员认识到支持与大学相关的、以科学为基础的产业的重要性，但他们也担忧选择性的约束战略正在弱化。这种战略的弱化使得与该地区没有联系的企业或与科技产业无关的企业增加了该地区的增长压力。"可持续发展"理念为重申选择性约束战略提供了支撑。

这种理念也吸引了更多的传统保守主义者，商业利益意识到环境质量对企业和劳动力的价值，以及吸引了在郡和市一级选举权力逐步上升的自由民主党和工党议员，但直到 1990 年代中期，中央政府对可持续发展的承诺才稳定下来。

1985 ~ 1996 年，郡政府两次修订了结构规划，编制了一份区域报告，进行了几次涉及重大政策影响的公共质询，最后批准了“绿带地方规划”，南剑桥郡（Cambridgeshire）的区和剑桥市制定了它们第一份区级范围的地方规划。如上所述，第一份郡结构规划的检讨，旨在分配更多的土地，以适应剑桥次地区（Sub-Area）的“高科技”增长，但总体上仍然强调尽可能地往郡的北部和东部扩展，那里仍然存在经济困难，同时抵制来自赫特福德郡（Hertfordshire），埃塞克斯（Essex）和伦敦的通勤压力。与此同时，剑桥的乡村环境也得以维持。但是，由于担心从农村、集镇和更远的地方到剑桥的通勤交通增加，郡规划师们提议在城市周边分配住房和商业发展用地，集中在毗邻城市边界或者是具有“村庄规模”的新定居点。

由此导致的结果是，在“规划期”内（主要是在南剑桥郡地区）住房数量略有增加（图 5.6）。郡结构规划（CCC 1989）提议设置两个新的定居点，一个沿着 A10 向北，另一个沿着 A14 向东或西，两处都在绿带之外。该结构规划还指出，应当建立一个城外的大型零售超市，以减轻剑桥的零售压力。不可避免的是，这些分配计划引起了激烈的争论，包括那些来自备选地点的人，以及那些试图抵制剑桥进一步发展的人。郡规划师们更倾向于精确地定位这些项目合适的位置，但是区认为这应当由他们来主导。随着在全国范围内实施新的举措，他们认为郡结构规划应该关注于地点选择的标准上。

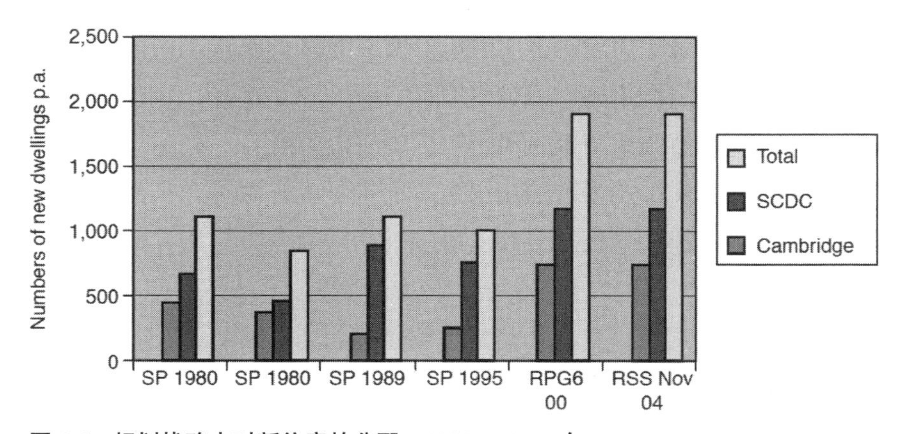

图 5.6 规划战略中对新住房的分配，1980 ~ 2005 年

资料来源：1976 ~ 1981 年和 1981 ~ 1991 年的估算来自 1980 年的结构规划；1986 ~ 1991 年的估算来自 1989 年的结构规划，1991 ~ 1996 年的估算来自 1995 年结构规划，1999 ~ 2016 年的估算来自 RPG6 2000，而 2001 ~ 2021 年的估算来自 2004 年 11 月 RSS 草案，到 2005 年 EiP 时仍保持不变。

规划完成后不久，该郡也进行了一项交通研究。

这提出了进一步的道路计划，同时也提出了剑桥从道路交通转向公共交通模式的建议——在A14附近的Oakington建立轻轨路线，沿着一条途径Histon的废弃铁路路线通向主线和剑桥站，南延经过新建的阿登布鲁克医院去往特兰平顿（Trumpington）。该研究还提出了城市周边的“停车换乘”（park-and-ride）体系，并提出了道路收费标准，这些都引起了争议。

这一战略随后被纳入到区域政策指南（Regional Policy Guidance）中。到1990年代，这种指南以国家规划政策声明的形式，成为英格兰所有区域的统一要求。这是因应各类游说团体对国家层面的施压，要求国家采取更协调一致的方式来分配开发场地和基础设施投资。这项指南是由地方当局起草的，然后提交中央政府进行修改和批准。东英吉利亚（East Anglia）的三个郡已经在区域问题上进行了一段时间的合作，他们的想法奠定了1991年东英吉利亚地区规划指南第六版（RPG6）（DoE 1991）。RPG6在很大程度上推进郡域战略，强调了剑桥地区高新技术发展的经济意义。它还强调了新兴的国家实践，即在每个区域和郡要把新增的住房数量分级分配给区。这与基于环境可持续性原则的标准规范相结合，旨在管理开发场址的选择。这些举措均强调了不同区位的“序列”，从已经开发成熟的地区，到临近公共交通工具的场地，到那些离交通设施最遥远的场所（Murdoch and Abram 2002；Vigar *et al.* 2000）。

1991年的RPG6主要说明了规划领域的政府政策。当时，还不清楚中央政府会在多大程度上支持它们的可持续发展原则。与此同时，1989年的结构规划和1991年RPG6政策结合，鼓励在剑桥地区有更多的开发场址。由于结构规划中不需要标识具体的场地，更强化了这一意图。鉴于国家对新的、更可持续的政策方向的承诺存在不确定性，只能通过重要的公共质询舞台以确定政策真正改变了多少。这些质询集中在围绕A10提出的一组新的聚居点，以及围绕A14的另一组聚焦点，还有针对主要的零售项目。争论的焦点是，强调应当增加道路供应，而不是通过限制汽车和扩大公共交通来管理需求在多大程度上是明智的。最终，除了一个项目获批，所有的项目都被拒绝了，这表明在国家层面上对可持续发展原则的立场更加坚定。然而在1993年，一项新的居住区计划获得了规划许可，这成为后来的坎伯恩村（Cambourne），它途经A429，离A14和M11的尽端也不远。这项提案是一个相对低密度的开发，提供3000个住宅，因此，发展轻轨或巴士的可能性很低。它并不在郡规划人员提出的开发建议内。

这些发展都要求对地方规划和郡结构规划的土地分配进行更为精确地修正。尽管1990年代初的房地产萧条，但决策的压力并不大。“绿带地方规划”酝酿了11年后，终于在 1992 年被采纳。当针对主要的开发提案进行质询时，外部边界以这样一种方式确定，任何可能获得批准的新发展都将处在绿带范围之外。当这种方式明确下来后，南剑桥郡可以根据 1990 年国家立法的要求，在 1993 年批准其第一个区范围的地方规划。与此同时，剑桥市在 1990 年开始编制区范围的地方规划，以便为城市制定在结构规划中所包含的政策，并合并 1980 年代小尺度地区所制定的地方规划。然而，它的准备工作却由于重大项目的质询而陷入不确定性之中。市议会的工党和自由民主党议员在整个议会工作中更强调环境可持续性和社会公平的问题，更多地强调提供“经济适用房”。最终的规划于 1996 年被采纳（CCityC 1996），与市议会的社区战略、价值陈述和“城市结构”的概念进行了细致的关联。该规划同时将绿楔的概念重新表述为“绿色走廊”和“结构性重要的开放空间”。

1989 年的郡结构规划和 1991 年的东盎格鲁区域规划指南提出了关于“可持续性”和继续采用分散战略的可行性问题。重大质询的结果，连同房地产市场疲软和经济低迷的背景，显示剑桥地区的住房发展速度可能会低于 1980 年代末的预期。中央政府也更加强调“可持续发展”的议程（Owens and Cowell 2002）。1992 年，该郡开始了另一项结构规划的修订。郡一级的政治控制已经转向了工党 / 自由民主党作为多数党，议员们热衷于促进更环保的土地分配战略，并抵制来自赫特福德郡（Hertfordshire）和伦敦对剑桥南部地区的发展压力。1995 年的结构规划经相关质询程序修改后得到批准，尽管相关内容重申了许多早期的政策，但其明确表明了限制剑桥增长的政策，以及进一步向北部和东部扩散经济压力的政策已不再可行。

新的郡议员想要摆脱 1989 年规划中所创造的发展机会，但在质询之前没有时间修改结构规划草案。主持质询的督察员认识到在议员和中央政府层面的政策转变，并从修改后的结构规划中删除了两处有争议的地点，认为需要对发展需求和绿带分配进行战略评估。第一个是在特朗普顿（Trumpington）附近的一个大型住宅项目。剑桥市议会强烈支持该地点作为居住用途，并拒绝了它作为科技园的开发。第二个是建立另一个新的定居点。1990 年代的开发环境无法证明这个项目是合理的，所有的争议和不确定性都可能因此产生。

因此，到 1990 年代中期，选择性遏制增长政策的理由已经从保护景观以便于保护剑桥的“特质”及其环境，转变为高科技发展的经济动态节点的共同发展议程和“可持续发展”的原则。后一种观点正在全国范围内流行，重点是在棕地而不是在绿地上进行开发，通过将工作地点和住房就近结合，减少了通勤的需要，并且保护环境资源。与此同时，人们继续关注经济增长以及由此给住房市场（严重的住房可支付能力问题，加剧了人口外流和通勤的负担），劳动力市场以及交通拥堵带来的压力（Morrison 1998）。在这种背景下，也唤起了一个更早的规划理念，即“平衡”发展——住房、工作机会和交通。

这一时期很好地说明了当时规划体系中各级政府之间的关系。虽然郡和区承担了制定规划政策细节的大部分工作，但是他们早已认识到国家政策和质询决定随时可能取代和偏离他们战略，而且这些国家层级的举措之间并不一致。国家政策的不稳定性为郡域和地区带来了持续的问题，因为他们得努力跟上国家政策一会倾向可持续发展，一会又减少开发管制的曲折变化。为了维护他们在开发场址上的管控权力，以及他们与开发商谈判规划得益的能力，他们需要实施坚定而明确的郡域和地区政策并且在垂直系统上与国家政策相一致。任何不确定性和不一致都可能被开发商及其法律顾问利用。在英国南部，整个规划体系变得越来越法定化，并受到质询决定和法院挑战的影响。各郡和区需要强有力的、合法的战略，以巩固它们的地位，减少市场对发展规模和位置的不确定性。但是，制定正式的发展规划不可避免地需要时间，因为必须遵循咨询、反对和质询 / 审查的程序，不同级别的政府必须以某种方式共同调整他们的角色转变。这些实践巩固了一个管制性规划政策的共同体，它由公务员、地方规划人员、顾问、开发商和游说团体组成，拥有独特词汇和技巧（Murdoch and Abram 2002）。

但是，在剑桥郡与上层规划政策协调的过程中，尽管对剑桥次区域进行了仔细的考虑，但对于该地区的特质并没有真正的讨论。剑桥被描绘成一个大学城、一个集镇、一个区域中心、一个充满活力的经济集群、一个旅游胜地、一个可达性高的城市、一个绿色文明的城市、一个可持续发展的城市，为所有人提供生活的机会。但是，这些不同的身份在政策环境中摇摆不定，并没有为城市和周边地区应当演变成何种角色提供明确的方向。郡和区级的议员反对“蔓延”。剑桥被设想为一个紧凑的定居点，被它的绿带环绕，尽管它的内部结构主要是开放空间。这个城市被描绘成坐落在一个村庄的风景中，之外则有集镇环绕。关于发展走廊的想法有时会出现，在 1980 年代对东南部增长走廊的研究中，提出了关于构建 M11 增长走廊的建议。但这些想法仍然很温和，主要与在公共交通路线附近寻找开发场址的观点有关。

在此背景下，一些地方行动者开始要求对这个城市的未来进行更连贯的评估。正如剑桥市议会的主要政策和规划官员在结构规划质询后所写的：

> 过去政策导致的结果是，分散的是住房，而不是就业。剑桥的通勤腹地迅速扩张，通勤者绝大多数都通过汽车抵达，这导致了该市声名狼藉的交通拥堵情况。

新的结构规划口头上支持可持续发展，却使工作和家庭之间分离……现在是时候为剑桥地区的重大战略性检讨扫清障碍了。在这篇评论中，我们需要考虑的是，我们希望剑桥成为什么样的城市，我们如何容纳城市扩张……霍夫德（Holford）的格言：不能为剑桥做出一个良好的扩张规划，这句话越来越站不住脚。[结构规划质询小组]已经给了剑桥的规划师们一个挑战，让他们努力做到（Hargreaves 1995）。

为了动员起来迎接这一挑战，一些市议员和官员与大学接触，要求对该次区域的增长采取更积极的战略办法。由此产生了在1996年创建的非正式的增长促进网络——剑桥未来（Cambridge Futures）。

动员“可持续增长”

创建“剑桥次区域”

到1990年代中期，对于限制剑桥地区发展和将其发展资源分散到更偏远地区的政策，一直饱受争议，并最终失去了郡和国家两级的支持。没有这种支持，制约剑桥周边发展的管控力量就被削弱了。在国家层面上，剑桥高科技经济“集群”的潜力已经变得非常重要，不能被限制政策所威胁。此外，可持续发展的概念在当地具有重要的影响力，并在负责规划、住房和城市政策的国家部门中得到大力支持，分散发展的结果如果导致小汽车通勤的增加，在这种背景下是站不住脚的。中央政府对1995年剑桥郡结构规划进行了修改，在支持该规划的同时，也为空间战略的重大审查奠定了基础，这一立场没有受到1997年中央政府转变为工党多数派执政的影响。事实上，这加速了审查的势头，通过加强和改变区域级政府机构，以及在2003年，在可持续的社区“行动纲领”中引入了一种真正意义上的国家空间战略（ODPM 2003）。

1995 ~ 2005年间，剑桥地区战略规划是一个周旋在不同层级的政府之间，以及在一系列公共、私人、正式和非正式行动者之间的故事（表5.2）。到21世纪初，人们已经广泛认识到促进各种高科技经济活动及其选址在剑桥地区的重要性。剑桥的经济增长是为了促进国家的经济竞争力。在可持续发展理念的推动下，这意味着剑桥和周边地区的主要住房和零售发展，以及主要基础设施投资，特别是“高质量公共交通”，都是支持这种增长。在当地，主要利益相关者主张大幅增长，他们认同从中央政府那里获得更多基础设施投资的重要性。当地的政治家很清楚市民对环境质量的关注，努力推动一系列可持续发展的论点（包括减少资源使用和应对气候变化的影响，提供步行和自行车道，以及强调高质量的设计）。他们还设法把开发场址的分配和提供社区基础设施关联起来。在某种程度上，这可以沿用并推动 1950 年代的做法，即在剑桥建成区的边界上选择性地释放开发场址，以及在村庄或在宽绿带之外的新定居点内分配开发场址。但可持续发展的论点鼓励发展集中在公共交通“走廊”上。然而，这一走廊的概念，挑战了在剑桥地区一贯塑造的城市意象，即城市处在开放土地和村庄构成的乡村背景中，并且外部环绕着集镇。

然而，处理地区发展问题的政治和规划行动者所形成的网络，不足以影响中央政府并争取资源解决日益增长的基础设施缺口，更不用说应对实质性增长。因此，要与其他网络建立联系，在国家层面强调该地区的增长需求。剑桥大学一直拥有密集的网络，与全国乃至国际上许多有影响力的团体具有良好的联系（Keeble *et al.* 1999；SQW 2000）。1990 年代，剑桥大学就建立了剑桥网络（Cambridge Network）和剑桥大学地方产业链接（Cambridge university Local Industrial Links，CULIL），以促进地方联系。

规划战略年表　　**表 5.2**

治理层级	1995 年			2000 年		2005 年
国家		工党政府于 1997 年当选		2001 年提出规划体系改革	2003 年可持续社区行动规划	巴克报告 2004 年创立 GAF 和 CIF 2004 年 P&CP 法案修改 2005 年 PPG3 草案
区域	区域政府办公室创立（1994 年）		1998 年成立了英格兰东部发展机构（EEDA）	区域规划指南（RPG6）在 2000 年通过	扩大的东英格兰区域成立	区域空间战略制定中
郡域		剑桥能力研究（Chesterton）		剑桥次区域研究（Buchanan）	第三次结构规划审查（大约在 2003 年）	
区：市	1996 年地方规划被采纳				地方规划修订中	
区：SCDC	地方规划编制中…………………………………………被采纳					地方发展框架制定中……
其他重要的活动和决策		剑桥未来组织成立 剑桥网络成立	剑桥未来研究，大剑桥合作伙伴关系成立			剑桥郡视野（Cambridgeshire Horizons）成立

商会也参与进来，共同考虑增长的需求。现在的任务是将这些大学业务上的关注与区域发展的重点联系起来。这在一定程度上受到大剑桥合作伙伴（Greater Cambridge Partnership）的支持，它成立于1998年，由东英格兰发展机构（East of England Development Agency，EEDA）主导。一个更重要的舞台是“剑桥未来”组织（Cambridge Futures groups）。这个组织是由大学[通过副校长亚历克·布罗斯（Alec Broers）]和市议会[通过市长约翰·杜兰（John Durrant）]共同发起的。对于市议员和官员来说，与大学和商业利益组成联盟将提升剑桥的国家经济意义。

各个组织团体之间有明显的重叠。“剑桥未来”组织很快就在郡级的范围内进行，并将重点放在研究上，为未来的增长提供不同的选择性。这其中一个重要的资源是剑桥大学建筑学院，其负责人马西亚尔·埃切尼克（Marcial Echenique）主持了一项未来发展选择的研究。由埃切尼克和副校长亚历克领导的团队“剑桥网络”开展了进一步的研究。其关注信息和通信技术最大限度地减少增长影响的作用。与此同时，该郡已委托切斯特顿顾问公司（Chesterton Planning and Consulting 1997）进行了一项关于发展选择的研究。它探讨了集中或分散发展的相对优缺点，以及公共交通走廊的潜力和提出新的定居点设想。这些举措逐步融合在一起，因为认识到任何增长战略都需要纳入经修订的区域规划指南和控制交通、卫生和教育支出资金的各部门的优先事项中。在英格兰，一个快速增长地区的问题是，地方政府的核心资金是基于现有人口和他们相对繁荣的状态，而不是基于未来的增长。这意味着，只有在发生增长时，才能通过正常的地方支出来提供增长经费。然而，在当地，如果出现这种滞后效应，人们就会抵制增长。这场斗争是为了获得对城市增长的投资资金，多年来，这些资金一直投资在需要更新的地区。在剑桥地区，房价上涨、历史悠久的市中心受损和交通拥堵的问题迅速加剧了对增长的抵制（Dawe and Martin 2001; Kratz 1997）。在这种背景下，那些主张增长战略的人必须表明，规划管控和基础设施投资可以以一种协调的方式进行，这是在中央集权化和政府职能分化背景下的一项艰难事业。

直到1990年代，剑桥“地区”在剑桥郡的范围内还是保持完好。在以前的战略中，它有时被称为一个次地区（sub-area），或一个次分区（sub-division），通常包括城市和南剑桥郡区议会地区。然而，到1990年代末，从各种研究中可以清楚地看出，至少在通勤方面，该地区的功能联系更为广泛。由此产生“剑桥次区域”（Cambridge Sub-Region）的定义，作为一个统计单元，包括周边部分郡，其中一些甚至不在东英吉利亚区域。在次区域推动增长的主要任务是将他们的想法纳入到正在进行的区域规划指南（RPG6）的修订中。这不仅将在一个新的郡域结构规划中将战略固定和合法化。他们还希望，这将有助于撬动所需的基础设施投资。

随后下一个时期，政策制定贯穿了不同层级的政府。在此期间，东英吉利亚地区被并入更大的东英格兰区域，包括赫特福德郡（Hertfordshire）和埃塞克斯郡（Essex）。新的规划文书宣称要对规划体系进行彻底改革（DTLR 2001）。1997 年，对 1991 区域规划指南（RPG6）进行了修订。第一份草稿承认可持续发展原则的重要性，并建议开发区可位于公共交通走廊。尽管其提到了走廊，但在邻近的东南区域空间战略讨论中，一种新的规划理念正在凝聚，在东英吉利亚战略草案中，核心的空间组织原则以次区域为中心，体现了较早的城市区域思想。伴随着国家强调增加住房供应量以满足英格兰南部预测的人口增长，剑桥地区的新住房数量显著增加（图 5.6）。

区域规划指南（RPG6）的修订工作随后被重新组织的区域规划程序所取代。到了 1990 年代末，地方政府会议已经准备好指南并提交给中央政府批准。国家批准的声明成为地方规划当局编制结构和地方规划的基础,规划之间建立了清晰的层级关系。然而，对于指南中的政策没有进行公众咨询或正式的质询，也没有在国家议会中辩论。这引发了合法性的难题。因此，这一程序需要进行修订，预期未来出现选举产生的区域政府后,将要求进行质询。东英吉利亚区域规划指南修订成为第一个受此程序约束的规划。然而，到 2000 年，当区域规划指南获得批准时，很明显新的区域指南将需要为新扩大的东英格兰地区做好准备，而剑桥次区域将在更广泛的背景下重新定位。在此期间（2002 年），新的规划立法提议将“指南”转变为区域空间战略，旨在取代结构规划。为此，把剑桥次区域作为一个增长节点的想法必须锁定到区域规划指南，剑桥郡及随后的彼得堡结构规划，以及新的、更大范围的区域空间战略中。

1999 年，对区域规划指南草案的质询提供了一次机会，提出关于剑桥次区域增长规模和地点的更明确想法。但是，它的主要作用是为城市更新和交通项目分配资金，决定在该区域不同地区可容纳的发展量，并确定发展选址的标准。最后的指南，区域规划指南 2000（DTLR 2000）综合考虑了经济竞争力与环境可持续性。它整合了“剑桥未来”研究的许多想法，并将“剑桥次区域”赋予重要的区域和国家意义。该区域在指南中被誉为“世界一流”和“欧洲创新之都”。1995 年剑桥郡结构规划的许多政策被重新阐述，但更强调可持续发展。大约 50% 的开发是在已经开发的“棕地”上。运用国家政策所提倡的“顺次法”作为住宅用地的选址标准；这体现了一个紧凑城市的概念，越靠近市中心越高密度。但关于增长地点和城市能力的研究仍在等待中。这项研究最终由咨询顾问科林·布坎南（Colin Buchanan）领导的团队进行，而罗杰·泰姆和合伙人（Roger Tym and Partners）则研究如何实施剑桥次区域战略构想。

基于对“剑桥现象”增长动力的预测，RPG6 2000 设想了大幅的增长。这一次，推动力被视为一种特定的力量，由各级政府以及诸如大学这样的关键角色来培育和推动。1980 年代以科学为基础的高科技增长，自 1990 年代初的房地产衰退和 20 世纪初的互联网泡沫破灭后，就一直在放缓。剑桥的公司挺过了前者，但却不可避免地受到后者的冲击，尽管这对该地区的长期增长轨迹没有严重影响。该地区的经济活力越来越多地建立在大量小型企业的基础上，从一家公司发展到另一家公司，并相互重叠。它催生了大量咨询机构，这些咨询机构再次出现了重叠，并催生了一些重要的风险投资者。由此形成了一种支持新企业的文化氛围，有的公司失败了，也有公司成功了。评论家和学术分析人士都认为，剑桥经济集群具有令人信服的国家和国际意义。

但是，剑桥次区域的地方经济不仅仅是一个高科技产业集群。它同样也是公共行政和各级教育的主要中心。这个城市吸引了大量的游客，以及大量语言学校的教育产业。这一地区的经济动态是整个伦敦都市经济复杂关系的一部分。它对与斯坦斯德机场的发展有联系的企业越来越具吸引力，到 2000 年，这些企业在迅速扩张。因此，剑桥不仅成为东英吉利亚地区主要的经济增长节点，而且成为英格兰东部的一个主要城市，这超出了霍夫德规划意象的边界。因此，在剑桥地区的增长斗争不仅是在适当的基础设施和质量保证的基础上，能适应多大的增长规模；对于剑桥这样一个享有盛誉和青睐的场所，它还讨论了如何区分“世界级、高技术集群”和其他各种经济活动的需求。因此，选择性约束和管理增长的思想仍然渗透到剑桥次区域的战略中。

RPG6 2000 已经扭转了从剑桥分散增长压力的总体战略。剑桥次区域的推动者认为应该在该区域容纳更多的住房。当务之急是修订郡结构规划，为发展的选址提供一个战略。结构规划的技术知识基础是由咨询机构的研究提供的，而不是像 1970 年代和 1980 年代内部对趋势和选择进行评估。在 1997 ~ 2004 年间，许多不同的顾问公司（表 5.3）对剑桥次区域内和周围的发展议题进行了大量的研究。这反映出国家有一种强烈的倾向将公共政策相关的研究外包出去。有两项研究已经委托给顾问团队，包括科林·布坎南及其合作伙伴研究适宜发展的地点，以及罗杰·泰姆及其合作伙伴研究如何实施重大的发展。此外，另一项研究进一步分析了沿剑桥至亨廷顿“走廊”发展“多模式”交通的前景。其中，布坎南研究（Buchanan and Partners 2001）的目的是评估剑桥市容纳更多发展的“能力”，并对“绿带”进行战略评估，这两个议题都被 1995 年的结构规划悬置，主要关注的是住房数量的分配问题。

这些研究的结果，如剑桥和彼得伯勒结构规划 2003（CCC 2003）所述，重申了 1991 年区域规划指南（RPG6 1991）所形成的选址标准。其最关键的转变是强调剑桥和彼得伯勒都是新发展的关键地点。另外还指定了一个新的定居点位置，在 A10 以北的选址和 A14 西北方向的选址之间做出了选择。后者，朗斯坦顿 / 奥金顿（Longstanton / Oakington，现 Northstowe）之所以被选中，部分原因是因为其途径预期中的轻轨捷运路线。结构规划保持了选择性就业限制战略，现在表达为选择性促进特定集群，在劳动力市场紧张的情况下，该选择可能对大多数现有公司有所帮助。区域分散政策仍在试图将剑桥的增长动力与彼得伯勒联系起来，并继续推动具有良好公共交通的集镇和一些更大的乡村中心作为经济发展项目的地点。为了体现国家政策，全郡的住房发展总体上处于较高的密度，提供了更多的可支付住房，满足了当地住房需求，并解决了住房市场的不平衡问题。这也意味着分配潜在争议绿地的压力较小。

新的开发只有在“附加的基础设施和社区需求通过条件或法定协议或承诺得到保障的情况下”才被允许（政策 P6/1，CCC 2003：57）。该规划文本强调加强景观和提供自行车道、人行道和废物回收。至于对城市和乡村景观的边界问题上，该规划要求各区在其地方规划中“保持住区与乡村之间的清晰过渡”（CCC 2003：70）。

顾问公司承担的规划研究，1997 ~ 2004 年 **表 5.3**

时间	名称	顾问方	委托方
1997 年	剑桥能力研究	地方政府，切斯特顿规划咨询公司	郡议会
1998 年	剑桥 2020：迎接增长的挑战	包括亚历克和马西亚尔的工作组	剑桥网络
1999 年	剑桥未来	马西亚尔，剑桥大学建筑学院	剑桥未来
2000 年	重温剑桥现象	Segal，Quince Wicksteed/ PACEC 公司	剑桥未来
2001 年	剑桥次区域研究	科林 · 布坎南等人	SCEALA
2001 年	剑桥次区域战略实施研究	罗杰 · 泰姆和合伙人	郡，地区发展机构（EEDA）和东英格兰政府办公室（GO-East）
2001 年	伦敦 – 斯坦斯特德 – 剑桥研究	ECOTEC 研究和咨询公司，以及其他	东英格兰政府办公室（GO-East）
2002 年	剑桥 – 亨廷顿多模式研究	Mounchel 领导的一系列智囊团	东英格兰政府办公室（GO-East）
2003 年	核心工人和可支付住房	剑桥大学土地经济系	剑桥市议会和 SCDC
2003 年	就业增长情景	Experian 企业战略	地区发展署（EEDA）
2003 年	斯坦斯特德 /M11 发展选择研究	科林 · 布坎南和合伙人	英格兰东部区域议会（EERA）
2004 年	伦敦，斯坦斯特，剑桥，彼得伯勒增长地区交通与发展关系研究	科林 · 布坎南和合伙人	副首相办公室（ODPM）

注释：东英吉利理工大学的 Dave King 也为当地政府进行了人口统计研究。

此外，该规划还十分重视保护乡村的景观质量，并推动城市区域到达乡村的可达性。这对剑桥地区来说是一个明确的信号：即绿带应该被保留，但旧的“绿楔”或绿色走廊概念会渗透到城市的核心地带。在交通方面，结构规划继续强调公共交通的发展，以及加强“需求管理”措施，以减少剑桥等城市的交通拥堵。该郡希望通过交通便利和环境友好的交通工具推动更频繁的公共交通，并促进两项长远的铁路建议——快速过境路线和东西铁路路线，在西部连接剑桥到牛津，在东部连到东英吉利亚港口。

对于剑桥次区域，这些想法被明确转译成一个清晰的政策辩护，解释了限制剑桥增长的战略已经不再适用（见本章前言引用的 CCC）。此时，在南剑桥郡的区议会中，这一论点在郡及市一级的政治家中达成了共识。对于选择性限制发展，“培育”剑桥高新技术集群的规划框架，现在已经转向可持续战略，以实现更“平衡”的发展方式，在主要的开发场址倡导更多的混合用途，同时强调减少通勤，增加住房供应和可支付能力，提高建成环境质量，并以绿带设置为框架确保剑桥是“一个紧凑的、充满活力的城市，具有繁荣发展的历史中心”（CCC 2003：106）。新的战略在整体的愿景声明和图表中表达（图 5.7）。

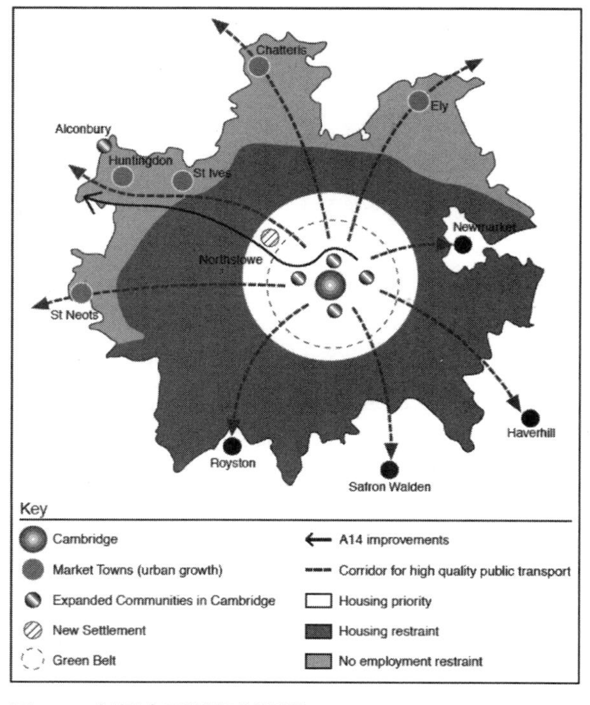

剑桥次区域的愿景：

“……它将继续发展成为高等教育和研究领域的世界领导者，它将促进活力、繁荣，并进一步从剑桥扩散传播知识型经济，同时保护和增强剑桥的历史特色，以及剑桥作为紧凑型城市的定位……

通过高质量的空间发展模式实现可持续性，并在剑桥实现社会包容性发展……在工作和家庭之间提供更加可持续的平衡……”

图 5.7 剑桥次区域规划愿景

资料来源：剑桥郡议会 2003：100，经许可

然后，该规划将“住宅数量”分配给次区域内的每个选址类型，并指定绿带内部边界上释放出来允许开发的具体场地位置。经过布坎南及其合伙人的评估，先前考虑过的地点再次被重新启用，其包括在东部和南部，以及西北部的一个新地点，后者是大学基于其长期扩张的需要而推动。除了在剑桥市中心，大型零售业的扩张受到了坚决抵制。这些建议是以核心图表的形式表达的（图 5.8）。尽管 CPSP 2003 反映了新发展选址的重大转变，并强调了关注环境品质，以及整合开发和基础设施的重要性，但它在阐明剑桥地区作为一座城市，而不仅仅是一个有吸引力的经济集群，应该具有什么样的场所品质着墨很少。它的布局关注点仅限于确定新开发项目的标准规范，以及定义建成环境和“绿色”区域之间的形态边界。

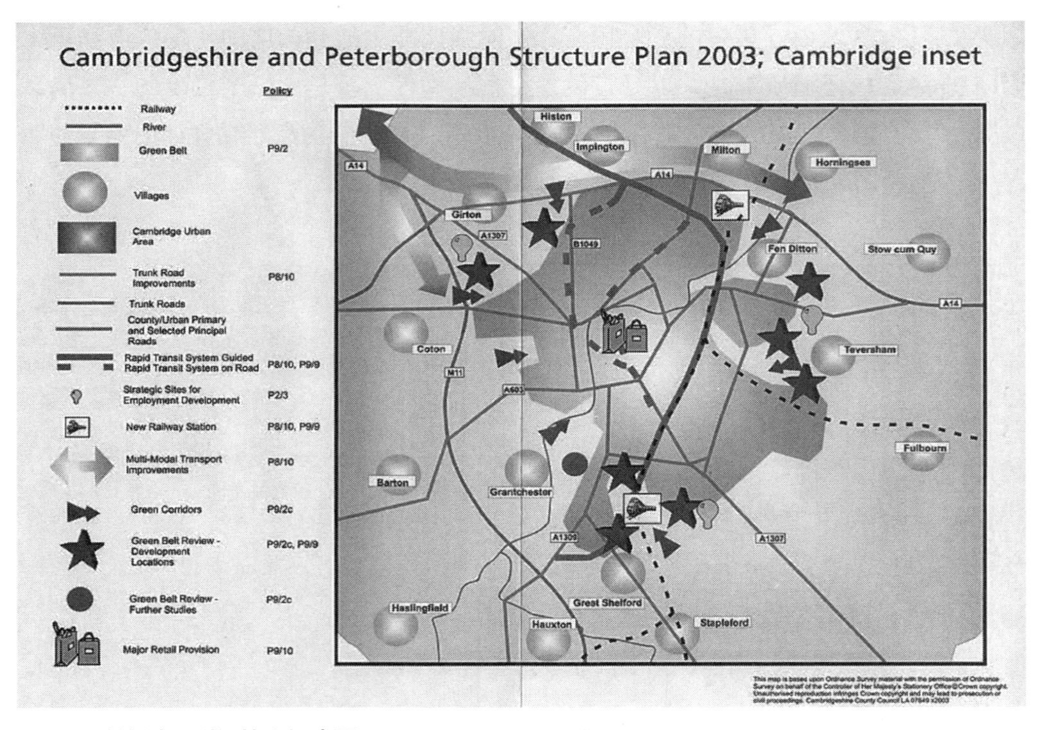

图 5.8　剑桥次区域：核心概念图

资料来源：剑桥郡议会，2003，经许可

这时只有各区在其地方规划中精确定位开发场址，并为每个地点制定“总体规划”作为规划大纲（planning briefs）。尽管在结构规划的质询中，许多争论都是围绕剑桥本身，但是南剑桥郡不得不容纳更多的住房总量，诺斯托（Northstowe）的新定居点只提供 20000 套住房中的 6000 套。

由于许多地点多年来一直被建议进行开发和评估，所以选择地点的时候并没有很大的问题。显然，与 2000 年区域规划指南（RPG6）相比，在适当的地点提供了大型场地，以适应更多的发展。对于当地的利益攸关方而言，在这些地点上开发几乎不成问题。在 2003 年批准该结构规划之前，郡、区和其他“剑桥次区域”的推动者都在讨论和争取，如果没有从中央政府获得对基础设施的主要资金支持，规划就不可能继续下去。还有一个问题是如何协调和管理这么多的开发项目，有几个项目地点跨越剑桥市和 SCDC 之间的边界。郡作为一个可能的协调者，其地位在这一时期受到严重削弱，因为它们大部分的战略规划权力都将由新制定的规划法转移至区域一级。为英格兰东部区域制定区域空间战略是必要的，准备工作于 2002 年开始。主要的利益攸关方在大剑桥伙伴关系的庇护下，在 2002 年列出了一份关键投资清单，以支持他们向中央政府提出的增长战略。

2004 年通过的新的国家规划法，提出改革发展规划方法，各区、剑桥市和南剑桥郡区议会已经修改了自己的规划。到 2003 年，剑桥市已经修改了地方规划。经过公众咨询期后，这一规划被调整，以符合已获批的结构规划。它重复了许多新发展的标准，强调实现设计的质量、紧凑性、环境效益以及在所有新开发中物质性和社会性基础设施的关系。这为规划部门与项目开发者就设计质量以及规划得益的磋商提供了一个议程。在城市结构方面，城市规划保持了贯穿城市的景观廊道的长远概念，并在新的发展地区引入了的“外围混合利用中心”的概念，在提供住房的同时为未来创造就业机会。该规划高度重视可达性，以实现“高质量的公共交通”(CCityC 2004)。

因此，空间发展政策要实现多层次联合仍然十分复杂，与此同时，关键的利益相关方需要将注意力转向主要发展项目的实施。这突出表现在需要为基础设施投资获得资金，而且不仅仅是用于交通，还包括社区服务，如卫生和教育，以及可支付住房。自 1980 年代初以来，人们一直期望可以在开发商申请规划许可时，政府通过要求开发商履行“义务”来获得这些资金或建设。但这不可避免地导致基础设施落后于发展，这不仅违背了新的结构规划政策，而且在当地非常不受欢迎。因此，次区域利益攸关方几乎别无选择，只能努力争取更多的“先期”投资，这意味着他们的本地举措将要在更大、更复杂的区域和国家治理格局中重新定位。

在不稳定的治理环境中取得地方性成功

英国地方政府传统上拥有大量的能力，但自治资源有限，几乎没有正式的立法权力。这种情况在 1980 年代更加明显，而在 1997 年工党政府的领导下继续维持。然而后者推动建立更强大的区域政府，并在理论上建立了“新的地方主义”（Corryand Stoker 2002）。为了获得投资资金，剑桥次区域经济增长的推动者必须瞄准国家层面，争取国家关注他们的需求。这样的关注建立在一个完善的基础上，包括大学和公务员之间传统的强大网络，以及政府对“剑桥次区域”的热情。国家财政部也越来越关注新住房的供给与宏观经济稳定之间的关系，随着房价飙升，家庭数量增加，以及互联网泡沫破灭后投资从股市转向房地产，新的建筑业并没有扩大。这导致了中央政府对经济绩效、房价和房屋供应之间的关系以及规划体系在分配土地用于住房开发方面的关注。但对剑桥地区来说，关键在于取得新住房和基础设施之间的联系，这意味着需要政府部门增强对交通、教育和卫生的关注。对于“剑桥现象”的推动者而言，中央政府是“问题”所在（SQW 2000）。

负责规划和城市发展问题的主要国家部门，在这个时候被称为副首相办公室（Office of the Deputy Prime Minister，ODPM）。其负责地方政府、区域议程、城市政策、住房政策和规划体系等一系列的职能。在工党政府领导下的副首相办公室（ODPM）及其前任一直在推行一项管理改进议程（该议程的议题通常相互冲突），以促进“现代化”、“整体”或“联合”政府、“城市复兴”、可持续发展和高品质的环境，以及“新地方主义”。然而，对于这些不同的政策和举措如何在城市中关联起来尚不明确（Marvin and May 2003）。在规划领域，关注重点是扩大房屋建设，特别是通过与开发商磋商，要求其贡献“可支付住房”，以及实现规划体系“现代化”，使之成为一种更灵活、更主动、更有反应力的“空间规划”形式，而不是耗费时间的官僚土地利用管控方式（Tewdwrr-Jones and Allmendinger 2006）。

在这方面，剑桥次区域的经验非常值得借鉴。其位于拥挤的大都市区外围，接受城市增长而不是与之对抗。剑桥次区域展示了在非常敏感的地方环境下，成功地采用一种综合的、“空间”方法来管理发展。作为一项规划战略，副首相办公室（ODPM）支持规划框架是没有问题的，然而，提供资源是另一回事。该部门通过城市政策优惠，为城市更新提供了投资资金，它并没有为增长地区提供资源，它认为，这些地区可以“按自己的方式支付”。在英格兰北部和伦敦以外的主要城市，与工党大臣关系密切的游说团体推动增加投资，试图保护和增加这些拨款（Jonas *et al.* 2005；Marvin and May 2003）。在英国南部持续增长的地区，许多利益相关方呼吁加大基础设施投资，应对与剑桥地区类似的市民抱怨。因此，在争取国家层面的关注上，剑桥次区域的推动者陷入高度竞争的治理格局。

在这种背景下，副首相办公室（ODPM）大胆地迈出了一步，制定了自 1960 年代以来在英格兰最接近于国家空间规划的战略（图 5.9）。“可持续发展社区：为未来而建”（ODPM 2003）是为了平衡更新和增长之间各种发展投资主张的一次尝试。它的关注重点是如何营建高质量的生活环境和住房供应议程。但它的目的是提供一个框

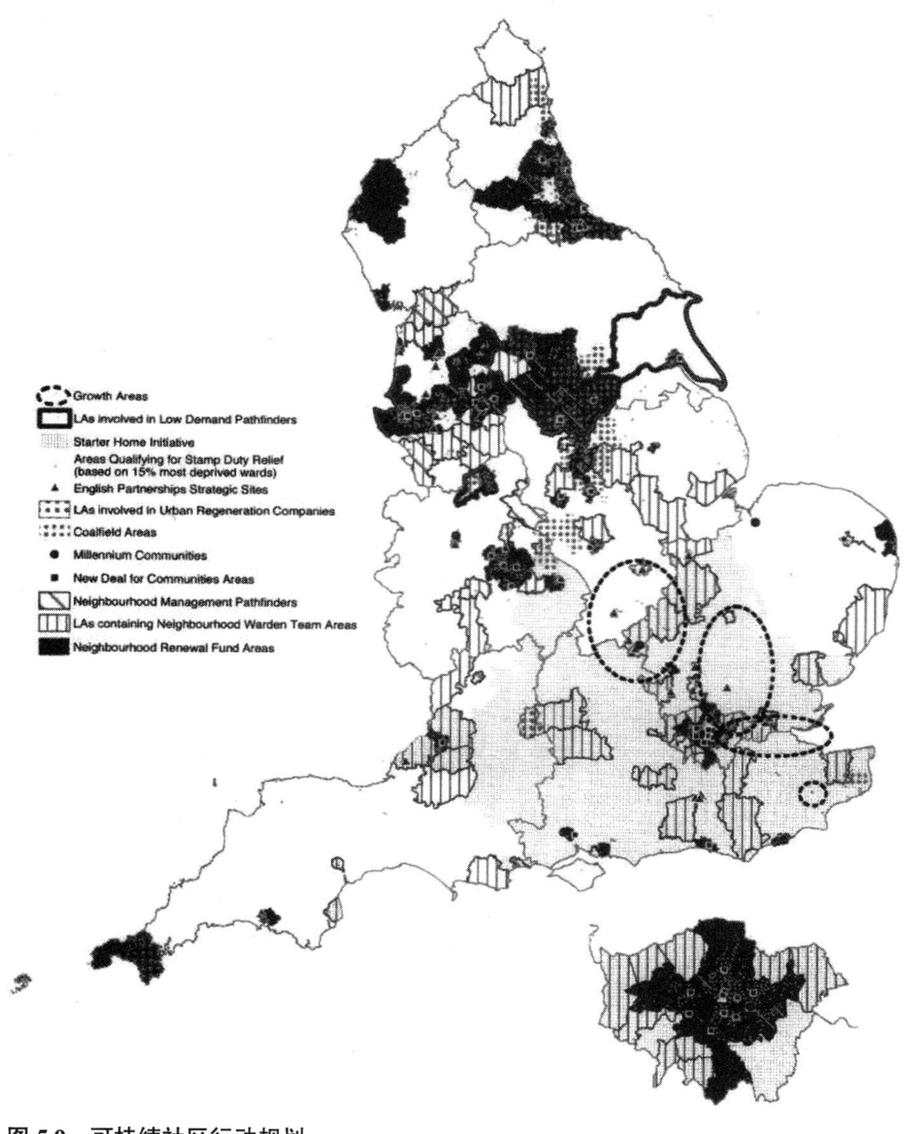

图 5.9 可持续社区行动规划

资料来源：DPM：67，© 2003

注释：椭圆形虚线表示增长地区

架，以便协调其他部门对投资领域的投入。除了更新资金已经集中在成熟的城市地区之外，可持续社区的“规划”（实际上称为“行动计划”）在伦敦周围确定了四个“增长区”。其中两处在1970年为英格兰东南部地区编制的战略规划中确立的密尔顿凯恩斯/南米德兰兹地区和在肯特郡的阿什福德，位于最终落成的英吉利海峡隧道高铁线上。第三个是泰晤士河口，它是在1970年成型，后来随着伦敦码头区和泰晤士河口沿线工业地区的更新战略而发展，并被作为制衡伦敦西部M4走廊的一个节点，后者不再被视为一个增长地区。第四个是“伦敦－斯坦德－剑桥”地区，它是近年提出来的，源自1990年代末关于东南地区的区域规划指南。可持续社区“规划”提出了在剑桥地区建立另一个新定居点的可能性。这项“规划”于2004年推出，包含两项新的筹资机制：增长地区基金（GAF）和一个社区基础设施基金。英国副首相约翰·普雷斯科特（John Prescott）也努力说服他的内阁同僚，将交通、教育和医疗预算的资金分配给增长地区。

因此，到了2004年，剑桥次区域的推动者在一个新定义的增长地区内获得了新的国家定位，作为一个主要的增长节点。它获得了一项新的投资基金，并在其他政府部门的基础设施支出方面得到了优先权。但是，仍需弄清楚在何处以及如何分配可用资金，以及如何管理重大发展。在规划方面，尽管2003年剑桥郡和彼得堡结构规划中的战略获得普遍的支持，但国家层面的两个因素产生了不确定性。其中一个是新规划法，该法经过两年的酝酿，于2004年5月获得通过。它将郡结构规划的角色转移到区域层面，削弱了郡的协调能力，并要求各区将地方规划转变为“地方发展框架”，这也导致了大量的额外工作。另一个不稳定因素是由财政部赞助的房屋建筑行业与规划体系关系研究，即巴克评论（Barker review，Barker 2004）。由此引发了一场政策辩论，即开发者为了他们的项目应向场所直接提供多少经费作为规划得益，以及他们对由“绿地”转换为城市发展用地所产生的价值应缴纳多少税。开发者也倾向于在关于规划得益的磋商中采取“观望”态度，直到新的政府基金明确提供哪些基础设施。正如地方行动者在2005年所评论的那样，这种不确定性产生的负面影响是减缓，而不是加速新住房开发的交付。

所有这些关于政府责任、政策和城市发展战略关键领域的变化，已经从郡规划部门和推动剑桥次区域的非正式网络升级到国家层次和更广泛的区域层次，包括东英格兰的政府办公室（Go-East），以及东英格兰区域议会（EERA），由指定的地方政治家和其他利益攸关方（作为主要参与者）以及区域发展机构（EEDA）组成。利益攸关方剑桥郡（Cambridgeshire）和彼得伯勒（Peterborough）2003年结构规划大部分被纳入新的区域空间战略（RSS）。这部分是因为剑桥郡的政客们认为他们已经为适应增长做出了贡献。此外，大家都知道，已批准的场所有能力容纳进一步的发展。因此，如果这些地点的开发正在进行，那么很容易实现 2021 年的住房目标。这个时候，剑桥次区域利益攸关方要解决的问题不是能力，而是交付。区域空间战略的主要争论集中在南部的赫特福德郡和埃塞克斯郡，那里的郡 / 区关系在一段时间内被冲突撕裂。中央政府再次认为，在伦敦 – 斯坦丁 – 剑桥的增长地区，现在已经延伸到彼得伯勒（Peterborough），应该对发展选址和发展形式进行一项重大的“战略评估”。ECOTEC 顾问已经对哈洛地区进行了评估，补充了科林・布坎南对剑桥次区域的工作。2004 年 2 月提出的英格兰东部区域议会（EERA）“区域空间战略”（RSS）草案是在政府的要求下进行的，这项新研究再次由科林・布坎南及其合伙人主持（Buchanan and Partners 2004）。

这项研究的动力是政府正在经历的问题，即说服赫特福德郡和埃塞克斯的地方利益攸关方接受斯坦斯特德至伦敦部分的进一步增长（现在被称为“ M11 走廊”）。进一步增长的这项研究提出了一个要求，即到 2016 年，英格兰东部应该能容纳 18000 个住宅。这项研究很大程度上保留了剑桥次区域的完整提案，区域空间战略草案也同样如此，该草案的重点是确定往南的发展节点，并充分利用了走廊的概念。区域空间战略扩展了成熟的区域次级地区（sub-areas）概念。每个地区都有一个主要的城市节点，形成了一个由城市区域组成的区域的总体概念。这两项研究都试图发展一种更强的地域组织的空间概念，而不是在过去 20 年的结构规划中常见的概念（图 5.10）。

后来根据布坎南研究和增加的住房数量重新评估区域空间战略，并于 2004 年 11 月由东英格兰区域议会（EERA）批准，在 2005 年秋季进行修订和质询之前进行意见征询。然而，将在来年 5 月进行全国大选的 EERA 保守党议员们立即撤回了对该战略的支持，理由是基础设施不足以支持这种发展。但是到 2005 年 3 月，议员们又回到了讨论状态，同时保留他们对基础设施供应的担忧。此时咨询期已经结束，对该战略产生了共计 26000 个反对意见。但是这些意见中鲜少涉及剑桥次级地区。然而，到 2006 年年初，根据新的人口预测，增加居住单位数量的压力又恢复了。

在当地，注意力已经转移到正在进行的剑桥次级地区的主要开发场址上。2004 年，在国家指定的“增长地区”中有很多关于适当的“交付机制”（delivery mechanisms）来管理增长的讨论。在剑桥地区，几乎没有人支持发展机构从地方机构获得权力，但人们认识到，有些机构需要管理发展，并向国家“增长地区”基金竞标。因此，2004 年剑桥视野（Cambridgeshire Horizons ，简称 CH）组织应运而生。这是一个半独立的机构，作为一个发展的推动者和主要场地的协调者，获得了副首相办公室（ODPM）

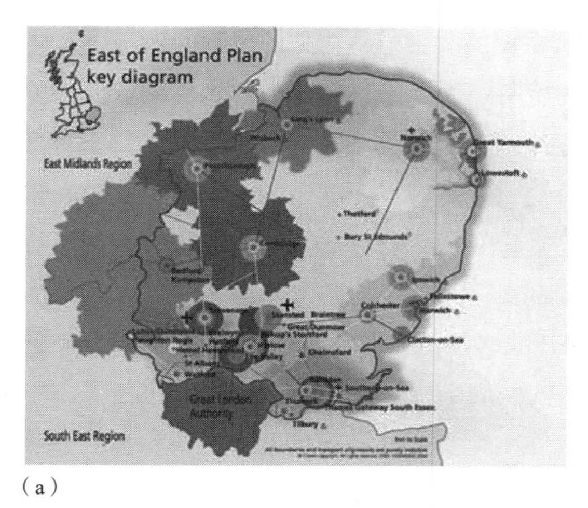

（a）

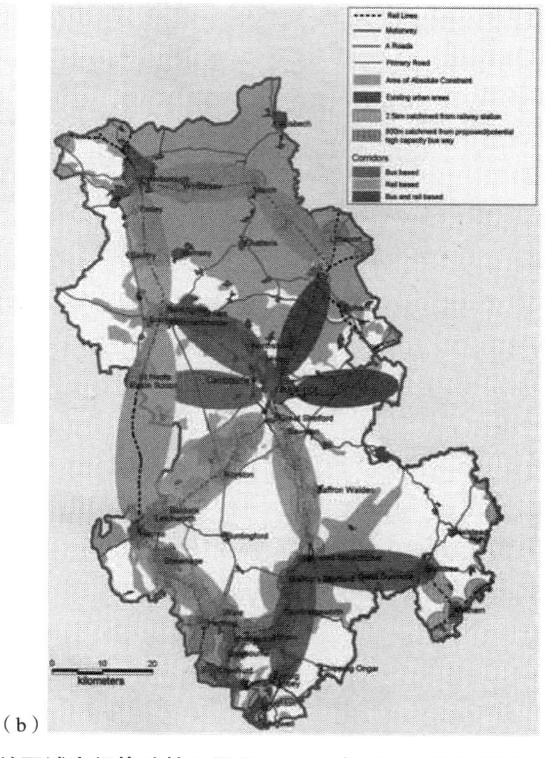

（b）

图 5.10　东英格兰的走廊和次级区域（a）东英格兰区域空间战略核心图纸，2004 年；（b）布坎南及其合伙人建议的潜在增长走廊，2004 年

资料来源：（a）EERA 2004：301，经东英格兰区域议会许可；（b）Buchanan andPartners 2004：86，crown copyright 2004

三年的资助。所有对增长地区投资基金的投标都将通过剑桥视野（CH），然后再被送去东英格兰的政府办公室（GO-Eest）。到 2005 年，剑桥视野已经不仅仅是一个发展协调人，而是把不同的党派聚集在一起，解决困难并促进发展进程。它同时也充当了一个网络和知识循环的角色，其作为讨论共同问题的场所，公开讨论宜优先发展的事项并交换经验。尽管每一个大项目都有自己的利益攸关方群体，他们制定总体规划、协调和分阶段发展，并将公共领域的需求与发展的可行性和盈利能力联系起来，而剑桥视野则充当着一个贯穿所有环节的舞台。

因此，在 1995 ~ 2005 年的十年中，一个地方利益攸关方联盟成功地动员了剑桥次区域的增长战略，打破了长期盛行的“霍夫德”规划思想，并将开发场址和基础设施的议程纳入区域和国家政策领域。通过“滴漏”方式释放开发场址的管控做法没有改变，但释放的土地数量大幅增加。规划管控和基础设施投资之间的联系更加协调并具有战略性。到 2005 年底，从诺思斯托克（Northstowe）到剑桥的引导式公交线（guided busway）资金已经获得批准。但这种成功是有代价的。地方联盟在区域和国家的层面上失去了一些权力，并且，注意力主要集中在增长项目的实施方面，并没有针对扩大后的剑桥继续进行自然、特质和城市形态方面的战略辩论。

此外，联盟被迫进入了由中央政府构建的程序和话语。虽然在 21 世纪初，国家的规划政策曾大张旗鼓地从狭隘的管控议题转型到更具战略性的“空间规划”（RTPI 2001），自上而下的政治动员降低公民参与讨论城市区域未来的积极性。相反，规划和发展领域的主要参与者依赖于他们的各种网络来连接本地的关注。许多市民仍然对该地区的质量保持积极的兴趣，并且议员们在很大程度上回应了他们的观点。在所有这些战略制定的工作中，缺少的是一场范围广泛的辩论，以“召集”任何新的引领性思想，即剑桥老城周围迅速变化的城市区域可能会变成什么，而不是 1990 年代末关于“未来”的最初工作。

剑桥地区的市民和其他利益攸关方通常都以剑桥作为一个“特别的场所”而自豪，并对其特殊的品质爱护有加。但到了 2005 年，剑桥的“特殊性”与 20 世纪中叶所定位的“大学和集镇”截然不同。它已成为国家和区域背景下一个关键的经济驱动力，成为英格兰南部具有更广泛经济联系的一个重要场所，并作为 20 世纪后期围绕新技术兴起的特定产业形式的全球重要场所。但它同时也是一个历史悠久的小镇，被绿树环绕，被乡村景观所包围，同时也具有便捷的可达性。那些寻求增长空间的人也知道，必须尊重这些特殊的品质。他们对城市的身份认同和持续不断的变化提出了多种观点。他们也知道，一味地支持经济增长本身是不能容忍的。这是一群见识广博的公民，他们关心环境条件，并意识到对环境的各种道德责任，以及更加公平和公正的发展形式。在这种气候下，可能会出现一种典型的多层次政治和行政合作，以管理一个可感知的领域内的增长，而这一领域本身就能摆脱正式的行政边界。

但这种潜力因地方推动发展战略的治理能力薄弱而受到损害。在非正式的情况下，各方多年来一直在努力解决如何“平衡”稳定扩张与保持场所关键品质的关系。在实现这一平衡的过程中，郡和城市都是关键的领域，大学是一个强大的第三方，在保护和促进增长方面都有自己的矛盾利益。如今，这所大学只是众多大学中的一方，郡的规划权力已经被削弱，讨论规划战略和投资重点的正式舞台是在更广泛的区域层面，而该地区只是伦敦和东南大都市复合体的一个切片。由于如此大的城市群在管理增长方面存在困难，而且由于这个复合体是如此重要并且靠近中央政府，任何冲突都会在各级政府上下发生，并在区域间和国家一级遇到规划、发展和基础设施政策方面的矛盾。其结果是导致一个不稳定的更广泛的治理环境，有可能破坏剑桥地区增长联盟在新的发展轨道上所寻求的稳定性和地方支持。

总结评论

在过去的半个世纪里，剑桥地区规划和发展的故事充分阐明了地方的力量，首先是限制发展压力，然后根据当地明确的原则来适应实质性增长。但这也表明，只有在不断努力以在全国范围内获得支持，并在国家话语体系和程序中表达本地关注的情况下，才能在英国获得成功。尽管剑桥地区是一个新规划体系实践的典范，但政府的层级关系一直是等级分明的，而不是多层次和一体化的。在这种情况下，管控发展和发展投资之间难以站在同一阵线。剑桥的政治家、规划师和其他利益攸关方之所以取得了成功，是因为他们不断地采取主动，阐明自己在不断变化的经济和社会条件方面的立场，并认识到国家规划理念是如何演变的。

这项努力的主要实质性成果体现在保护有价值的景观——乡村地区的村庄、小型集镇，以及与周围绿色环境相连的尚未开发却颇具景观吸引力的小城市。但显而易见的是，伴随不断扩大的道路网络，交通量不断增加，房价过高，对劳动力成本和通勤水平产生了影响。这种现象在英格兰南部富裕的地区，在国民经济增长和住房市场繁荣时期尤为明显。当地人对选择性增长的环境和社会成本有很多担忧，这些成本可能会破坏“平衡”、环境可持续性和社会公平增长战略理念。规划体系，通过其规划制定的程序、对规划的质询以及具体的开发提案，为明确和合理的增长管理战略提供了关键的舞台。与其他许多国家不同的是，通过规划体系建立的空间战略是一个关键的工具，当地的参与者试图通过这种方式实现“选择性”的增长。规划不断进行调整，以保持战略的有效性，并与国家政策的话语和技术保持一致。每当战略的弱点或不确定性被察觉时，这对于捍卫规划决策以应对强大的开发者挑战是有必要的。这些战略通常经过精心设计，并专注于关键的战略问题，既面向本地受众，也针对中央政府的期望。它们也饱含了对当地景观的强烈感知。尽管从增长分散战略转型为紧凑城市扩张战略，城市区域位于小型集镇和村庄的乡村背景，这一城市意象的理念一直保留在规划战略中。另一方面，在城市区域中相对独立的住房和劳动力市场也证明了这一点，即便当时剑桥本身在更广泛的区域内影响力也在增长，而且这个地区也被融入了南英格兰广阔大都市区域的复杂地理背景。

剑桥次区域的空间战略制定继续尊重传统的地理条件。这部分与剑桥历史上老牌“大学城”的身份有关，该身份对于强大的场所行动者仍然具有实质意义。但是，为支持战略制定而动员的知识资源也发生了变化。在 20 世纪中叶，重点是对当地的地域特征进行仔细的描述，为战略制定提供参考，直到 1970 年代和 1980 年代，依然沿用这种由郡规划人员进行的技术调查工作。但是在 1990 年代，这样的方式戛然而止，取而代之的是，通过在各种网络舞台的讨论，通过大学的建筑和土地经济系偶尔进行的特别研究来提供知识，但最主要的是由咨询公司来熟练处理中央政府考虑的政策议题。这样的知识材料通常不容易被公众所触及。

因此，剑桥次区域的故事说明了一种情况，即始终存在相互矛盾的价值以及相互冲突的发展方向选择时，当地人有能力管理发展过程。这种能力使用了正式的治理舞台，但通过非正式的网络激活了这些舞台，将不同群体与政客和官员联系起来，将地方参与者与国家政治家和公务员关联起来。通过这样的形式，“剑桥次区域”产生了，尽管没有正式的组织来代表它，也即便它跨越了多个行政管辖区。然而，这些网络在很大程度上仍然是“精英机构”。他们将如何在扩大的剑桥地理范围内，以及英国南部其他地区高度冲突的政治格局中生存还有待观察。在这个故事中，很大程度上取决于中央政府的能力，既要通过规划体系整合土地分配战略，又要对实质改变地区的基础设施和服务进行投资，并下放权力，为发展地方治理能力提供制度空间。

第6章
关联世界中的战略制定

战略规划是具有选择性的，并以真正重要的问题为导向。由于不可能完成所有需要完成的任务，“战略”意味着某些决策和行动会被认为比其他决策和行动更重要。制定战略的过程中很大程度上在于做出一系列艰难的决定，即为了对问题、挑战、意愿和多样性做出公平、结构性的回应，选择最重要的事宜（Albrechts 2004：751-752）。

重要的是战略性的思维（thinking）和行动（acting），而不是战略规划。事实上，如果有任何特定的战略规划方法阻碍了战略思想和行动，这种规划方法应该被废除（Bryson 1995：2）。

对地方治理的“不懈探索”

前面几章的三个案例说明了城市地区战略制定的复杂性。尽管城市地区的战略制定从来都不是一件容易的事，但对于21世纪初的规划师和城市发展管理者而言，这似乎比他们的前辈所面临的问题更具挑战性。试图制定有能力塑造后续事件的战略涉及范围广阔的各方群体，涉及几个不同层级的政府。它们经常将不同的政策共同体和政府部门聚集在一起，试图解决场所品质，以及协调国家与私人行动等问题。参与空间战略制定的人必须更加仔细地考虑应该与谁建立关系，以及如何完成这项工作。产生的战略干预可能会影响人们日常节奏和空间利用方式。战略可能会对产权、商业利益、日常生活动态模式产生影响，并触及根深蒂固的场所和环境价值。由于其涉及的范围和复杂性，战略或战略要素之间的冲突可能是激烈和持久的。当参与战略制定的工作人员在努力开展新的政策观点和想法的制度性工作，并试图通过这些观念和想法来塑造城市区域发展时，常常发现自己处于复杂和冲突的漩涡之中。他们需要不断考虑其活动的效力和合法性。他们的战略举措可能无法积累形成权力。如果他们的活动成功地产生影响，那么，他们所推动的项目和管制干预可能会失败，被事件超越或产生意想不到的不利影响。战略制定是一个充满“悲剧性选择”的领域，参与集体行动的人面临着以某种“集体利益”概念为导向的选择（Forester 1993）。

尽管面临挑战和复杂性，但20世纪中叶以来，欧洲城市地区的空间战略制定实践一直在延续。前几章中的三个论述案例阐明了战略如何为城市发展投资、地区管理、发展管控进行干预。这些努力具有物质性和非物质性的影响，在某些方面是有益的，而在其他方面存在制约和危害。对空间战略治理层面的不断关注，表明在城市地区对空间发展的战略方法需求既不依赖于特定的政治或经济结构，也不只是对更基本的过程的附带说明。它源于城市动态复杂联系中固 有的紧张关系。空间战略制定过程的各种形式和焦点反映了人们不断寻求以战略为重点的方式来应对这些需求。这些案例的论述说明了，为了寻求适当的政策话语和治理实践进行“不止探索”（restless search，Offe 1977），以应对特定的空间关联（spatial conjunctions）的挑战。

这些论述还强调了对治理能力、空间战略制定方法和结果之间的关系进行归纳的难度。它们强调了在国家之间和国家内部，以及在不同时期、特定的治理环境可以提供多种养分，从而为地方治理提供明确的战略方法。每个故事都有自己的轨迹，与它自身所在的制度场合，以及与更广泛的政治、经济、社会和环境力量之间不断互动。每一个故事都说明了这些更广泛的力量如何制约了地方机遇的形成，以及特定的行动者和行动者群体的力量，如何反过来创造机遇，并影响这些广泛的力量。

因此，这些论述本身就是对城市地方空间战略制定工作的制度背景和所处轨迹（路径）的细致理解。这也是“社会学制度主义”（sociological institutionalist）对治理过程理解的重要见解之一（见第2章）。但它们也同时阐释了重要的共性。其中一些产生于我们现在称之为“全球经济”的动力，特别是制造业生产技术和其选址的改变，导致阿姆斯特丹和米兰产生了冗余工业区，瓦解了大部分劳动力。商业活动、文化和设计产业以及高技能的新技术活动创造了新的工作机会、文化和新的关系。其他共同的线索来自社会文化转变、物质福利、人口迁移，对生活方式的期望、对城市、自然、多样性和差异、物质性和身份认同以及个人与治理之间关系的态度。精英网络、游说团体和社会运动将这些经济和社会转变纳入国家、治理、政治和行政领域，并延伸到城市、区域和国家之间。这导致了对欧洲福利国家的批判声音；或各级政府采纳环境政策的趋势；或是城市社会运动的声势，这些运动促进了在多元文化的城市中对社会公正的普世理解。它们显示了具有类似政治关切的政治对策；从20世纪中叶的福利国家能力建设，到后来几十年的开放以及更具参与性的影响；从对国家需求不断增加的财政危机，到通过提高效率、服务外包、改变各级政府之间以及公共和私人行动者之间的任务分配来降低政府成本的想法。特别是在城市发展方面，更多地依赖私营部门的投资举措。

这些论述还显示了类似的规划和管理思路在城市和国家之间传播的方式，它们是如何塑造以城市规划者为代表的主体行为者，它们在特定时期如何对空间战略制定的需求和机会做出反应。因此，正如管控理论家所述（见第 2 章），对地方治理的“不懈探索”是由更广泛的动态配置构建起来的。但是，以复杂和微妙的方式进行创新，创造具有潜在更广泛结果的空间始终存在。

在这三个案例中，那些在 21 世纪参与的人都发现自己处于变化和不稳定的治理背景中。与此同时，既定的政策话语也正受到挑战。传统舞台和治理网络正在分崩离析，各种行动主体正在寻求与其他各级政府建立新联系，以便与经济和社会文化领域的行动者建立关联。相关人员经常寻求理解城市动力的新方法，以及有关治理和如何行动的新思维方式。治理活动核心的行动者直接经历了“不止的探索”，努力创新和改变轨迹，同时坚持具有价值的特质或制度立场。以历史的后见之明来看，其结果可能是通过在欧洲城市区域建立新的、支配式的“管控模式”，或是以一种不太明显的方式，在特定城市建立新的“城市政体”而产生新的稳定。或者，更可能的结果是，认识到治理过程中不稳定的动态状况，进而影响人们思考和执行城市治理过程的方式。

第 1 章和第 2 章阐述的制度主义观点是一个特别重要的基础，可以在此基础上理解城市空间战略制定的潜力，以此作为建设治理能力、积累知识、形成理解以及构想场所和空间意义的途径。它有助于理解战略动员在不稳定的条件下如何发展，对治理的关注有多种主张，而对治理行动者的持续多种声音的压力也表明了其合法性。制度主义观点同时也强调，城市治理活动的特定事件需要与更广泛的治理背景，与更广泛的经济和社会背景中所发生变化的相互作用，以及与在特定地区发展起来的治理话语和实践轨迹结合起来理解。它将重点关注开展治理活动所涉及的关系，以及在这类工作中调动起来的有关城市条件和潜力的概念。

在接下来的三章中，我将回到第 1 章和第 2 章中所述的主题，以一种关系主义的方法去看待城市地区的“地方”治理。我借鉴与每个主题相关的学术文献以及本书介绍的实践经验。在设定了每个主题的方法之后，我概述了它对空间战略制定的概念和实践的影响，并重点关注城市地区的场所品质。在我这样做的时候，我抽取出了这些概念和实践的各个方面，它们可能会促进或抑制那些鼓励城市动态丰富多样的治理过程，并将公正分配、环境福祉和经济活力进行整合。每章都遵循类似的结构，主题呈现与第 2 章介绍的顺序相反。最后，在第 9 章中，围绕治理能力这个重要主题展开讨论。本章谈到在动态的、关系主义的城市背景下战略制定的本质。首先，简要回顾三个城市地区的经验，并评论三个案例中共同彰显的“规划政策共同体”（planning policy community）的突出贡献。然后，探讨了主流传统思想中的“战略”的含义，并发展了战略制定的关系主义方法。最后，就战略的权力进行评论。

战略制定的实践

在第1章和第2章中，我提出了一系列问题，关于什么是战略，他们执行何种制度性工作，以及他们如何产生影响。这些案例为解决这些问题提供了丰富的经验来源，因为每个案例都包含几个战略场景来塑造城市地区发展轨迹。其中一些努力产生了重要的物质形态影响，包括确定了主要城市扩展的方位、交通基础设施的定位、重建和保护城市核心的方式，以及在日益扩大的城市日常生活网络中推广新的空间发展节点区域。在这些尝试中，发动的辩论以及规划中的战略性陈述，在建立和强化各个“场所”的身份和特质方面扮演着很重要的角色。在这样的时期，战略思维和行动可以为正式规划体系的舞台和进程带来生机和活力。

在其他时候，一段时期的规划制定和达成的战略已经被故意边缘化，或者被其他政治优先事项的转变或者特定利益群体的力量所替代——例如阿姆斯特丹的商业利益，尤其是史基普机场和其他运输节点周围的增长动力；米兰的党派网络和房地产投资利益；剑桥的大学利益，保守党派和研发公司。在这些时期，战略思维可能会从正式的舞台转移到特定的联盟和主要参与者的战略行动当中。较早时期正式制定的战略规划可能会被视为麻烦的约束，遗留下来的战略会妨碍新举措调动的自由，或者像在1980年代的米兰那样，提供一个行政“大门”来促成开发者通过隐秘的操作放松开发管制。在这些情况下，正式规划可能仅仅成为已经完善的战略原则陈述，这对于赋予管控和投资决策的合法性是必要的。或者，他们像米兰一样受制于不断的调整，在知道如何磋商调整的人和那些不知道如何操作的人之间造成严重的不平等。

这些在不同时代进行战略规划的经验强调，战略不一定存在正式制定的规划中，正式的规划编制过程也不一定是制定战略的主要舞台。制定战略和规划的正式程序的意义取决于制度的具体情况，如城市发展进程中公共和私人权利和义务的构建，各级政府的权力和关系，将各方联系起来以调动对城市问题关注的网络范围和深度，以及对战略制定行为规模和性质的合法性要求。面对不同的城市地理和历史，以及不同的制度因素，每个案例事件中的每一段轨迹都有不同的定位。每段的轨迹结合了“路径依赖”和生成动力，改变了论述和实践，重塑了政策共同体和制度舞台。在阿姆斯特丹，一个正式的战略规划是一个期望，不仅包含在政府行动者的内心，更深植于城市的治理文化中。在剑桥地区，需要正式的规划制定舞台，使一项可能产生重大挑战和冲突的战略具有政治和司法合法性。在米兰，正式的程序是必要的，以某种方式分配合法权利进行场地开发。

这些经验强调，战略规划活动必须被理解为一种情境性实践活动，其效果被特定的时间和地点塑造。在战后早期的规划热情中，这种特殊性可以通过当时的规划制定窥见一隅。在“规划运动”早期，富有想象力的规划专家面临着为特定城市提出规划概念的挑战。在剑桥，关键的规划问题是“道路”，这是霍夫德研究的核心问题。在阿姆斯特丹，核心问题是在填海造地上建造高质量的城市社区。在米兰，首要挑战则是建立一个区域交通系统，并且建设良好的住房计划。因此，关注城市条件的空间战略并非是程式化的，可以从管理手册、治理指南或规划人员的案例库中习得。它们无论是在发展轨迹还是体制环境方面都应当从具体情况出发。

然而，这些案例也说明了制定空间战略的方式从一个地方扩散到另一个地方。这不是一个直接的过程，虽然有时某个城市的做法会成为许多其他城市的标杆。正如巴塞罗那成为 1990 年代欧洲“城市复兴”战略方法的标志一样，20 世纪中叶的阿姆斯特丹案例所体现的荷兰规划成为其他欧洲国家发展规划方法的灯塔。更常见的是，通过在专业和政策交流领域的直接联系以及通过专业和学术文献（见第 8 章），关于城市战略过程和内容的想法在国家内部和国家之间的政策文化中扩散。然后，它们与当地经历的压力相互作用，可能反过来表达更广泛的经济、社会和政治动态。战后由现代运动和政治经济压力塑造的战略提供了大规模低成本住房，在 1970 年代，受到社会运动的挑战，这些社会运动突显了其破坏性和社会不公正的后果。阿姆斯特丹和米兰都经历了有影响力的城市抗议运动，彼此间以及与其他地方的抗议运动都有接触（Mayer，2000）。在整个欧洲和北美，这些运动帮助形成了一种批判性的情绪，要求在政府中强化公民话语权，并减少来自政治家和政府官员的家长式态度。甚至在剑桥，对这种担忧的回应鼓励了郡规划人员非常关注与市民的磋商。在阿姆斯特丹，这些举措形成了当代治理实践中的磋商机制以及城市集权制度（city centralisation）。相比之下，在米兰，这些运动只是留存在一些政治团体和规划共同体的记忆中。

1980 年代和 1990 年代，所有这三个案例都受到欧洲更广泛的争论的影响，即需要通过发展各种“资产”来提高城市地区的经济竞争力。在阿姆斯特丹，这一论调在 1990 年代与成熟的社会福利制度不易共存，后者强调城市邻里质量和注重环境的议程。这些议程在 1980 年代已嵌入有关地方管理的国家和地方政策论述中。与英国宏观环境类似，剑桥的环境议程重新引发了对城市蔓延的文化抵制，并且还涉及对交通增长引发的环境成本问题的质疑。通勤增长和交通堵塞的问题，都可以在“竞争力”议程中找到共同的原因。在米兰，为经济定位的目的而推动城市资产发展，引发了关于利益分配的社会公正和资产的可获得性的讨论。到了 1990 年代，这三个案例城市与欧洲的其他地方一样，在总体城市战略中“平衡”这些相互竞争的话语的能力，无论在智力上还是在政治上都成为一项日益复杂的任务。同时，这三个地方的公民越来越关注建成环境的日常“宜居性”。

这些城市地区战略制定的多重经历强调，必须掌握情况的特殊性，以了解各种战略为何采用其形式，它们在特定情况下开展的制度工作，以及它们所产生的影响，无论是预期的还是随着时间推移所产生的。这并不意味着特定城市治理关系的更广泛背景可以被忽略。某个轨迹是在特定的制度环境中实现的，它不断受到制度环境的影响，这些影响不仅与其自身演变的情况联系起来，而且联系到其他强制力（forces），在更广泛的辩论和联合中重新定位地方的故事。因此，在 21 世纪初，尽管三个案例中的关键行动者都有一种意识，即地方轨迹和影响其城市环境动态的更广泛动力形成了新的格局，但每种情况的历史与潜力却大相径庭。

“规划政策共同体”

那么谁是这些空间战略制定各个环节的关键行动者呢？案例中指向了政治家、政党网络、游说团体、商业利益、土地所有者、开发商和公民或居民。也指向了政府正式领域内的许多不同代理角色——水务管理人员、高速公路工程师、公共设施供应商、议会管理者和首席执行官、国家级公务员。但最重要的是，“规划师”的角色通过他们的专业或学术关系，或者他们在治理背景下的身份地位被突显出来。这些“规划师”在空间战略制定中扮演指挥的角色，而且其他人也希望他们这样做。寻求某种空间战略的政治家们期望他们的规划师能够制定一个战略。公民和企业也认为规划师应制定规划战略，尽管在他们的体验中规划师经常作为管制者。在 20 世纪中叶，正如阿姆斯特丹和剑桥次区域所示，“规划运动”的主导者们自信地回应了这些挑战。到 20 世纪末，他们的身份则受到了挑战，既来自于抱怨规划师思维和行为方式的评论家；也来自规划师本身，他们中的许多人都认为，制定战略方针涉及与城市区域动态中的许多其他“利益攸关方”的复杂交互。

无论如何，那些自称是规划师的人不仅仅是坐在城市规划机构的办公室，尽管这种与产权管制权相联系的机构场所一直是战略规划活动的重要舞台。在本书提出的案例中，作为规划师或认识到自己是规划师的人员，往往来自不同的领域：既包括各种政府机构的规划官员、公司和游说团体成员、学者、咨询公司成员，也包括政治家。其他利益攸关方也同样重要，特别是各级政府的政治家，党派网络，其他国家、地区和地方公共机构，特殊开发公司和合作伙伴，游说团体或特殊问题协会，财产利益集团和商业团体。同样重要但在案例中并不那么明显的是普通“公众意见”的表达，例如在阿姆斯特丹公投中见证了阿姆斯特丹大都市区域的诞生，以及媒体对各种与城市状况有关的问题和“规划师”的行动进行持续的评论。因此，任何时候，任何一个城市的治理格局在某种程度上都与围绕城市规划和发展的更广泛的“利益和活动共同体”（community of interest and activity）有关。在欧洲福利国家形成和发展的背景下，这种“政策共同体”（policy community）通常围绕特定的政府职能发展。他们已经建立了在既定关系、话语历史和实践轨迹中表达的制度形式，使成员通过一定时间形成共同的流动的参照框架。

一个政策共同体可以理解为关系网络和参照框架（frames of reference），它们通过行动者之间定期的交互发展起来，围绕一套特定政策议题的阐述和运作，形成对议题和辩论的共同理解。它既受制于反复出现的互动，也受共同参考点和知识的约束，因此也是一个“认知共同体”（epistemic community）（Haas 1992）。因此，“规划政策共同体”（planning policy community）可以被理解为在那些经常参与城市发展项目管理和城市发展管控实践的人们之间关系和辩论的纽带。在这个松散的联盟中，自我认知为“规划师共同体”（communities of planners）的成员是那些在规划项目实践中经过特别训练和经验丰富的人。这些共同体有自己的国情（Sanyal 2005）。例如，在建筑传统氛围浓厚的意大利接受职业培养，并在米兰工作的规划人员，与在社会科学方向更加强大的荷兰或英国接受培训的从业者，他们会对规划项目有不同的概念。每个共同体都以不同的方式进行专业化地组织，每个共同体与其他利益攸关方都有建立联系的传统。但是，它们之间存在着大量的重叠和交流，使思想以及越来越多的人能够在它们之间流动（见第 8 章）。

这种规划思想的运动来自案例经验。在 1950 年代的阿姆斯特丹和米兰，战略规划任务被看作是制定一个“城市区域”的宏观规划。它确定了一个综合形态，并为具体项目和管理手段落实地点，即便真正的行动和重点是城市扩张。霍夫德对剑桥地区制定的规划很有趣，因为它有意选择性地集中精力处理在政治上有争议的新道路提案。在 1970 年代米兰和 1980 年代阿姆斯特丹的背景下，当地的规划师们再次试图在次区域的尺度下为他们的城市制定全面的城市战略。此时，英国的结构规划已成为另一种工具。它不再是讨论空间配置的形态学，而是变成了一套政策原则，这些原则用于谈判由私人行动者发起的开发项目。米兰明显学习了英国的经验，在1990年代后期，其颁布的框架文件也试图将意大利的实践推向这个方向。在1990年代，阿姆斯特丹也出现了类似的情况，公共投资在城市发展中的作用逐渐减弱，开始更多地依赖私营地产主体。

在阿姆斯特丹和荷兰，逐渐转向依赖私人投资来促进发展，这引起人们质疑市议会在规划和管理重大城市发展项目方面的既定做法，以及他们在“结构规划”中的地位。与此相反，在英国和意大利，1990年代动员改变规划实践的势头集中于恢复一种更具战略性的方法，即针对私营部门提出的开发项目进行磋商的做法。在发展“战略规划”所涉及的概念时，来自规划界的想法与来自管理和营销文献的想法混杂在一起。在欧洲范围内有关战略空间规划和发展的辩论中交流了欧洲不同地区的经验，特别是来自欧洲各地的部长和规划官员一起制定了《欧洲空间发展远景（CSD 1999）》（Faludi 2000，2002；Faludi and Waterhout 2002）。这种新兴方法的一个关键要素是制定一个“战略愿景”，作为激励多方行动者的定向机制，可以将其转化为一个定位发展项目和开发规则的框架。20世纪中期，英国的国家立法以及荷兰的国家立法更加关注这种“愿景”或“核心战略”，因此也巩固了在剑桥案例中已经出现的做法。但愿景/战略与发展项目之间的关系仍然不确定。新立法的起草者和战略愿景的推动者倾向于采纳一种线性关系，让项目计划和发展标准从战略中发展而来。相比之下，在米兰，对治理状况的敏锐把握强调了战略如何从创新的项目谈判和评估实践演变而来。

到了20世纪末，来自规划政策界的新战略主张和规划概念的外部批评者都要求在规划界内进行“文化变革”。在英格兰，这种要求是以号召和国家政策声明的方式来表达，其目的不仅在于改变参与土地使用管理的规划师的心态，而且在于改变开发者和反发展游说团体之间通过规划体系进行论争的既定做法。在荷兰和英国，正在鼓励规划师建立能进行横向和跨部门协调的舞台和制度实践。同时，意大利正在采取类似的举动。在米兰地区，该省的工作以及几个市镇联盟中均有体现。在这些关于文化变革和联盟建设的想法中提出了一项战略，认为这是改变政策框架和围绕新议程创造动力的关键方式。那么，在这场运动中发动了哪些战略构想呢？

“战略”的含义

在第1章和第2章中，我强调战略是复杂的社会建构。它们涉及艰难的制度性工作，将各种行动者及其关系网络集合在一起，并创建新的政策共同体和网络。这些共同体和网络可作为跨越治理格局和时间的战略思想的载体。在这三个案例的规划历史中，显而易见的是，“战略性”和“结构性”是以不同的方式来理解的。这不是仅针对这些案例的个别现象。学术思想和规划与管理实践中出现了具有不同战略意义的重大运动。在表 6.1 中，我提出了四种不同的理解，并将它们与三个案例的表现方式联系起来。

战略的含义 **表 6.1**

战略作为	支撑因素	表达方式	实例说明
物质结构	形态分析	作为地图和设计的规划	1953 米兰 PRG 、1935 阿姆斯特丹 GE 计划、1985 阿姆斯特丹结构规划（部分）
定位目标	社会空间分析以识别对目标的威胁	关于实现目标的行动计划政策声明	1970 年代阿姆斯特丹的专题规划、1980 年剑桥郡结构规划、1980 年米兰 PRG
原则框架	系统的技术和交互式搜索过程，以减少不确定性	构思概念、项目和计划；政策标准	剑桥郡结构规划、1985 年阿姆斯特丹结构规划（部分）
鼓舞人心的愿景	互动的过程来意象未来并引起关注	象征、故事情节和宣言	1990 年代在剑桥和阿姆斯特丹进行未来场景演练

1960 年代，在管理科学和商业实践中盛行的“战略”思想，进入规划认识论（Albrechts 2004；Mintzberg 1994）。在此之前，20 世纪上半叶的规划师深谙建筑和工程传统，就像建筑物的结构一样强调“结构”的概念。城市地区被认为具有“结构”，通过详细的地区发展规划和特定的建筑项目创建了框架（Burtenshaw *et al.* 1991；Hall 1998；Webber 1964）（译者注：这里框架具有“结构”形态的含义，当动词使用可以理解为将部分 / 要素联系起来）。这种结构的概念存在于英国的结构规划（structure plan）（现已被取代）和荷兰的结构规划。当涉及空间模式的结构化时，它仍然在使用中。例如，阿尔布雷希茨（Albrechts）关于他在佛兰德斯结构规划（Flanders Structure Plan）方面的工作写道：

> 建构这些原则将有能力对目前的混乱局面给予一定的秩序，并且为了满足可持续发展的需要而在佛兰德斯引入新的空间秩序（Albrechts 2001：87）。

战略的管理概念带有不同的意象，那就是战场，以及“战略”和“战术”之间的区别（Mintzberg 1994；Solesbury 1974）。这与战略可以用组织目标来表达的想法有关，组织目标表达了核心价值。由此可以形成路线和原则，通过认真地分析来指导具体的行动。在这个概念中，规划通过技术分析和对替代行动的评估来支持线性过程，从而将战略目标贯穿到具体的行动过程中（Mintzberg 1994）。这些思想从管理科学转向政策分析，并以逻辑演绎推理为核心的“理性主义”范式进入规划领域（Breheny and Hooper 1985）。在这些思想中，战略的概念从一个形态的形式（a morphological form）转变为通过战略、计划和项目可以达到的循序渐进的规划过程。1960 年代，关于战略制定的最初动力出现了激烈的争论。是否存在某个问题或寻求实现的某个目标？战略、行动计划和项目实际上联系有多紧密？埃齐奥尼（Etzioni）通过相机的比喻，用广角镜头和变焦镜头重新定义了战略规划和详细规划之间的区别。他认为有效的规划需要采用两种观点细致组合的“混合审视”方法（Etzioni 1973）。这意味着战略使用的是广角镜头。

到 1970 年代，包括英国和荷兰在内的一些欧洲国家已经改变了他们的规划体系，为广泛的、战略性的或结构性的规划以及地方详细规划和专题规划创造需求。地方规划可以是具体的总体规划设计或发展大纲，以发展磋商建立详细的框架或为指导地区管理提供一般原则。这些战略规划中的一个重要问题是战略声明与房地产开发权分配之间的关系。在英国的案例中，所有规划都是建议性的，只有获得开发许可才具有开发权。在荷兰，权利被分配到法定的地方区划规划中，即“土地利用规划”（bestemmingsplan）。米兰与意大利大部分地区一致，城市总体规划仍然承担着产权分配的正式职能，尽管意大利主要规划者一直在试图分离这种联系。

尽管存在这些不同的工具，但在三个案例中，战略规划的主要概念是城市战略，体现在综合的、空间上具体的“规划图”（plans-as-maps）中，具备调动土地和金融以支持物质性发展的能力，并对私人产权进行公共管理。但是，将战略思想转化为规划工具需要将战略规划活动与具体的制度领域联系起来。正如三个案例所述，各级政府之间以及各派别和利益集团之间就战略内容进行斗争的复杂实践的现实，逐渐鼓励在规划领域内将战略理解为一个政治过程，以集中各方的注意力，各方的活动共同塑造了城市动态。（Bryson 1995）。这意味着国家不再对土地所有者或金融投资者的投资战略具有直接的“操控能力”。它也没有权力来要求他人以特定方式部署资源。相反，按照艾伦对于权力关系的概念定义，国家必须通过说服、诱惑和吸引来“引导”。法律权威的力量让位于说服力和鼓舞人心的诱惑力（Allen 2003，2004）（见第 2 章）。

在管理领域，在政策分析和规划中，对战略性质和战略制定过程模型的观念开始发生变化，以响应人们对产生新兴战略的社会政治动态的认可。从本书的三个案例可以看出，尽管在规划体系的修订中仍然在运用这些概念，但战略制定并不是通过特定的技术和官僚程序有序进行的。这是一个混乱、反复的过程，伴随多层次的争论和博弈。战略在这些过程中产生，作为社会性建构的框架或话语。战略的形成不仅仅是关于战略思想的表达，而是关于说服和激励许多在治理格局中处于不同位置的行动者，这些特定的想法会带来权力，产生和规范项目的理念。

在规划领域内，有些前兆已经成为思考战略制定过程的主要范式转变。在 1970 年代，弗里德和他的同事提出了一个以战略制定者为中心的政策形成过程的概念，其目的是减少周围环境中的“不确定性”（Friend 1974；Friend and Hickling 1987）。这些观点强调，战略是社会建构性的且需要集体学习的过程，但是它们集中在包含规划“行动空间”的技术管理过程中。相比之下，后期工作的重点一直是技术分析、政治辩论和对在多行动者和多值情境中相互结合、相互冲突的问题的多义理解。基于弗里德等人的工作，法吕迪（Faludi）也明确区分了战略和作为参考框架的“战略规划”（strategic plans），以及与城市环境中的具体行动有关的“项目规划”（project plans）三者间的区别。这种区分很好地描述了荷兰将发展项目置于空间特定战略框架中的做法。另一方面，在意大利，塞基（Secchi）在 1980 年代提出了一个有影响力的论点，即在项目塑造工作中可以采取战略。他认为，随着重大项目被设想、辩论并形成物质形态的东西，城市的概念及其具有战略重要性的空间将引起人们的自觉关注（Secchi 1986）。这个想法影响了米兰在 2000 年的战略努力是如何概念化的。这些观点有助于证明 1990 年代在整个欧洲“转向项目”（turn to projects）的合理性，而新的“转向战略”（turn to strategy）就是对此的回应。

作为话语框架崛起的战略

通过这些观点，战略作为参考框架的概念在一定程度上得到了发展。但是，“框架”（frame）的概念是通过认识到战略的重点和杠杆作用是某种综合集成而单独出现的。框架是一种“组织原则，它将零散的信息转化为结构化的、有意义的整体”。一个框架提供了“概念连贯性、行动方向、说服依据，以及收集和分析数据的框架”。因此，战略不仅仅是一个原则框架。它具有鼓舞激励人心的“愿景”的特质，并以“可见”的方式予以支持。它提供了一个方向，并提供了一些参数，可以在其中设置特定的操作。它创造了关于如何把握未来机会并避免威胁的构想。它由故事情节和隐喻来支撑，其创造了意义并提供了注意力的焦点（Hajer 1995）。

这些框架不一定在行动之前塑造。正如巴雷特（Barrett）和富奇（Fudge 1981）多年前提出的那样，他们通过行为流不断地在递归而非线性的过程中塑造和被塑造。战略就像明确创建那样被“找到”（Mintzberg 1994）。随着突发事件引起人们的注意，它们将成为“公认的”事件。“愿景”可以在任何时候表达出来（Bryson 1995）。正如塞基所指出的，它可能通过项目合理性或管控规范的反思而出现。但它也是一个创造性的产品，由富有想象力的努力和智慧发展而来。案例描述的各种情况中战略制定的场景表明，这些战略是在细致把握体制特点的情况下制定，它们把这种特殊性与城市发展的特征和轨迹的概念（或“愿景”）结合起来，与那些引用国家和国际专业团体中流行的规划概念相比，更有可能引起持久的关注。但是正如1970年代的米兰PRG战略、1985年阿姆斯特丹规划以及剑桥的霍夫德规划，即使非常发达的场所也可能无法承受来自不同政治和经济关系的强大挑战。因此，框架所产生的社会过程深受它们所处的制度背景和先于它们意义和价值的斗争历史的影响。明确的战略制定过程可能是新论述的重要发起者，这些话语流入并转化为实践。在其他时候，新论述采取缓慢的形式作为行动转变的参数，米兰近期干预的制度设计中强调了这一个过程。明茨伯格（Mintzberg 1994）很好地说明了这些战略可能出现的不同轨迹（图6.1）。

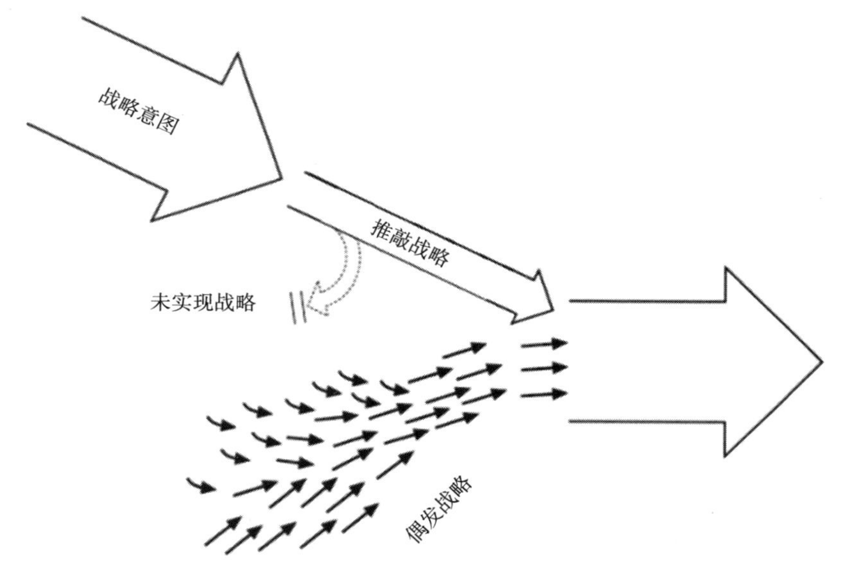

图6.1 寻找战略的推敲和偶发路线

资料来源：Mintzberg 1994/2000：24

要想产生持久的效果，战略需要从框架构建或话语结构化阶段，进入到哈耶尔所说的话语体制化阶段（discourse institutionalisation）（Hajer 1995）；也就是进入到实践的常规阶段。考虑到城市治理格局的复杂性，这意味着产生重大影响的战略框架必须具备通过时间可以达到和转化到各种制度领域的能力，而不会失去其核心思想和激励能力。它们需要有说服力和诱惑力。在复杂的制度格局中，不仅许多行为群体，还有行动者网络可能参与战略制定过程并受其影响。为了产生效果，战略框架需要通过这些网络流入“实践共同体”（Wenger 1998）的事务中，通过这些事务产生城市发展的重大变化。战略制定过程涉及通过网络进行学习，并可能围绕战略框架创建新的实践共同体，从而产生一些所谓的“网络力量”（network power）。

在这个概念中，战略是复杂治理背景下的新兴社会产品，有能力通过其核心概念的说服力“框定”论述并规范行动。如果新的战略框架积累了足够的力量来招募他人，跨越城市管理的重要制度场合并经得起时间的考验，那么它们在塑造未来方面可能产生重大影响。战略具有变革的潜力。因此，以这种方式理解的战略存在并不仅仅是通过使用“战略”或“愿景”这些词语，或者通过某种形象的产生进行修辞式的援引。它可以在治理背景下，在生成性（generative）、协调性和正当性工作的论述框架中被发现。

这种战略概念源于对治理过程的关系和解释主义的视角，强调了战略制定所涉及的关系（relations）或联系（connections）的两个方面。第一个是战略框架意象与现象之间联系的方式，强调可能需要重点关注和干预的场所。其次是一个关系的纽带，通过它在战略框架后面形成动力，足以让它不仅在治理方面获得优先重视，而且还足以在行动形成和战略倡议试图影响的关键领域中持续存在并流动下去。在这些构建智力资本和社会政治力量的过程中，战略可能会不断被重新意象，使得意义和优先事项发生转变。一个强大的战略是具有解释灵活性，但它随时间跨越治理领域时保留并专注于关键参数。对战略的这种理解与当代城市治理环境有着特别的共鸣，学术界和从业者普遍认为当前的治理环境具有转变、转换、不确定性和不稳定性。在这种情况下，作为战略制定的模式，社会学习过程比官僚程序、理性主义科学管理或多元政治更为重要（Christensen 1999）。

那么，从上述关系和解释概念中产生的“战略”，其关键维度是什么？战略是由大量材料创造的，选择性建造的“意义建构”（sense-making）手段。它们的形成随着时间的推移而发生，但不一定在确定的阶段和步骤中出现。它们是通过不断筛选和集中注意的过程创建的，战略突出了一些问题并将其他问题推到边缘。新战略的形成改变了对利益和议题的青睐，某些被包含进来，某些则被排除出去。有说服力的战略通过激励人们对未来的希望（Albrechts 2004；Friedmann 2004），并通过给予某些行动者关于其他行动者可能会做什么的想法，引导并激励活动。就像它们也可能动员抵抗一样，它们调动智力和社会资源来创造力量推进战略框架。当然，这就是为什么一些战略上尖锐的行动者可能抵制制定战略的需求或方式的原因之一。

在城市环境中出现的战略是复杂的社会结构，既具有制度性又具有变革性。它们是集体意义建构的努力，是通过富有想象力和政治敏锐的方式把握机会并积累力量。如果它们通过动员和说服的过程积累力量，他们就会产生塑造资源流动的政治力量，构建规范，激励发展新的项目和干预城市动态。战略制定过程包括动员许多不同社会网络的行动者，并利用他们的知识和资源。这些过程创造了知识和重新排序的价值，然后又反馈到网络中，并可能在新的战略论述中创造新的网络和“社区共同体”。这样，战略制定的过程既是动态的，新兴的社会建构，也有助于稳定和规范复杂的现实。积累了大量说服力的战略也成为构建动态的一部分，后续行动也嵌入其中。

城市区域战略制定过程的关键维度

到目前为止，我认为空间战略可以在塑造干预措施方面发挥强大的作用，尽管它们可能并不总是实现这一目标。因此，重要的是要认识到这种权力是如何以及在何处行使的。如果我们关注的是城市空间战略能否保持多个问题的联动，能否反映出丰富而包容的城市体验，而不是狭隘地追求单一的主导性理解，如经济竞争力，那么这一点尤为重要。现在，我从以上概述的角度审视战略制定过程的四个关键维度：理念的筛选；战略的制定；动员力量的产生；还有变革性力量的潜力。列出了涉及各个维度的体制性工作，与这些工作相关的包容性和排斥性的权力动态以及创造性、生成性力量的释放潜力。通过这些方面，我强调了那些关注城市动态的战略设计和评估过程应该考虑的关键问题。

筛选过程

从关系主义的视角来理解，城市地区是一种地理空间，被许多相互交织、相互渗透、相互环绕的关系网所贯穿，从而形成具有独特的社会和物质特性的活动节点和可识别的场所（见第 2 章和第 7 章）。理解这些关系是一项富有想象力和智力的挑战性任务。评估是否、何时、何地以及如何干预这些关系，以期对发展轨迹产生重大的影响，反过来又是一项复杂的政治任务。许多问题难以引起关注，许多利益攸关方也难以将其观点和优先事项（其“理性”和框架）置于治理举措的中心（Albrechts 2004）。任何战略框架都来自这些理解中的某种筛选和排序过程。这些过程不仅仅是为了找到一种强有力的方法来理解城市区域。它们涉及利益、权利和政策诉求的优先关注。虽然关于城市战略的论述经常涉及诸如“综合”，“平衡”，“整合”和“整体”等词语，而选择战略可能与一些总体原则有关，例如“福利”和“可持续发展”或“健康”，但支撑战略制定的筛选过程是确定排除或包含某个战略定位的两个关键点中的首要一点。

在 20 世纪中期，这种筛选方式充分强调了规划师的作用，利用专家判断和各种研究来确定关键参数，以将焦点集中在战略框架上。阿姆斯特丹和剑桥的案例表明，当时的现实比这更具有互动性。训练有素、受人尊敬的规划师与政治家和主要政府行动者努力工作，他们也获得了理解和支持。在霍夫德对剑桥次区域的规划中，预设的议程是当地政治中的“道路”问题，当地活动人士与国家政治家和公务员或是官员之间保持着密切联系。在阿姆斯特丹，城市扩展和交通的重点反映了已有的中央政府资助计划。

到 20 世纪后期，筛选过程在一个持续研究、辩论、挑战、主张和反对主张的多维流动中更加明显。关键的“排序时刻”（sorting moments）可能会在战略制定之初发生，但它们也可能在形成过程中发生。 在剑桥次区域的案例中，1990 年代中期组建了一个次区域游说团体，其中包括一些经济行动者以及郡和区的规划师。他们提供了一个初始舞台，在该地区排除了许多其他有利害关系的团体。虽然游说团体的势头已经进入了建构郡和区域战略的正式程序，却遇到了技术知识的挑战（特别是关于交通选择的“可行性”），以及在结构规划准备和批准的正式过程中出现了其他问题。在阿姆斯特丹，国家空间规划部设定国家发展投资优先事项的权力在 1990 年代逐渐消失，随着城市地区的兴起，应如何定位投资重点的争议冲突不断出现，规划部门和主要政治家们不断地调整他们的知识理解并重塑与其他行动者的关系。精心安排的咨询和辩论在筛选过程中发挥了重要作用，这些筛选过程成为支撑城市发展的战略框架。在米兰，许多规划界人士希望看到这样的过程得以发展。但是，这种做法的政治承诺是有限的，而且很大程度上是夸夸其谈，因为缺乏把这种广泛的辩论与具体行动方案联系起来的传统。甚至在阿姆斯特丹，一些重要的利益攸关方在最近关于他们生活和工作场所的战略讨论中几乎没有发言权。

如果要把城市地区的战略理解为建构集体意义的努力，那么战略的关键质量就在于所构建的“意义”的本质。这种意义在某种程度上可以被看作是关键行动者“解读”城市地区现实的方式，并把握住在集体意义建构中不同的利益攸关方、争取发声和表现的主张和利益所形成的治理格局。在第 7 章和第 8 章中，通过对空间概念和知识形式的讨论，我更仔细地研究了这些“解读”，这些空间概念和知识形式为战略规划过程提供了素材。但是，在评估战略和设计战略制定的制度流程时，应当考虑一系列的问题：何时筛选议题和主张，可能在哪些制度舞台发生，这种设置如何影响筛选过程，以及筛选实际上如何发生，在这些过程中哪些利益得到优先考虑，哪些则被忽略了（见表格 6.1）。案例中强调了社会建构主义 / 解释主义战略理论的观点，即没有什么普适性的方法。筛选过程的时间、地点、方式和过程与历史和地理特征密切相关。这是为什么需要在评估性的关注中强调此类过程的重要原因。

筛选过程
在战略制定过程中**何时**筛选问题？（贯穿整个时期的潜力） 它在**哪里**发生——在什么制度场合 / 舞台？ 这种筛选是**如何**发生的，通过何种实践和媒介？ **谁被**包括在内，**谁**被排除在这样的过程中？

表格 6.1　筛选过程

聚焦和框架

明茨伯格（Mintzberg 1994:272）认为，“伟大的战略”是在“肥沃的思想”和“无数的小细节”中构建的。构建它们“需要想象力和一种综合能力”。这样的战略会为大量令人困惑的信号和挑战赋予意义。从这个角度来看,任何战略都需要有选择性的焦点。通过各种问题、想法、主张和论据来确定一个或多个“有意义”和定向的概念、图像和 / 或原则。这样的战略可以通过系统的搜索过程来实现，例如仔细评估可选方向，以及 / 或对未来情景的构建和努力“回溯”，以了解未来各种可能的理念如何影响当前的决策（Albrechts 2005；Secchi 2002）。或者它们可能是促进特定解释性框架的共同体积极宣传的结果，如荷兰人对空间概念如兰斯塔德、三角洲、走廊和“翼”（van Duinen 2004）的讨论，或 1990 年代剑桥郡的促进增长游说团体。或者，它们可能会出现一个富有想象力的飞跃，这个飞跃由一个作为传统规划顾问的战略思想家宣称能够做到，或者通过合作在创造性的发现过程中出现（Innes 2004；Innes and Booher 2003）。然而，战略的形成是通过一种“被召唤”、“被看见”、“被命名”和“被制定”的方式被认可的。

新战略的形成不仅仅是先前过滤过程中幸存下来的问题和声明的集合，在正式的规划文件中，许多战略声明大抵如此。但是，这样的集合并不具备框架的质量，来执行机构工作以聚焦和理解各种迹象和活动。正式规划中的这种汇总可能符合制定战略的程序性要求，从其他机构获得资金或符合管控程序，但它们没有创造具有持久效果的战略质量。有影响力的战略制定涉及新框架的产生和巩固，一个新的论述及其支持性的故事情节和隐喻。这不仅涉及“命名”话语，而且涉及从新的“意义”角度重新构建许多问题（Fischer 2003；Schon and Rein 1994）。这样一种战略框架是高度选择性的，它会强化一些问题，并使其他问题弱化。同时，它还具有综合属性，在框架的统领下提出不同的问题。战略框架是合成的。它承诺通过时间来维持这些统领和合成的特性，因为它的说服力推动了框架的推进。它具有迷人的诱惑力，以及鼓舞人心的“愿景”，以激励人们不断地参与其中。这样的战略力量既能改变秩序也能重塑秩序。但它同时也在构建未来，巩固新的理解和创造新的范畴（Mintzberg 1994）。因此，具有这种构建框架能力的战略可能是一种非常强大的治理工具。在当今时代，政府行动者拥护战略思想，并在政策工具中包含战略声明，这或许不足为奇，但在实现这一想法时却需要十分谨慎。这在一定程度上解释了在许多当代政策话语中，“战略”和“愿景”这两个术语作为修辞手法，很少涉及有意义或有说服力的内容。

本书中的案例说明了实现战略框架的不同方式。剑桥次区域的案例通过将强有力的框架施加于充满活力的城市发展上，并持续了 50 年。在重大的规划工作之前，一些有影响力的利益攸关方的头脑中就存在这种框架，然后坚持反对一切试图改变它的尝试。霍夫德战略的作用是“命名”它，并给予其规划逻辑。因此，剑桥的增长将受到限制，其发展的压力被分散到周围的定居点和其他场所，并将采取适当的措施，在特有的古老大学遗产和浪漫的水草甸的保护范围内，来应对道路交通的增加。

在强大的社会支持下，英格兰的城市“遏制”和紧凑城市增长空间战略不断强化限制性增长的框架。剑桥地区因大学自身的利益限制其他人的发展（但自己的发展却是例外），进一步强化了上述现象。改变这种战略需要一场直接的斗争，这种斗争的灵感来自于另一种具有全国意义的框架，即“剑桥现象”及其在国际上作为重要的经济创新集群的地位，可以使其定位在更广泛的“经济竞争力”的政策讨论中。

在阿姆斯特丹地区，史基普的发展也通过援引其“主要港口”功能的全球经济意义来证明其合理性。但通过与国家、市级、城市内部，以及最近的多方利益攸关方持续互动的讨论，其治理城市发展的战略框架比剑桥案例更稳定地发展。阿姆斯特丹享有无可争议的城市地位，其受到中央政府强有力的影响和投资支持，为住宅区和工业区提供福利国家的战略。新的框架理念强调多样性、传统和商业的复杂组合、独特的地理位置和在不断扩大的城市区域内，一个大都会地区的广泛连接性。规划工作试图调动网络和节点、开放性和城市性、可达性和城市特质的概念。但是，把鼓舞人心的力量注入这些理念并不容易。相反，重点一直持续地调整，以使战略构想赶上主要的项目，这些项目更清晰地构成了关于如何发展特定地区的鼓舞性愿景。

在米兰，建筑设计传统培养了一种当地文化，在这种文化中，不断产生对项目、特定地区和城市未来的愿景。但自1950年代以来的困难在于，创造框架性的概念，维持城市的战略构想，同时执行塑造公共和私人投资项目的机构工作。这样的框架确实存在，例如对旧核心区域免受重大更新项目损害的绝对保护，以及关于发展轴线的长期观点。但是这些概念的框架形成是隐性的。这鼓励参与框架文件制定工作的人们认识到，战略应该从识别新兴潜力的过程中演变而来。他们的干预是为了创造条件鼓励这种认识。他们赞赏明茨伯格以新兴方式“发现”战略的重要性（图6.1）。但是，这些案例还表明，关于城市论述的历史太过丰富，以至于新兴概念无法独立于先前塑造城市演变的尝试。表格6.2总结了可能产生战略框架的四种方式。所有这些案例都说明了产生具有明确空间内容的战略框架具有高度政治性。许多积极重塑城市空间战略的努力可能不会取得成功，这或许就不足为奇了。

聚焦和框架
在直接的争论中**挑战**一个既定的框架（例如：剑桥地区）。 通过不断的调整、协调和重新整合来**发展**一个既定的框架（例如：阿姆斯特丹）。 **创造条件**，使明确的战略框架工作最终可以发展（例如：米兰）。 通过“识别”新兴情况来**发现**战略

表格6.2　聚焦和框架

1990年代，新的增长战略最终实现突破之前，新的概念不断挑战剑桥的霍夫德规划。阿姆斯特丹的案例显示新创意经常被重新修改成旧框架，或未能产生杠杆作用。但是，当一个战略框架能够生存下去时，它同时具有生成力和约束力。它打开了新的联系和连接点，反过来又可能导致新的创造性协同作用。它可以修正和集中，它把注意力从一些问题上转移开，以便集中注意观察局势的新方法。因为战略框架整合了一套新的关系，所以战略框架也可能会瓦解旧的关系（Healey 2006b）。使用更多的关系词汇，一个新的战略框架可以与已建立的治理论述和实践脱钩，或者形成新的实践领域，或者将旧实践与新论述相结合。新的框架改变了包含和排除的内容界限。为此，近年来关于如何防止新战略制定支配式“框定”（hegemonic ‘lock-in’）的文献中，有很多讨论认为新战略的“框定”是如此的牢固，以至于无法“看到”和适应新形势的威胁和机会，并进行调整。在规划领域内，诸如荷兰的兰斯塔德地区，以及英国的“绿带”概念，都有这样的“框定”框架。两者都深深地扎根于大众和政治的理解和实践中，以至于它们似乎抵制取代它们的反复努力。

这表明，那些评价战略框架出现的人和那些设计鼓励战略框架出现的人需要特别注意框架制定工作可能在哪里进行。在阐明战略的过程中，框架的定义正在出现，这对其形成至关重要，它如何被“命名”并巩固以具有重要的意义和合法性？因为新的战略框架的产生是一个创造性的意象和发现过程，它不能局限于一个循序渐进的技术过程。它将不可避免地破坏和扰乱既定的框架和概念。因此，建立新的战略框架需要动员力量来推动进程，一旦框架开始具有吸引力和诱惑力，就会产生动员力量。

产生动员力量

战略制定是一项复杂的体制工作。它涉及从“上方”和“下方”以及周遭来捕捉想法、问题、张力和理解。成为战略概念背后的力量来源于治理格局中的各种角度（Mintzberg 1994）。战略制定的努力可能会“发明”战略，但往往这样的努力仅仅是“识别”和“命名”战略，赋予他们一种更集中的力量，通过纳入隐含的定向概念，用意义和理由与一个或多个关键行动者所需要的某种形式的战略方向产生共鸣。在某种程度上，战略制定是一种极富有想象力的活动，依赖于对未来可能性的创新性展望。但它远不止于此，具有深度的战略将对未来的想象与各种事件和意义、联系和影响的持续流动所体现的潜力和约束联系起来（明茨伯格的《无数小细节》)。战略思维包括一种能力，其可以看到细节更广泛的重要性，并且在战略框架的背景下赋予它们意义。战略制定的政治工作是在定位和赋予意义的工作中发展起来的。有影响的战略不仅仅是抽象的概念，浮于设计和规划论述之中，它们还能聚集力量，因为它们与主要行动者的价值观、观点和特殊需求产生共鸣。它们处于重要的治理舞台，因此能够发挥能力。它们认为需要某种战略方向来赋予一系列活动以意义、理由和合法性。

在城市背景中“感知”（Sensing）某项战略性的努力有助于理解治理工作方式的某些假设和倾向。正如惠廷顿（Whittington 1993：30）所指出的那样，“战略”的概念可能在文化上是独特的。在一些治理文化中，例如荷兰，要求政府机构制定明确的战略计划作为行动的理由。在其他情况下，公开表达战略在政治上是危险的，这限制了有权势的行动者根据他们自己的战略敏感性、判断和利益来运作的自主权。即使在治理环境中的关键行动者认为有必要制定明确的战略，在城市地区围绕某些“场所”形成战略可能也会显得不寻常、困难和陌生。如何围绕某个焦点产生“战略性的力量”呢？

文献中有许多候选答案可以回答这个问题（见表格6.3）。规划官员站在政府立场经常辩论，关键在于合法地将战略制定作为法定职责来执行。在英格兰和荷兰，20世纪后期持续存在“最新”的规划，为制定更详细的规划和做出管控决策设定框架。同样，在米兰，以区域法规为基础的新工具——框架文件，旨在为特定项目的选址提供正当理由。其目的是在这些法定文件中体现某项战略，从而支撑具体行动。许多规划师，以及那些指望规划师在战略制定中提供帮助的人，强调了规划师作为一个个体和作为一个熟练的规划团队所具有的智慧和意象力。

战略形成中的动员力
法定职责——例如，制定战略或战略规划。 智力和想象力——例如，训练有素的规划师。 经济利益的动力——例如土地和房地产开发商和主要的实业家，是由资本逻辑驱动的。 倡导联盟和网络——围绕城市特质。 战略行动者和领导者——个人、团体，以及有时是一种成熟的治理能力

表格 6.3 在战略形成过程中的动员力

这证明了聘请咨询公司来制定战略，或建立专门的战略规划团队是合理的。在阿姆斯特丹，人们更倾向于一个强大的内部规划团队。米兰则偏好聘用学术顾问。而在剑桥地区，1940 年代和 1950 年代，常常聘用受人尊敬的规划师为顾问，到了 1990 年代和 2000 年代，则转而经常使用咨询公司。但仔细观察这些规划团队的技能，就会发现他们所能产生的力量不仅在于他们的智力分析和综合。他们凭借定位和制定知识辩论的能力，使他们在政治环境中产生共鸣。

这种做法导致许多对 1970 年代和 1980 年代规划活动的尖锐批评者指责规划师只是一个压制性国家的技术部门，在促进“公共利益”的面具下，为资本主义利益的力量服务（Castells 1977；Cockburn 1977）。这将城市地区战略制定背后的动力来源转移到（资本主义）经济发展领域产生的某些逻辑。阿姆斯特丹、米兰和剑桥地区的规划师、政治家和其他游说团体一再被指责房地产开发是受资本积累的逻辑驱动，而近年来发展城市资产是基于推动经济竞争力的逻辑。然而，这些案例表明，尽管存在这样的外部压力，在经济活动的流动中和在修辞导向的政策中，其他的压力也很明显，例如保护文化特征的景观，或者应对不同城市特质概念的挑战。这种为战略制定创造机会的动力更多的是与“缺陷”的认知有关。其或是对某种既定方式感到担忧，例如，在 1990 年代米兰为激增的项目提案进行选址的战略框架；抑或是来源于对危机的认知，例如 1990 年代的剑桥。这些认知可能受到外部经济或政治动力的影响。但是，有关这些动力的争论也被行动者利用来支持他们的主张，争取对城市动态的地方经验给予更大的战略关注。

自 1980 年代以来，人们认识到在城市范围内发生变化的力量，比政府控制或经济决定论的简单概念更容易广泛地扩散，因此人们强调通过建立联盟来创造动力，1990年代，欧洲城市治理的一个主要现象是倡导形成“伙伴关系”、“平台”、“圆桌会议”和其他类型的新舞台。 正如勒·加莱斯（Le Galès 2002）所建议的那样，这种联盟可以建立在相互利益和相互依存的关系之上（Booher and Innes 2002），也可以通过回忆过去的身份来实现。一旦联盟开始形成，他们可能会发展立场、价值观和话语权。 他们成为倡导联盟（Sabatier and Jenkins-Smith 1993）和话语联盟。随着时间的推移，这种联盟可能会发展并具有政策网络的一些特质（Klijn 1997）。在剑桥地区的案例中，围绕“剑桥现象”这一理念构建的联盟和新兴的政策网络无疑是剑桥地区案例中的一个关键进步。在 1990 年代，米兰建立一个强大的联盟非常困难。因此，在 1990 年代后期，采取非常有针对性的方式进行战略干预。在阿姆斯特丹，由于市议会不断重塑与中央政府、省、和其他市政府，以及经济和民间社会主要行动者之间的关系，在 1980 年代，联盟建设已成为一个持续不断的过程。一个可以表达联盟立场的战略，如同在荷兰空间规划中所采用的各种空间概念一样，是维持联盟焦点的重要工具，即使它不总是成功的（van Duinen 2004；Zonneveld 2005a）。

然而，联盟可能并不总是意见一致，更不用说形成共同的理解。在 2002 ~ 2003 年间，阿姆斯特丹市政府在“哈勒默梅尔 – 阿姆斯特丹 – 阿尔梅勒地区长期发展”拨款中遇到的困难，以及保守党政府在 2004 年撤销早先通过的东英格兰区域空间战略，都很好地解释了这一点。核心行动者也可能会离开联盟，就像 1990 年代阿尔梅勒在阿姆斯特丹区域的行动。这一切表明有两种联盟需要考虑——一种由战略发挥重要作用所必需的行动者组成；另一种由战略的拥护者组成。后者的舞台会出现大量的发展工作。但是，在与前者功能重叠以前，“倡导者”联盟缺乏建立新政策话语权的战略动力。荷兰“三角洲”概念提供了一个有趣的案例，它说明“倡导者”联盟精心地转变舞台，并将其想法置于强大的政治舞台上，但随后因为国家政策的再次改变而失去动力。

最后，一些人认为，战略动力是由特定的“战略行动者”的力量产生的，他们坚持不懈地追求特定的议程，动力也来自具有特殊能力将思想转化为实践的“领导者”的力量。布莱特认为，在没有足够领导力的情况下开展战略规划工作几乎没有意义。在有争议的城市政治故事中，“战略行动者”的角色往往被强化。相反，公共管理方面的文献强调了领导能力。这两者都聚焦在城市政府体系中的“市长”素质上，这些素质赋予当选的市长以重要的行政角色。市长的兴趣和政治领导力的重要性在法国城市战略的形成（Motte 1995，1997，2001）以及最近在意大利（Magnier 2004）的报道中都可见一斑。但本书使用的案例表明，战略领导力不一定体现在个人身上（Bryson

1995），也不一定是一个正式的政治角色。它可能会出现在一个团体中，或者被作为“网络力量”传播。或者，与阿姆斯特丹一样，它也可能作为一种综合治理能力而存在，用于阐明以社会期望为基础的特定行动和立场背后的战略重点。在剑桥和阿姆斯特丹，维持战略势头的主动性从某个人和团体转移到另一个人或另一个团体。当战略从某个制度场合和时间转移到别处时，这些将战略结合在一起的人并不一定是战略框架中最突出的倡导者。

因此，战略动员涉及智力和政治力量的融合过程，通过这些过程，战略得到“认可”，被定义并置于特定的制度环境中。这种动员活动利用了时机，在这种时机制定某项战略可以回应主要行动者的某些需求。成熟的战略工作涉及了解这些时刻的性质以及在特定方向“捕捉”时刻的机会。成功的战略制定拓宽了特定话语和实践的机会空间，打开了现有治理格局中的“裂缝”，使不同的框架能够发挥杠杆作用（Healey 1997；Tarrow 1994），从而创建自己的结构化力量。实现这种力量涉及智力工作，调动意象力和知识，通过组建联盟和领导力，以及在不同舞台之间博弈，从而动员政治权力。就城市战略的形成而言，这两个挑战都非常复杂，往往只有部分能实现。只有一些关键行动者“看到”某个城市地区的场所是重要的关注点，也只有某些“看到”的方式被优先考虑。

产生转型动力

具有结构效应的战略制定过程得以成功，不仅仅是通过创造令人信服的政策论述和话语。战略的成功程度取决于它们对后续事件的影响。这不是通过一个简单的线性过程发生的，从战略形成到在合法的政治舞台上获得正式批准，然后“应用”到具体投资项目的拟定和管制决策。具有塑造能力的战略重新安排了类别和地位（Mintzberg 1994）。它们破坏了既定的惯例和实践并产生新的替代方案。 他们通过提供“有意义”的不同方式来塑造实践而非具体决策。他们创造了动力，围绕这些动力，它们形成了新的政策网络和“实践共同体”。正如哈耶尔（1995）所言，它们是体制化的。为了在复杂的城市区域治理背景下实现这一目标，它们需要有从一个舞台转移向另一个舞台的能力。在它们到达的每一个新舞台，战略话语都将以旧的理解和新的可能性相结合的方式来解释。具有强大结构化能力的框架话语能够将核心思想从一个舞台转移到另一个舞台。用行为者 – 网络理论（Latour 1987）的语言来说，那些推动整个治理环境的战略可能会试图将其核心思想包裹在某种合成的“黑盒子”中，这样它的关键因素就不能被分开。然而，渗透到整个治理环境的话语如果缺少解释的灵活性，是很难维持下去。如果它们缺少灵活性，可能会对动态的城市环境做出过度稳定的治理回应，就像英国规划实践中的“绿带”概念一样。有效的体制化意味着战略不仅能够持续不断地重新解释，而且能够通过这些过程而丰富起来。 因此战略是方向性的，而不是精确的计划。

战略若要具有重塑城市治理格局某些方面的变革力量，不仅需要形成背后的话语联盟，还需要跨领域的能力，并且需要在不同的实践和时间上具有持续变化的形式。它们能够鼓励形成新的话语和网络，通过这些话语和网络可以改变“现有游戏的生态”。

一项战略的转移能力（travelling capacity）部分是通过识别其功能作用的不同舞台得以实现。它服务特定的利益。但是，比这更广泛的是，它是由特定战略方向的立法所支撑的。立法不是一维的治理属性。这些案例表明，许多不同形式的合法战略正在不同时期发挥作用。通过对某个战略主张的测试和挑战，表 6.2 将战略力量的来源与建立合法性的方式联系起来。 这反过来又与战略转型的力量和实现转型效果相关联。

这种评估表明，战略话语在法律实践中，在相关实践共同体的日常惯例中，以及在默契的理解推动下是最有力的。动员创造新战略话语的人往往试图动摇和改变这种嵌入式的战略。转型的动力可以通过诱人的框架和图像、科学知识、专家判断、交互式学习场所来推动，通过圆桌会议和合作伙伴关系，以及由战略行动者追求的政治利益来创造。这种动力可能受到选举任务、法律权力、常规做法、既定知识、专家判断和战略行动者的抵制。因此，制定具有影响力的变革性战略举措的一项关键任务就是从行动者、舞台和网络的角度，对制度性格局进行绘制分析。那些着手变革性举措的人需要知道如何将这些资源、管制力量和话语权力连接起来，并同时考虑到与新出现的战略思想一起行动的可能性，动员起来反对它们，或者只是抵制或忽视它们。

城市区域战略的体制化　　**表 6.2**

权力来源	法定化方式	转移能力	转型力量
选举授权	投票；政党组织	法治化的其他资源；弱，除非在公共领域已经有了概念	给予新战略普遍的权力
法律规则，原则和合同	法院	法律判决可以设定限制，并修改框架内的原则	赋予新战略普遍权力；通过正式商定好的战略来判断政治范围
科学；系统化的知识	科学界对科学的尊重	对框架保持肯定或进行修正	依赖于科学的质量和效用
传统的框架和实践	实践共同体	抵制新的框架或转换为传统术语	需要克服抵制的阻力
专家实际判断	个人诚信和尊重专家	对框架保持肯定或进行修正	依据判断的质量和效用
战略行动者和政治利益	害怕；接受统治；计算利益	可以加强（或减弱）话语的引导性	依靠主要合作伙伴对主要行动者的权力和合法性的信任

续表

权力来源	法定化方式	转移能力	转型力量
重要行动者的经验和知识	互动的舞台；尊重多种形式的知识	利用机构充当新想法的载体	在强化战略的“可靠性”方面具有强大潜力
当地的，情境化知识	尊重市民的知识和价值观，以及“街头”管理者	将新想法与公共领域联系起来；并达成可操作的“实践共同体”	依靠市民和一线员工在场所治理文化中的重要性
其他	框架或远景有强烈说服力	强大的表现力，但如果意象缺乏深度易被质疑	依靠有关框架的质量和“诱惑力”

战略的力量

因此，尽管在许多例子中可以找到类似线性的步骤，具有变革潜力的战略不是通过循序渐进的线性步骤来实现的。当机会出现时，战略转型的潜力就会上升。这些时刻具有不同的潜力和扩大化的能力。一旦战略框架形成并“命名”，它就可能会出现。但是，这种跨越某个治理格局的转移距离和方式将取决于具体的体制环境。那些具有长期、广泛影响的框架可能在进化和制度化方面进展缓慢。它们需要积累起动员能力。这意味着它们需要通过提供制度空间的舞台，让众多参与方以新的方式“看到”他们所关心的问题。在可以到达的舞台中探索、竞争和挑战，鼓励了众多参与方对其认可，并从多个方面检验战略概念的效力和合法性。

从理性主义角度来理解战略制定，涉及连接知识资源和关系资源（知识和社会资本）以产生动员力量（政治资本）。这些资源（资本）在治理格局的制度场合中形成，如果一个战略发挥动员的力量，它就成为网络中的一个节点，战略框架话语就将从这些节点向外扩散。战略框架作为一个方向、一种敏感性、一种新的辩论和斗争的焦点，在不同舞台进行不同类型的制度工作。制定战略的努力可能会在众多不同的制度场合中启动。但是，若要产生重大影响，包含知识和相关资源的动员，必须走向对获取资源（战略需求）至关重要的舞台来获得影响力并产生效果（它也需要积累）形成足够的合法性，以便在权力分散和注意力不断转移的治理格局中生存。

虽然战略和规划的概念，以及战略制定和规划制定在规划和管理思想中联系十分紧密，但仍可以从概念上区分它们。以某种明确方式试图塑造城市发展的背景下，对“规划”一词最好的理解，既可以是将资金分配给具体项目的开发投资规划，也可以是对土地利用、发展权利与义务的明确规定，管理物质性转变的规则，抑或是两者兼而有之。城市战略需要对发展和管制活动构建框架，以产生效果，而投资项目和管制原则则需要立足更广泛的战略框架获得更大的合法性。但是规划可以在没有战略的情况下进行，也可以仅仅通过某个战略的模糊修辞来进行。空间战略制定也可能关注于城市地区之外的焦点。其关注的“地点”可能是国家、更广泛的区域、城市节点、社区、新的发展或重建地区，在这里提出一个新的“城市片段”。或者在某个重大项目的设计和论证中阐述了某个城市地区的战略构想。因此，积极实施城市战略的关键不在于某一特定舞台或政策声明的类型,而是在关键的活动流中“唤起”一个明确的“城市区域”概念。该概念体现了某种集体意识，并在许多城市治理的制度场合中得到认可。

决定着手明确表达城市空间战略是一个具有挑战性的选择。由于规划体系通常包含对某种城市规划存在的要求，而且由于规划传统在很长时间内强调了“综合”和“战略”内容的重要性，因此在许多情况下，规划“战略”为了符合法定要求和专业期望而产生。或者可能需要“战略愿景”来满足获得特定资金流的标准。但是这些并不一定包含在本章所阐述的战略。如同在阿姆斯特丹和剑桥郡的许多规划一样，战略可能会在不做微调的情况下，从一个时期大步迈向下一个时期。对于那些关心城市未来的人来说，一个关键的判断涉及何时尝试建立新的战略框架，何时为这样一个框架的出现做好准备，何时只是随着事件的发展而移动，允许某个城市地区的模式和潜力出现，而没有任何刻意的塑造。这种判断涉及两个层面的制度设计考虑：首先，关于设计战略制定过程的潜力及其可能的形式；其次，关于拥有强大的战略框架对复杂治理格局的潜在影响。

如何做出这样的判断，部分取决于参与者面对城市未来的机遇和挑战持有的观点和应对的方式。但是，这也将取决于对治理制度转变的解读。在这种情况下，存在如此多的冲突、分裂、竞争、混乱和不确定性，创新被扼杀、不平等被放大、有价值的资源正在减少（一个零和游戏，一个双输游戏）。在这种情况下，是否会在城市区域制定战略框架，通过创造一些战略上的稳定性，帮助减少城市混乱所带来的破坏程度，将一些分散的和有竞争力的能量集结成为一种集体资源？或者，像在过去那样，将政策框架的结构性权力嵌入政策话语和实践中，以抑制新的发展能力。在这种情况下，新战略框架的发现是否有助于动摇治理格局并释放新能量？图 6.2 以简化的形式呈现了这一战略选择。这里权力被认为是一种动力，或者说是能量。这个图表明，对于“稳定”和“不稳定”的平衡有重要的战略选择。我在下一章结尾将回应这个问题。

对于是否需要开展战略制定的过程，以及由此产生的战略是否有可能促进广泛的关注和城市生活经验，不能抽象地做出判断，甚至不能通过某种计算来确定关于特定环境的指标和关于战略能够实现的指标之间的匹配性。正如我希望在三个案例的叙述中所表明的那样，它们具有深远的政治性、实用性和地位。如果战略制定过程成功，

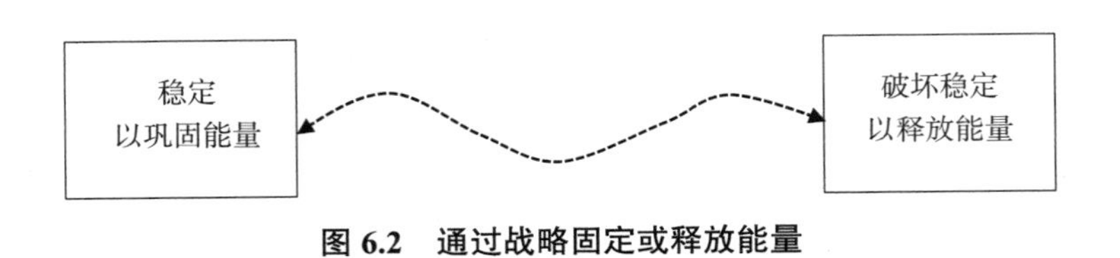

图 6.2　通过战略固定或释放能量

则将对治理能力产生物质性、认识论、本体论的影响。但是，成功是如何产生的，需要更仔细地研究城市战略的主题和可以调动的知识资源，以便认识、阐述和发展对这个主题的理解。这些问题在接下来的两章中将会介绍。

第7章
空间意象与城市“区域”战略

要制定一个规划，既能反映社会、城市或政策领域的状况，又能动员社会处理每个公民的问题和需求是很难的。既要全面综合地俯视，又要直接、个别和有针对性，这是难以做到的（Perry 1995：210-211）。

城市和区域具有独特的空间性，其受制于各种不同地理范围的关系网络，是异质性的集聚。因此，城市和区域可能比其他社会空间结构（国家、家庭、组织、虚拟和意象的社区）具有更强烈的表现形式和多空间关联性。

引言

正如前一章所讨论的，战略是吸引注意力的手段。如果它们决定了城市地区的干预措施是如何设计和实现的，那么它们对城市地区提供的潜力以及这些潜力在利益相关者中分配的方式产生实质性的影响。空间战略重点关注活动和价值的“地点”，场所的质量和意义，关注将一个场所与另一个场所连接起来的“流”以及活动组织方式的空间维度。在围绕城市地区空间战略的形成和使用而进行的讨论、分析和争议中，这种空间维度可能无法立即显现。关注的重点可能是一般性问题——拥堵、污染、缺乏经济适用房、保护历史建筑、新企业选址的短缺。或者关注于适当的过程——何时以及如何组织协商过程，正式质询的性质，如何调和不同的观点。但空间战略的突出重点和贡献在于认识到这是“地理问题”（Massey *et al.* 1984）。这不仅是交通拥挤的问题，它同时关注的是在哪里发生的，影响是什么，人们是如何以及在何地经历的，以及谁会因此受到拥堵的影响。问题不仅在于住房市场无法提供可支付住房，还在于住房市场如何在城市地区内为不同的人分配生活机会，结果贫穷的人不仅在住房方面面临不平等，而且在工作机会、医疗服务、教育和休闲等方面都无法获得平等的机会。问题不仅在于保护建筑，还在于保护的措施和方式对一个地区整体质量的影响，包括财产价值、游客和交通流量。战略强调活动和关系的空间性战略，因此突出了一些重要的相互联系，它们是在特定地区多种活动和关系网的共同存在和相互交织而产生的。

“地理”是什么以及它为何“重要”？毫无疑问，阿姆斯特丹、米兰和剑桥的物质空间质量在人们生活、工作、访问和制定政策的物质体验中有着强烈的体现。更为重要的是，它们存在于居民、商业团体、精英、游客和政策制定者的意象中。城市和区域地理学的核心关注领域一直在讨论传统城市与意象城市之间的关系。城市地区是一系列产权、一个景观、一组活动、一组网络、一个管辖区、还是一个符号？它是否客观存在，可以通过适当的分析被“发现”？抑或是，它是一种社会建构，被某种创造性的过程发现和意象？然而，不管它以何种形式存在，一个城市地区是否就是一种“客观存在”，一个“自身存在的场所”，还是它可以“行动”，从而成为一个“为自身而存在的场所”？ 这些问题的答案很重要，因为它们构成政治举措和政策方案。这些举措和方案反过来影响那些居住、工作、探访和通过城市地区的人们的日常生活经历。

因此，在本章中，关于物质性、身份、感知和表征等相关内容我将引入地理学的争论。这些争论充满了困难，显然是抽象的问题。不过，他们提出的问题也进入了实际的战略决策，比如规划师们就阿姆斯特丹的“轮廓”、“层次”、“网络和节点”、或者在米兰的“关系战略”和“多中心”城市模式，或者在剑桥的“绿带”、“走廊”和“乡村景观”等问题上的争论。在形成战略重点方面，我认为参与战略制定的人需要认真关注城市动态和战略的地理维度以及他们正在使用哪种地理学的思想和概念。这一点很重要，因为空间概念转化为政府干预措施具有物质性、本体论和认识论的影响。它们影响着场所的亲身体验、该体验所具有的意义以及由此产生的认识。聚焦于城市地区的战略，在其范围内有一种特殊的空间化的方式，即斯科特的“国家的视角”（Seeing like a state）（Scott 1998）。

这三个案例说明了空间战略在地理中的众多维度。但是，到 20 世纪末，所有人都在努力适应一种空间连接性迅猛增长的背景。在这种情况下，物质上的接近并不一定是决定一个活动如何影响另一个活动的主要决定因素。在本章中，我认为关系地理学，而不是简单的物质性邻近地理学，有可能通过这场斗争在思想上和政治上开辟一条富有成效的道路。我将逐步建立起这个论点。首先，我介绍了空间表现与空间的物质存在以及文化认同之间的紧张关系。其次，我更仔细地研究了在表达城市地区中所使用的各种维度和词汇，从而提出了自然地理学和关系动态地理学之间的矛盾。接下来，我描述了一个关系地理学的观点，侧重于多样化的形式和连接（Amin 2004）。最后，我把讨论带回到关系地理学对城市地区空间战略的重点和内容有何启示。

空间的表征——政策概念、日常体验和文化符号

什么是城市“区域”？它是一个明确定义的对象，某种“事物”？还是我们对某个环境或历史的构想？它是否存在于某种空间层次结构中——世界、大陆、国家、地区和社区？或者它是由同一阶层网络的格局或毗邻城市区域形成的？它是否是一组明确定义的关系，在一个特定的地区内，相比与地区外的联系，更强调地区内相互关联？它有一个明确的中心吗？它的边界是固定的还是不确定的？它是一种模式，一种结构化的秩序，具有社会现实的表达，还是一种不断涌现的潜在可能性？它是一个能动的活跃主体，或只是一种被动的分析或象征性的建构？如果是这样，谁来构造它并以何为目的？由于这些需要界定的问题，我在这本书中小心翼翼地避免使用“市”（city）和“城市区域”（urban region）这两个术语，假设其含义是已知的。相反，我用“城市”（urban）和“城市地区”（urban areas）这两个术语来指代我所指的现象。

在城市和区域地理学中，已经发展出不同的观点来组织这些尚待定义的问题的答案。它们对诸如“场所”（place）、“空间”（space）、“空间性”（spatiality）、甚至“地理”等词都有不同的含义。在地理学的论辩中存在观点间的矛盾：将空间视为可识别的地表的客观模式，还是把空间性理解为任何社会和自然关系的内在属性？把场所作为一种可客观识别出活动和品质的对象，还是把场所作为一个通过经验和意义主动产生的“事件”？空间动力学是由相互承接的物质模式形成的，还是作为一个不断交叉、横切、相互冲突、协同创新的过程，在多个轨迹之间相互作用？引用多洛恩·马西（Doreen Massey）的术语（Massey 2005：61），空间是以“多重轨迹同时性”的形式存在。

如果空间动力学（spatial dynamics）像马西强调的那样，是一个过程，是一个事件，那么理解“地理”就需要关注空间的生产。亨利·列斐伏尔（Henri Lefebvre 1991）在分析产生“空间”和“空间性”的社会过程时做出了重要的贡献，提出了表 7.1 中的区别。

“空间”产生的三种方式　　**表 7.1**

列斐伏尔的标签	他的定义	“转译”
感知（空间实践）	与“城市现实”的路线和网络相关的日常活动和互动	日常的物质接触和在城市地区活动的经验
构思（空间表征）	“科学家、规划者、城市主义者、技术专家和社会工程师，以及某种具有科学倾向的艺术家”所提出的概念	为了分析和管理目的而制作的城市地区的知识概念
生活（表征空间）	“直接通过……图像和符号而存在”用符号和标识表示	场所品质和空间意义的文化表现

注释：在 Lefebvre 之后 1991：38-40

因为他的术语并不容易掌握，在这张表中，我通过几种不同的方式来表达它们，包括我自己的“转译”。列斐伏尔对物质世界与我们生活方式之间复杂的相互作用感兴趣，试图提出系统的构思，并为我们的经历提供情感化的表达。他认为，“空间”不断由人类的日常物质性参与过程、知识概念和文化表达产生。他提出了一个三位一体的方式来描述空间理解的范围。

列斐伏尔强调这些区别是分析性的。在生命的流动中，一切皆存在，刻在任何思想或行动中，并相互作用。他特别关注那些“构想”空间的人，他们参与空间战略制定，倾向于利用权力来塑造物质性的“城市现实”，而我们其他人则需要适应这种现实。在这方面，他与其他人——例如哲学家哈贝马斯（Habermas）等，社会学家福柯等——同样认为政府和企业经济的“系统性”世界似乎渗透并支配着我们今天生活的方式。人类学家詹姆斯·斯科特呼应这种观点时写道：“国家推行简化的方式……将现实剥开只剩骨架，以便采用规则可以解释更多情况”（Scott 1998：303）。

斯科特认为，这些规则然后转向现实，将其组织起来，将权力从那些有“地方知识”的人转移给专家和国家工作人员。然而，斯科特并没有试图推翻国家。他认识到，正如前一章所讨论的那样，一些治理活动和随之而来的系统化简化在复杂的社会形态中是不可避免的。但他要求这项活动应该受到挑战，采用更丰富多样的组织概念，并由外部知识灌输。这已经成为研究关系地理学政治含义的一个核心关注点，他们正在寻求一种城市发展方法，培养流动性而非停滞性，开放性而非封闭性，丰富性和混合性更甚于同质性，以及将政策重点置于改善城市地区的日常生活体验。

对于列斐伏尔来说，生活空间的图像和符号可以通过意象提供一条路径，让它们“改变并适当地”支配那些产生“构想”空间的人。更通俗而言，本书中的案例表明，战略制定者的概念不是自主的构思，尽管有时似乎规划政策在相当内向的思想世界中运作。为了获得更大的效果，专业人士和政策制定者的观念必须与物质体验和文化意象产生某种共鸣。利格特（Liggett 1995）将列斐伏尔的代表性空间概念与文化记忆中的意义联系在一起。她通过一个规划文本《克利夫兰公民愿景 1991》（*Cleveland Civic Vision* 1991），提供了列斐伏尔的三个空间连接一起的例子。案例包括一张住房用地的地图，也包括：

> 一张漂亮的彩色照片，展示了一个老社区的独户住宅单位。中央商务区（CBD）和伊利湖以及美丽的蓝天构成了画面的背景。在这一背景下，[该地块上]的房屋并不是被呈现为独户住宅，而是作为一个老社区——即作为一个城市

社区——中精心打理的家园……意象的社区记忆 [封面] 被投射到一个潜在的未来图像上 [地图]（Liggett 1995：252-253）。

同样，这本书的封面设计了一个多中心的阿姆斯特丹，但它仍然是一个从城市核心向外延伸的连续建成形态。利格特（Liggett）在她的案例中强调，基于营销的方法，规划师学会了如何操作和借用文化意象来支持通过分析性的“空间表征”产生的论点和意图。但这种借用是有限的，难以满足斯科特对丰富性的要求。我的案例强调了文化记忆在塑造空间战略中城市“区域”概念的重要性，例如米兰中心区根深蒂固的概念，或者是剑桥乡村景观中村落包围的理想城镇。政策制定者鼓吹的物质性轴线和走廊的构思对这些概念没有多少真正的影响。但是阿姆斯特丹的规划师与学者一起寻找灵感，它来源于体验多样化、开放和流动的城市现实，努力发展围绕城市性和可达性构思的政策概念。

列斐伏尔强调，他对空间的不同理解方式是在不断的辩证互动中，产生挑战、支配和抵抗。通过这些相互作用产生了物质和本体论上的“真实”。“科学家、规划师、城市主义者、技术专家和社会工程师”和（某些）艺术家不断受到物质现实和文化形象的挑战。因此，正如我在本章稍后将要讨论的那样，这些参与者并不置身于这些现实和形象之外。作为专家和政策制定者，他们是有选择地利用这些现实和形象，并加以创造和强化他们提出的概念。这些形象被转化为规划概念，反复反哺强化了文化联想，并将特定的文化想象力进一步嵌入到场所品质的政治中。正如伊顿（Van Eeten 1999）对兰斯塔德（Randstad）地区的表述那样，对联系和流动的分析没有否认任何“客观的凝聚性”，也没有取代这种政治上和文化上嵌入的规划概念，而这种场所或空间模式是一种根植于文化的形象表达。因此，“构想空间”并非与“感知”和“生活”空间分开，而是与这些空间互动发展。

如果是这样，那么我们可能会期待一个城市“区域”的战略来反映所有这三个维度的空间。这种战略可能会承认每天的时空规律，比如剑桥地区增长限制和分散战略产生的通勤流量。它可能会隐含地表达文化中嵌入的关于该地点的想法（米兰城市核心的价值，阿姆斯特丹市中心的邻里生活形象，或者是由水草甸贯穿的剑桥，周围是田野和林间如田园诗般的乡村教堂尖顶风光）。但城市战略的主要体制性工作在于它试图代表一个城市地区。它涉及“召唤”一些“城市区域”的概念，这既表明了它的内部差异，也表明了它的外部定位。

许多参与制定空间战略的人都非常清楚他们的概念、物质体验和文化意象之间的关系。在英国过去的十年中，对于专业人士把“绿带”持续作为空间组织理念的做法进行了许多辩论，但规划者不再独自“持有”这一理念，因为它已被应用到更广泛的大众意识中（Elson 1986；Rydin 2003b）。在荷兰，规划师们倡导在城市动态的经验现实与他们所推动的空间概念之间寻找“适当的契合度”。但是，将政策导向的概念与物质经验以及对城市地点和空间性的文化意象进行“统一”的挑战是困难重重的。这在一定程度上源于城市地区社会关系的多样性和复杂性，部分来自于“全面”和“客观上”捕捉这些问题所固有的困难。按照斯科特的观点，需要仔细研究在城市战略中被简化的概念，不仅仅检验它们是否为复杂现实的简化，还需要评估这种简化暗含的蕴意是什么。在本章的下一节中，我将提出一些建议，以对空间战略制定过程中，有关空间和场所的维度与词汇进行批判性的检验。

区分空间战略中的“构想空间”

不同的地理区域

总结到目前为止的论点，关于城市区域空间的知识概念可能来源于分析和设计的许多素材和传统。尽管来源的形式模糊，但仍支撑了空间战略的话语框架。根据列斐伏尔的说法，可以通过分析日常的物质性参与（感知空间）来建立这些规则和指引，基于此建立了一个城市地区现在和将来的概念。在做这项分析工作时，各种知识建构将被作为镜头，通过这个镜头来观察日常事务，并以某种方式捕捉日常的本质和动态，例如：劳动力市场、土地市场、流域流量、通勤模式、交通流。这些概念试图通过对物质现实的“客观化”表征，来为城市的各个方面赋予意义。

知识的概念也可以建构自文化价值、图像和符号，从文化符号（列斐伏尔的生活空间）到城市“区域”是什么以及可能是什么的概念。这些象征性的概念试图通过产生一种本体论现实，一种认同（例如，“现代性”和“全球化”的概念，甚至“紧凑城市”）的表达方式来赋予意义。关于城市形态的建筑学争论在这样的意象上有着悠久的传统，其文化共鸣倾向于从文化根源中脱离出来，因为主导者都试图寻找富有意象力的方式来表达未来的可能性。米兰的设计精英们在1980年代也沉醉于此类意象。但是，对于城市的概念也是通过地理学家和其他社会科学家对空间和领土的意象而形成的文化视角来产生的。明显根植于文化传统的例子是荷兰和英国对城镇与乡村之间的明确边界（绿带、红绿“轮廓”）以及聚居地层级概念的重视，这些概念重现了前工业化时代的模式。阿姆斯特丹规划师对“城市性”和“可达性”本质的探索，也可以理解为他们试图为一种身份的质量、一种国际化的文化氛围和国际化运动建立一种概念结构，然后将其作为城市战略管理的基础。正如列斐伏尔所说，这些城市地区概念的分析和象征性方向是以递归的方式互相传递，并与他们试图表达的物质现实和意义相互关联。

因此，如今大多数城市的战略可能会表现出一种复杂的概念混合，这些概念是为了捕捉当代的经验和观念，而这些经验和观念本身就是特定价值观的产物，例如“紧凑城市”和“城市性”。这些概念不太可能前后一致。但是，在制定战略时，这些不同的灵感混杂在一起，并不只是一种意象的混合。它也涉及不同认识论的接触，关于地点和空间知识建构的不同观点。在地理学的学术领域，已经发生了强烈的认识论转向，从自然地理学研究“空间作为表面”的空间模式物质地理学转变为社会关系地理学，在这种情况下，空间不是“连续的物质景观”，而是“不同轨迹的瞬间共存，多种历史都在被创造的过程中”（Massey 2000：129）。在物质形态的地理学中，场所、人群、文化等成为位于表面的物体。它们躺在那里，原地不动，没有轨迹（Massey 2000：128）。这有时被称为“欧几里得”或“笛卡儿”地理学。这些模式通过物理上的接近相互影响，一种活动和另一种活动之间的影响随着简单的线性距离而变化。相比之下，在关系地理学中，“城市和区域被视为在空间上接近的异质性地点，也被视为多种隶属、联系和流动的地点”（Amin 2004：38）。

欧洲的 20 世纪下半叶，首先是“笛卡儿”地理学主导了空间规划思维，更通俗而言，支配了其他政策共同体关于空间和场所的思想。但是，到 20 世纪世纪末，一种关系地理学正在努力寻找表达方式。这种地理的影响在阿姆斯特丹和米兰的规划思想中显而易见。在形成空间战略和将关于城市地区的一般想法转化为具体技术和实践的实际工作中，不同“地域”如何体现？在表格 7.1 中，我提出了一组维度，以便更详细地探讨场所、空间、领土（territory）等这些与城市“区域”空间战略所生成的地区相关的概念。正如第 6 章所述，这些内容旨在鼓励评论家和制定政策理念的人士密切关注所使用的特定地理概念的内容及其潜在影响。

城市“区域”：对象还是关系？

第一个维度探讨了通过空间概念表达的地理类型。在剑桥次区域，一个与周边乡村腹地互动的区域景观意向，以整合的方式划分集镇的等级，提供了从 1950 年代起主导的区域战略概念。剑桥地区的战略规划工作可以在某种程度上被解释为一场斗争：一方面，要防止新兴的现实冲破这种文化上持久的、物质主义观念的限制。与此同时，

问题	实例
1 指的是什么空间？ （什么样的实体？）	一个表面或容器？ 一个参与者？ 一组重要的关系？ 一组正式的权利和义务？ 一个邂逅的场所？ 一个“事件”？
2 它如何在相关的空间和场所中定位？它们之间有什么联系以及这些联系是如何产生的？	在一个场所的等级中吗？ 与（多样化的）全球力量有关？ 与自然资源的流动有关？ 邻近和离散的连接？
3 它是如何界定的，它的规模是多少？	内部和外部有清晰的界限吗？ 或者是一个“渗透性”的方式？ 中心和外围 / 边缘的一元化概念，还是多元和流体的概念？ 网络和节点的概念？ 网络层级的概念？ 具有多个节点，网络和规模 / 范围的开放性网络概念？
4 它的“前”和“后”区域是什么？	谁和什么是“重点”？ 谁在场？ 如何把不在场的议题和人带到“前区”？ 谁和什么在“在阴影中”，在“后区”？
5 它的关键描述性概念、类别和措施是什么？	土地利用？ 财产权？ 社交群体？ 空间隐喻 / 概念？ 景观类型？ 经济活动系统？ 审美品质？
6 过去、现在和未来之间的联系是如何建立起来的？	线性，循环或多重折叠？ “切片式”比较静态或动态地出现？ 每日、每周、每年和世代之间的关系？ 政策、投资与管制的时间关系？
7 谁的视角、谁享有的感知空间和生存空间	普通大众？ 多个社交群体？ 政治家？ 政策共同体？ 企业？ 物业开发商和投资者？ 活动家？ 没有当地公民身份和财产权的利益攸关方？

表格 7.1　空间和场所的维度与词汇表

打破这一观念的理据是为剑桥留出更多增长空间，这种增长需求来自于不一样的地理学，即一种复杂的经济和社会关系的物质性经验，将剑桥地区与其他各种或远或近的地点联系起来，就像在“全球化”经济中竞争概念所意象的那样。在1990年代的阿姆斯特丹，人们更加关注城市地区在各种人类和非人类网络之间的地位——水流、绿色空间、基础设施流、经济和社会关系。规划团队及其咨询顾问一直积极寻求在高度城市化背景下多重流动之间的并置和碰撞，意味着什么。

在米兰，除了场所自身具有浓厚的历史意义以及独特的社会、文化和经济氛围外，日常生活中还有对各种经济和文化关系的物质性体验和认识，这些关系将不同的网络（时尚、设计、媒体等）连接到全球各种场所、人民和文化。最近的战略事件在另一方面引起了人们对城市的关注——在政治行政管辖范围内对产权地块的征收。在米兰和阿姆斯特丹，市议会的行政管辖范围在定义该地区的“空间”时也很重要。 在这些概念中，发现了两种类型的张力。第一种是物质表现（physical manifestations）的地理学和社会联系流的地理学之间的张力。第二种是活动（功能）跨空间分布的地理学和政治地理学之间的张力。在这两种情况下，城市地区都可以成为“参与者”，但以不同的方式出场。首先，城市是一种氛围，一种特殊的并置的场所，它通过共同发展的关系和那些并列的关系来“行动”。其次，该地区的“行为”是通过一个地方政府在领土主权等级上的正式政治权力行使的。

一个城市“区域”的定位

第二个维度是在规划概念中，城市“区域”的“空间”处在哪一类的“世界”，以及它是如何联系其他“场所”？英国在1980年代和1990年代的规划制定实践中，主要侧重于限制私人开发土地和物业的权利，产生了“发展规划”。这些规划类型对应行政管辖权的等级，并处在半合法（semi-legal）的争论中。在欧洲，一般而言，他们中世纪的先辈被定位在生活与工作之间的功能性关系中，有时会渲染成特定城市及其腹地独特的历史身份感。关注的焦点是人们日常在城市中活动的范围。这里暗示着，假定了一个更广泛的地理相邻的城市区域分布在一个国家或欧洲的“地表”（Duhr 2005; Kunzmann 1998）。

自1980年代以来，城市和区域政策制定者在定位城市“区域”时，更加关注其与其他“区域”的关系，无论是在欧洲还是国际上，他们被视为“竞争”（Amin 2002）。这种“城市竞争”的概念，是城市“经济竞争力”政策讨论的中心思想，对1990年代出现的欧洲空间发展的政策话语产生了强烈的影响。这些努力既使欧洲具备了与其他全球集团有效竞争的能力，又增强了整个欧洲地区在全球格局中竞争的能力。詹森和理查森（Jensen and Richardson，2000，2004）认为，在卡斯特（Castells 1996）提出了二分法的观点后，这些概念反映了欧洲的“场所空间”和欧洲的“流空间”之间的紧张关系。这表明体现物质性邻近性的场所概念与关系地理学中表达社会联系的“流”概念形成鲜明对比。这两种地理学都关注场所和流之间的相互作用，但他们对这种相互作用的看法不同。在“欧洲空间规划”的论述中，“场所”和“流”的概念可能与欧洲城市区域的历史形象更为紧密地联系在一起，这些城市区域通过交通路线在内部相互联系并彼此相连。詹森和理查森认为，1990年代的欧洲空间政策倡议通过对大型交通网络的投资来发展“一体化”的欧洲空间，为了满足“一体化”经济的需求，重新塑造一个历史形象。但这种“单一性”的整合方式在增强巴黎、伦敦、法兰克福、米兰、布鲁塞尔和阿姆斯特丹核心经济区域的中心地位同时，忽略了这种基础设施“穿越”其本身所经场所的方式。阿姆斯特丹努力将新兴商业节点（例如Zuidas）与宜居社区城市联系起来，就是这种紧张局势的一个非常明显的例子。

在城市背景下这种“竞争性”的修辞主要集中在经济关系和场所品质，在经济增值链的规模和时机以及大公司的投资决策上，尽管某个战略在政治上的实际作用可能是从区域、国家或欧盟政府争取资源，正如在Zuidas项目中努力获得国家认可一样。阿姆斯特丹的案例还显示了另一种定位，即对自然资源和自然进程的尊重。复杂的三角洲水流环境，跨国流域和海洋流系统受到气候变化可能对当地空气中的细微颗粒产生重大影响。也许不足为奇的是，在这三个案例中，阿姆斯特丹（以及整个荷兰）做出最大的努力来代表一个区域，因为它位于一个动态的网络和节点景观中，至少从关系的角度来理解确实如是。在这个概念中，城市性（urbanity）的关键特质在于将各种（组）邻近并置的联系，如企业、个人、家庭、艺术中心或压力团体的联系，与其他物质“距离”上更远的这类联系关联起来。无论物质上的邻近度还是距离关系（relationships-at-a-distance）流，可达性和互联性都成为在密集大都市地区中需要培育的关键特质。在这种关系的背景下，“在场”（presence in places）不仅通过实体形式存在，而且通过非在场的人、事物（如网站、实验室、设计目录），以及图像（“巴塞罗那！”、“城市性”、“蔓延”等）在面对面接触的流中被调用并呼吁。这种关联性的思考方式提出了复杂的问题，使人们试图分析和确定政策干预、方案或项目的潜在影响。

边界和尺度

城市的空间是由多种形式和层次的边界形成的，每个边界都有多层次的配置和意义。在这一过程中，空间不断被分割，并以新的形式重新塑造。一个有生命力的城市在其整个历史上见证了其空间结构的不断变化，这些变化是由不断变化的边界所决定的，这些边界界定与重新界定了具有不同功能和意义的区域（Madanipour 2003：60-61）。

城市地区的内部是什么？城市地区的外部是什么？城市地区有"边界"吗？它是否有一个中心和一个外围，或者它仅仅是一个重叠的网络和节点的集合，每个节点都有自己独特的模式和动态变化的吸引点与边缘？管辖权可以确定明确的界限，米兰市的开发管制政策如果没有被其他市镇正式接纳，是无法适用于邻近的市镇。实际上，许多市镇间的战略举措是在共同利益的情况下实行的（例如在停车收费或公共交通路线管理方面）。在阿姆斯特丹争取进行城市间合作中，可以看到它试图获得对关键关系的某种控制，这些关系会影响到阿姆斯特丹市政府实现其市区目标的能力。它正在寻找一种方式，将关键功能关系的时空维度与某种形式的地域管辖权协调起来（Gualini and Woltjer 2004）。

20世纪中叶，英国和荷兰的城市规划师设想，通过"城镇"和"乡村"之间的明确区分，可以找到"客观"的城市地区边界。这种设想本质上属于文化理想，随后成为制定战略的基础，这些战略对建筑景观的演变产生了重大影响。到1960年代，规划分析人员将更多的注意力放在功能区——通勤地区、劳动力市场地区、住房市场地区、商业和社会服务地区。当时人们认为这些功能区主要是在城市地区内，并相互融合。英国地方政府通过反复重组，试图实现地域组织在文化、功能和行政层面的整合。剑桥次区域案例表明了这些尝试的局限性。在20世纪后期，意大利、法国和荷兰尝试建立大都市区的背后也有类似的推动力。在最近，关于城市和区域治理的文献中，有很多关于试图重新调整国家规模的讨论，从"缩小"国家规模到"提升"城市规模。但是，正如阿米尼（Amin 2002）所指出的那样，这种关于重新扩大规模的辩论倾向于把这些场所看作是"地理上邻近地区的连结或作为地域单元"。它提倡场所等级性的概念，并建议在行政管辖区和功能动态之间找到适当的"契合"。相反，阿米尼认为，地域管辖区是复杂关系并置的场所，在彼此之间、周围和内部都可以折叠不同的尺度。人们最好将城市地区的管辖范围和功能动态理解为持续对峙的问题，需要复杂的谈判和联盟，这点在第6章"不懈的探索"中有所讨论。

20世纪末和21世纪初的经济和社会发展动力越来越削弱了这样一种观念，即经济、社会、政治和环境关系可以组合成某种通用的模式，适用在任何特定的建制性地区，无论是邻里、城市、“区域”或国家。在阿姆斯特丹和米兰的案例中，城市“区域”战略的正当性和基于这种概念的任何具体干预，很可能会遇到各种合法性和操作性的问题。相反，关系地理学表明，围绕城市地区场所特质的流动性可以通过把特定的关联动力与特定的并置特质联系起来，从而推动其发展。同时创建一个自身的关系层，这在某种程度上会增加、影响和丰富已经存在的网络和并置的混合。

在米兰和阿姆斯特丹，规划从业者和向他们提供建议的学者都意识到有必要采取另一种表现形式来表达关系地理学中并置和连接的多个时空维度。米兰的框架文件将注意力集中在关键投资区，并没有提出任何边界的概念。从 1980 年代后期开始，阿姆斯特丹的战略规划者们寻求一种表达动态、社会化的城市网络概念的方法。这种概念跨过、穿越并围绕城市空间，与他们认为具有经济文化重要性的欧洲商业中心以及国际交通枢纽和旅游目的地联系在一起。然而，荷兰的经验表明，“逃避”一种物质主义传统是多么困难。“网络”的概念很容易被翻译成一种物质模式，而“走廊”的概念既可以是物质形态，也可以是考虑流动性的框架。荷兰的规划者和政治家们发现很难放弃采用红色和绿色“轮廓线”来划分景观类型和政策领域的做法。

前景和背景

第四个问题将关注点从边界概念转移到核心、节点、中心场所的概念。社会学家安东尼·吉登斯（Anthony Giddens）强调，被视为“核心”的东西，是摆在众人面前的东西，或者是表现在舞台前方的东西。他把“前区”，即注意力可见的焦点（Giddens 1984）和“后区”，即在场但隐藏在视线之后进行了对比。在城市环境中，前区可能是特定的空间，例如城市中心、某些街区、工业用地、主要的重建项目、绿地。或者他们可能是活动——日常生活、经济活动、房地产市场交易、文化生产、旅游“热点”。后区可能是到达“前区”的人们从何而来的场所。“在舞台上”，参与者们告诉我们，他们的所遇之人，所到之处，把不在场的人带到现场。也许那些不在场的参与者和场所可能会被忽略，只能通过声称“在舞台上”的行动者知道它们不可见而在场。或者一项战略可能会避免提及某些关键问题，因为他们知道这些问题将一直存在于观众的脑海中。剑桥独特的意向和米兰的“心脏”概念具有这种无形而又永恒的特质。因此，任何战略或规划都不应仅从所说或所写的内容来看。前景必须始终与其背景相关。

吉登斯将前后区域的概念与核心和外围的地理概念联系起来（图 7.1）。吉登斯在他对前后“区域”的讨论中指出，社会生活具有一种表演的属性，在“舞台”的特定

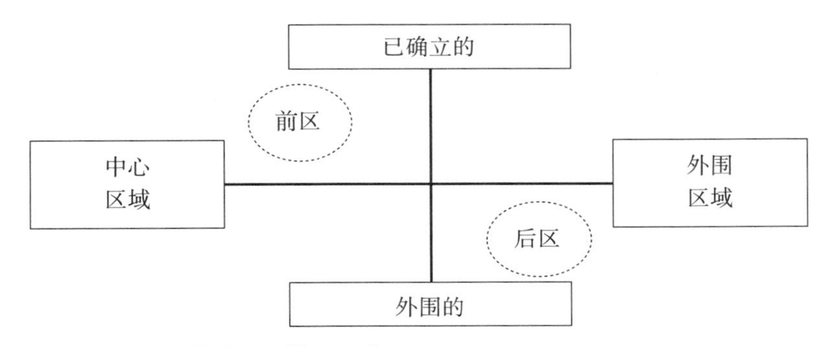

图 7.1　已确立的前区，核心区域

资料来源：改编自 Giddens（1984：131，Figure 9）

背景下进行。通过类比，空间战略本身可能被认为是一种戏剧性的事件，一种表现，讲述一个关于场所和人的“故事”。在这种情况下，各种各样的问题和关系都被带入到“聚光灯”下，从幕后的阴影中浮现出来，并融入幕后的阴影中。

在 20 世纪中叶，城市作为一种物质形态，在这三个案例的战略性表达中占据了中心地位，反映了当时国际主流的规划传统。但是，他们聚焦在不同的议题上。在阿姆斯特丹，重点是在填海的土地上扩建房屋，并致力于重建城市核心。直到 1970 年代，城市中心才成为一个关键的“前区”。相比之下，米兰市中心因为其自身拥有的氛围和作为财富集聚之所一直处于中心舞台，即使有时是沉默的角色。关于战略规划重点的争论还围绕其他问题进行，包括在 1960 年代和 1970 年代，周边社区和次级中心的景观，以及 1980 年代和 1990 年代的主要发展项目的拼合。近年来，就规划关注点而言，邻里和旧的街区似乎已经淡出了人们的视线。在剑桥，适应增长与维持古老的校园景观，以及富有吸引力的湿地景观之间在博弈，这个议题已经占据了中心舞台。而同时，低收入者获得住房的议题则被掩藏在其阴影之中。

吉登斯的前后区域概念背后关于“表演舞台”的隐喻，有助于将“空间战略”视为讲故事的训练，有选择性地聚焦于特定的问题和关系。长期以来，人们将政策制定的质量视作在戏剧表演中的训练（Hajer 2005；Majone 1987）。这个比喻考虑了另外两个特性。首先，它展示了不在场的议题、对象和参与者是如何通过戏剧表演被带上场的。通过“在舞台上”的表演，各种关系，无论近或远，以及曾经流淌过它们的价值和知识，都可以被召回上场。通过戏剧，一个“城市区域”可能以某种形式被“召唤起来”，被召回上场（Amin 2004：34）。其次，戏剧表演意味着存在观众，以及表演和观众之间的互动。在剧院里，这可能是多层次的。观众欣赏、定位和批评表演——包括戏剧的表现力、故事情节、戏剧的价值和美学方面。但许多戏剧，尤其是古典希腊剧院中的戏剧，包括合唱（译者注：choruse 古希腊戏剧中解释剧情的歌队，合唱队）或角色，人们批评和评论戏剧中主要演员的行为和价值观。这些评论聚焦于故事的悲剧和喜剧，以及主要演员在面临抉择矛盾和陷入困境时背后的原因。这暗示了一种思考方式，即如何在前景中保持“在场”，否则人和议题可能会被“隐形”。在戏剧中，有许多行动和角色可能在舞台之外，戏剧作为一个比喻，具有很大的潜力来表征城市地区关系的复杂性。这个比喻还强调，通过注入空间战略来建构一个城市地区，并非一个顺利地贴上概念标签的过程。相反，它充满了“戏剧性”——挣扎、痛苦、喜剧和悲剧——在这种情况下，不同的当事人面对道德和物质困境时倍感折磨。这表明，缺少戏剧性的战略可能缺乏说服力，因此缺乏积累力量的能力。

概念、分类和措施

空间战略充满了隐喻和度量，这些隐喻和度量创造了类别及其构成边界，并产生了技术及其逻辑。在规划实践的日常流程中，这些常常是“理所当然”的、规范化的核心概念。由规划政策共同体的成员为彼此编写的战略绩效语言通常都包含了对这些实践的引用。关于政策共同体的内容我将在第 8 章中进一步讨论。这样的分类是用来将有关城市地区场所品质的一般性概念转化为具体的度量标准，然后可以作为指导开发投资或土地使用管制的原则。这种规则性的机制可能有多种形式，并且常常混杂在一堆被认为理所当然的分类中（表格 7.2）。例如，19 世纪和 20 世纪的工业活动在城市地区产生了非常显著的空气和噪声污染，由此鼓励了土地用途的“区划”，以改善居住地区的条件。

这样的“区划”现在经常被批评，因为没有提到导致这种做法的条件。大多数正式的规划体系都使用土地用途类别的定义来赋予土地开发权。土地用途类别通常表示城市地区是由指定土地上不同类型的“活动”组成。20 世纪中叶发展起来的分类倾向于一个整合的城市区域模型，其经济基础以工业为中心，商业和行政活动作为上层建筑。围绕这些类别进行的论证可能为随后特定干预措施的合法性或适当性提供框架。但这些类别，以及它们所提供的土地和产权，随着新活动的出现或新的联系和形式出现，例如“高科技”产业、物流中心、零售卖场和新休闲活动等，而不断受到压力。在米兰和阿姆斯特丹的范围内，最初的对策是减少分区的类别以使其更加灵活。相比之下，英国对全国性的用途分类规则进行了不断的调整。

分类	举例
土地利用	在阿姆斯特丹和米兰规划中的区划类型 英格兰的用途分类规则
功能 / 活动	按主题和“面向”进行划分， 划分成经济，社会，环境和基础设施相关议题
空间概念	轮廓、轴线、廊道、核心、聚居地的层级结构等概念
环境关系 / 影响	噪声和空气质量的措施 景观质量的措施 环境影响评估 分析和措施
设计品质	大型新开发的标准 英格兰结构规划和地方规划中的项目 总体规划和开发大纲中的设计原则
社会共同体	本地和非本地需求之间的划分 家庭之间的划分 居民与非居民之间的划分 基于年龄、性别、种族等的群体划分 邻里中作为共同体的社会团体

表格 7.2　空间战略中的分类类型

空间隐喻，如紧凑城市、绿带、走廊、中心、门户、枢纽、绿道、分散式集中、网络等，提供了原则，以证明管制政策和投资地点明确的物质边界是合理的。评估环境成本和效益的技术可能会产生一种关于场地的“语言”，如荷兰的办公地点位序测试（A, B, C）或英国的住宅和零售开发的位序测试，或在 1980 年代广泛使用的“棕地”和“绿地”。城市设计的词汇，有时发展为特定的设计指南，提供各种各样的原则来判断一个新开发的质量，以及它如何“适应”周围的环境。最后，战略反映了当今社会群体的想法，而这些可能与生活在城市地区的社会群体的观念有关；可能与战略制定者经常互动的社会群体有关；也可能与战略制定者应该与之互动的群体的观念有关。这些社会群体概念的重要性在于它们如何影响制定战略的人，以及如何考虑政策和项目的“社会影响”。例如，阿姆斯特丹 Zuidas 项目开发只影响到距离上邻近的群体吗？米兰的服务规划应该距离社区多远，作为人们与服务设施之间的联系？

这些分类将战略概念引入到当前的实践中，对它们的解释通常会失去最初的战略意义，或者仅仅将一个新概念转换成已存在的分类词汇。这三个案例均表明，某些空间隐喻如何嵌入到规划传统的意识中，然而在表达新的战略思想时又不断浮现。这意味着任何试图改变城市构想方式的战略制定工作都必须密切关注这些技术以及围绕其使用而建立的实践。

时间和空间

阿尔布雷希茨（Albrechts 2005）认为，战略空间规划的重点在于未来。但是，未来的“时间”在什么意义上可以被称为“存在”？它是像梦一样的意象吗？它是一个预测吗？它是当前的潜力吗？ 随着社会和自然关系流入、流经城市地区，或环绕城市地区流动，空间战略的重点是场所品质的某些方面以及空间连接和分离的重要性。但是，正如许多地理学家所言，每一种关系都存在于时间和空间中。我们在本体论上是和实体一样流动的。 实质性和特征是“在形成中”，“在过程中”，“在行进中”，同时是“在场”和“被在场”。但是“时间”的概念与空间一样充满了困难。

20 世纪中叶，规划师受到时间概念的复杂性影响较小。在现代主义观念下，时间是一条简单的直线，将过去、现在和未来连接在人类发展的轨道上。正如梅西（Massey 2005）所言，空间安排被认为是在某个“时间片段”中的模式，过去、现在和未来之间相互承接。因此，规划的任务可以被意象为未来某个时间“切片”的空间安排。在 20 世纪中叶，阿姆斯特丹、米兰和剑桥次区域的空间战略，在持续的演进中，展现未来甚少，更像是一个良性发展的平台，可以到达并维持下去。虽然规划期限很难确定，但即便是最近的战略规划也有时间限制。2003 年的阿姆斯特丹结构规划在基础设施方面应该有一个 2030 年的规划远景，但为了与其他规划年限协调，就要把期限拉回到 2010 年。

然而，对 20 世纪中叶规划师的工作成果进行仔细研究，会看到“时间”并非一个简单的时期序列，每个时期都有自己的空间模式。围绕人们在家庭、工作、服务和休闲空间之间的移动，剑桥战略显示了对每天、每周和每年生活时间的关注。这些规划还提及政治和行政的时间，使战略合法化的演讲过程，组织进行关键投资或商定某个关键管制干预的时间。到 1980 年代后期，时间问题变得更加复杂和富有争议。“经济竞争力”的话语引起了紧迫感。需要快速创造发展机会，以抓住主要经济参与者决策的时机。城市的“资产”需要尽快被打磨或生产，以免错失经济的良机。有时，政客们也想在执政期间留下自己的印记，并敦促迅速转变观念以落实目标，这些都反映在 1960 年代的住房项目，或是在 1990 年代的城市更新项目中。但在政治辩论中，这种紧迫性又与其他“时间”出现矛盾。

环境可持续性和可持续发展的语言强调环境系统和人类代际的不同时代。“社会凝聚力”的语言强调在相异的、支离破碎的社区和邻里之间建立关系所需的时间。房地产投资者通常被描述为急于抓住机会进行投资，他们也可能将其房地产作为长期投资，基于数十年的复杂投资组合，或者像剑桥（大学）和米兰（城市中心房地产所有者）那样，历经数个世纪的长期投资。与此同时，参与治理过程的参与者自己也在经历着日常生活中与世界接触的不同时期。在特定时空格局中，出现的“地点”不是指某一特定区域的点和地区，而是多个时空的连接，即梅西的“多重轨迹的同时性”。

如果有那么多不同的“时间”在城市地区流动，那么分析人士和战略制定者就必须考虑他们强调的是哪个时间，以及在城市地区的多重时间和节奏中如何使战略与这种复杂的“运动中的生活”联系起来。1990 年代末，米兰市的战略干预提供了一个答案，它在战略重点上具有高度的选择性，这使得大多数的关系在特定的干预和影响之外不断发展。框架文件的表述特意避开任何试图在政策和具体项目中表达过多的企图。它安排了一些小型的干预措施，希望这些干预措施能够在不同的时间尺度上引发未来的发展。然而，文件中表达的“倒 T”（t-rovesciato）概念在推广之时，投资者的偏好在股票和房地产之间出现转换，资本市场迅速反应，并导致新的发展轴线出现，就像 10 年前在阿姆斯特丹发生的那样。在阿姆斯特丹和剑桥的次区域，最近空间战略的关键时间是政治 – 行政管理的时间，即政府机构之间有望达成基础设施协议的时间。但是，这些空间战略制定者选择的时间被安插到许多围绕城市地区的其他时空流中。战略通过影响其接触的不同关系层的不同时空范围来实现它们的效果，包括物质和意象的效果。

谁的战略和谁的概念？

在选取和采纳特定的概念与语汇时，在以上的维度和词汇中进行选择和组织是一个关联到社会后果和社会正义的问题。谁处在城市区域空间战略的“中心舞台”，谁的时空享有特权？ 20 世纪中期规划战略最具吸引力的特征之一是它们将居民及其物质性需求和体验定位在概念关注的核心。他们是如何生活在城市里的？如何改善他们的条件？“居民”的概念过于概括，但在当时是具有包容性的。与 1980 年代和 1990 年代在剑桥为商业投资和大学利益提供空间的战略关注并没有形成太大的反差。在 1990 年代的剑桥，大学 / 商业精英等某些阶层的经济利益代表了主流的观点，而对环境可持续性的关注则缓和了这种偏向。从 1980 年代起，在许多空间战略中，强调全球经济竞争力的主流话语，排挤掉城市地区多元化的社会群体。最近的米兰战略规划实践也受到了类似的批评，因为它使房地产行业处于优先地位，人们对房地产的活动和动态给予了如此多的关注（Salzano 2002）。但规划团队回应，优先的关注重点并不是房地产行业本身，落足点还是“公共利益”，要确保房地产投资者对公共利益做出贡献，以换取更大的投资自由（Mazza 2002）。

多年来，在阿姆斯特丹，主流观点来自制定规划政策的共同体，特别是那些政治家和政府官员，试图获得公共部门投资，并使项目落地。但是多年后，为居民提供住房、工作和精心设计的生活环境这种善意的关注已经演变成一个更为复杂的概念。它表现为评价城市内多元的社会群体以及他们在阿姆斯特丹城市空间内外的复杂时空关系，这种多样性是如何为城市的特定社会文化动力提供一个开放和国际化的“特殊”场所。为了给“开放性”“城市性”和“可达性”等概念赋予操作意义，城市的规划小组正在寻找方法，通过多样和动态的关系网络，相互交织和交叉，来表达城市动态的关系视角。事实上，他们寻求了一种战略方法将对城市生活重要的关系网络的理解纳入到任何特定的干预重点中，无论是关于重大项目形式和设计的讨论，例如 Zuidas，还是邻里的更新，或在城市中推广文化活动的投入。这反过来又丰富了对特定干预的社会影响的思考，并扩大了为战略制定和发展提供空间的声音。这样一来，战略制定的“后区”（back regions）与“前台”（front stage）割裂的危险就会减少。但是，他们的批评者同样致力于包容的城市性理念，他们担心城市的规划师们正在以一种过于理性的方式工作。在它们的实际互动中，前台仍然由制定规划政策的成员主导，而市民和众多行业，甚至不在后台，而是作为观众。

关联的视角：想象很多，在移动中

两种地理学

这个多层次的城市是一个差异性与多样性、混乱与秩序、魅力与阴谋的社会性和空间性“汇聚”——一种世俗的愉悦，同时挑战宽容和归属感的观念。这个多层次的城市是幻想和真实的，是我们对城市景观主观体验的一种创造，也是对个人——我们的性别、年龄、种族、阶级、体能、宗教信仰和性取向的回应（Thompson 2000：233）。

在第 6 章中，我认为战略是“社会建构”。在本章中，我研究了这些建构的维度。到目前为止，我强调城市地区的战略借鉴了城市的本质、维度和动态的各种概念。这些概念也是“社会建构”，与生活流的物质性经验或我们周围世界所重视的“意象”经验相互联系，但不完全相同。这些战略制定者“构想的空间”，使用列斐伏尔的术语，是帮助构建故事线索和隐喻，然后制定战略的政策话语并进行转译，随着时间推移贯穿整个治理环境。在这样做的过程中，战略塑造的概念不仅超出其被构建的所在场地，它们也对物质性现实产生影响，因为战略被用于产生投资项目，以证明资源分配和管控决策的合理性。前一节的讨论表明，城市“区域”战略性线索的空间维度可以包含关于人与地、活动与其区位之间关系的各种假设。各种各样的“地理学”可能会出现在战略中，往往很少意识到或关注它们的连贯性和一致性，或者它们与战略意图的适配性。

在呈现这些维度时，我强调了物质主义地理学与关系地理学之间的区别。这就提出了一个问题：某个地理视角是否比另一个更好？关系地理学本身并不一定具有更优价值和更有效的干预措施。正如阿姆斯特丹的规划师所理解的那样，它在当今的说服力在于它与当代多种流动性和身份体验的共鸣。它说明了后现代对城市条件的动态复杂性和许多偶然性的认识。

上一节强调了两种地理学之间的关键转变来自于将物质距离作为其主要组织原则转向了“复杂性的地理学”（Dematteis 1994），其中分析师和战略制定者本身就是他们寻求表达的关系现实的一部分（表 7.2）。然而，正如德马泰所主张的那样，所有这些地理学仍然存在于科学分析中，就像它们存在于规划概念中那样。一些“后现代”条件的分析人士认为，在流动和网络的世界中，“场所”几乎无关紧要。

两种地理学　　**表 7.2**

	物质性邻近地理学（强调物理距离，有时被称为欧几里得）	关系地理学（强调社会性距离，物理上近和远的连接）
外部分析师（旁观者）	空间模式和物质对象的“地理学”	重叠的社会空间几何关系的地理学
内部参与者（情境中的参与者）	由物质性形态决定的反映场所文化的地理学	一种具有突变特性的复杂的重叠连接的地理学

注释：改编自 Dematteis 1994：205

另一些人则强调“全球”的“抽象”动态漂浮在特定的地点和时间之上，而“地方性”则被浪漫化为日常生活或激进抵抗的场所。在强调关系复杂性的地理学中，简单的二元论，例如全球和地方之间，或场所和流动之间的二元对立，被演进中的共同构成（co-constitution）和潜在的可能性所取代。我现在更详细地分析这两种地理学的对比。然后，探讨把分析师和战略制定者意象成处在“现实世界”中可能的影响，而不是从外部考察这个世界。

物质性邻近地理学

在20世纪中叶，当时国际上新兴的规划界，其知识和灵感主要来源于地理学，这种地理学混合了对城镇和区域的赞赏，认为它们反映了某种与场所有关的文化氛围，一种“前现代地理学”（Dematteis 1994），同时又糅杂了更加物质性的关注点，强调“城市区域”是整体性的地方经济体，集中于某些生产活动从而构成了他们的经济基础。从历史上看，这些概念出现在认识到交通和通信技术对人与人之间的关系产生影响之前。它也忽略了一个地方的人可能与其他地方相连的方式，无论是意象还是经历的。它假设人们和公司在很大程度上是“扎根”或“锁定”于场所中（Dematteis 1994）。对于某些人来说，场所是一种文化观念，体现在历史中，并体现在跨代参与当地环境的特殊性中。但是，当这个主导概念转化到规划研究时，空间被作为一个表面或容器，由自然特征加以区分，通过交通路线相互连接的城市住区演变出等级关系。“场所”是由地域邻近构成的，物质性的模式通过沿水道、铁路和公路路线的人流和货物流动的连接来实现，并且可达性直接由距离来决定。这些模式分布在一个物质表面，其中包含了机会（例如，河流穿越点）和限制（例如，海岸线、容易被洪水淹没的地区、山脉和峡谷）。除了物质决定因素外，模式主要是由经济机会驱动的，由此创造了一个“生产性基地”，在此基础上，商业和行政服务结构将会增长。空间规划努力的目标是创造和维持活动之间的“平衡”，类似于经济学中的均衡概念。例如，通过限制当地产业的位置来限制剑桥的发展，而阿姆斯特丹则通过扩大沿港口和运河地区的工业来促进发展。

总的来说，人们认为这些模式过程是由定律般的（law-like）原则驱动。这为活动分类（初级、次级、第三产业、服务、交通）提供了依据，并后续成为土地使用分类的基础。例如，1950年代，英国的规划师就计算了需要多少工业来支持特定人口规模的新城镇的原则，从中可以计算出不同用途的空间要求——工业、居住和服务（Keeble 1952）。在1960年代，为了确定商业中心的空间需求，也在进行类似的计算。

上述简化的概念对20世纪中期的规划师而言具有很强的吸引力，因为它似乎为制定指导未来城市增长和发展的规划提供了坚实的科学基础。“理想”的城市在活动和交通联系上有着适当的“平衡”，并为此提供足够的空间。“平衡”意味着某种供需均衡，劳动力供应与工作机会的平衡，住房和日常生活需求与住房和当地设施可获得性的平衡。理想的城市区域在较小和较大的定居点之间取得平衡。它有一个连贯的社会空间组织，其地域形态由基础设施连接在一起（Graham and Marvin 2001）。到了1960年代末，这个理念已经发展到，各国应该有一个均衡的城市体系遍布全国的空间，发展中国家的分析师们困惑于如何建立一个有更多中等城镇的定居点结构来“平衡”正在出现的高度集聚的城市化以及发展集中在一两个“首位”城市所带来的问题（Bourne 1975）。通过这种方式，从前工业化的欧洲传统中建立的城市地理概念，并借鉴了欧洲更深层次的有序等级世界的概念，发展政策开始在世界其他地区“移植”。

到了1970年代，这个概念的局限性在欧洲本身变得越来越明显。一方面，各种基础设施投资既减少了距离成本，又为服务提供了更加便捷的可达性。人们和企业开始了大都市去中心化的稳定蔓延，不仅增加了日常生活的时空维度，而且极大地扩大了每周和年度的空间范围。穿越多个场所进行日常接触的现实挑战了在城市区域建立综合性定居点体系（settlement systems）的概念。随着“边缘城市”结合交通枢纽发展起来，城市中心开始显得不那么重要了，就像在阿姆斯特丹一样。在产业领域，包含了各种时空联系的公司，它们之间的联系通常很少，或者与城市的其他地区几乎没有联系。比如像史基浦机场这样的机场枢纽，乘客和货物的流动与阿姆斯特丹附近几乎没有直接联系。与科学中的任何“范式转变”一样（Kuhn 1970），旧的“欧几里得”地理学似乎无法捕捉正在发生事情的实质性：

> 在这个当代城市世界里……现代基础设施理想的创始人。它的一些核心观念，如欧几里得空间和牛顿时间；朝向单一城市秩序的功能性规划；促成某些“连贯”城市的单一网络，都失效了。它在很大程度上无法处理当代城市世界中的多重时空、多重连接和非连接、叠加的非中心、碎片化和不连续的世界（Graham and Marvin 2001：215）。

复杂关系地理学

当“旧”的地理学强调空间格局和空间分布的一般原理，以及人类活动的不同要素均衡地遍布整个区域时，“新”的地理学却打破了“均衡”模型。它更多地吸收了马克思主义关于资本主义经济体系内各种力量之间的冲突和斗争的分析。它的灵感来源于对关系的多样性、多重性和动态流动性的认识，这种关系随时可能融入、漂浮或潜伏在一个地区的空间，并且这种关系可能整合成可变的“空间”。它最近还融入了从现象学和文化的角度认识“感知”的社会建构本质。在这个“新”的地理学中，所谓的城市“区域”并不是客观可识别的、一体化的经济和社会系统，而是多重社会关系的复杂“分层”空间，每个空间都有自己的时空动态和标量范围。分析人员和政策制定者的关注重点是这些关系穿越物质区域时，特定场所具备的条件，他们相互作用的方式和程度，在这些互动中如何产生“场所”特质和“连接性”，以及如何利用已有的特质和连接性：

> 日常生活的物质性是由大量的空间构成的——散漫的、情感的、附属的、物质的、自然的、组织的、技术的、制度的……这些空间也是递归空间……组织、稳定、连续和变化的载体……这些空间的地理位置是不可简化为……平面（单一或多个）或基于距离的考虑（Amin 2002：289）。

这一概念阐明了流与场所之间的关系。物质性邻近地理学视行为的物质性模式根植于地球表面的特定部分，行为之间的联系来自于物质的邻近性——距离近比距离远更重要；而关系地理学则关注可能以各种方式扩展的关联动力。隐喻从一份“地图”或“设计”转变为多重的、或多或少的松散耦合的网络，包括节点、链接和松散的线程。卡隆和劳（Callon and Law 2004）通过人们在城市中漫步时的随身听或使用移动电话的图像来表达这一点。梅西举例从伦敦的家中前往她工作的米尔顿·凯恩斯的经历，她的思绪有时会在与司机（恰好是文化分析家斯图亚特－霍尔，Stuart Hall）的对话中穿越到各种地方，只是偶尔会注意到他们经过的风景。曼陀罗（Madanipour 2003）展示了人们在自己个体的“保护罩”中穿行于公共空间，将他们与非物质性存在的思想、人物和场所联系起来。这些例子并不是一个清晰的、统一的空间秩序，具有明确等级顺序的核心和边界。相反，这些例子展示了复杂的链接，在不同的驱动力下，不断形成的关系网。

在这种关系的概念中，场所在物质上是重要的结合体，是具体对象和物质流的混合体，具有感官印象和情感记忆，特定的意义和感觉依附于此。场所通过它们在关联和并置的过程中被识别的方式，集体性地出现。场所是邂逅和依恋的地点。在物质性和社会性共存的空间，它们在关系的交流中遇见，通过邻近的偶然事件；通过特定关系体系的叠加；通过每日、每周或每年的重复路线；通过时间的积累形成的历史“痕迹”，由此创造出属于某个场所的情感，而被称之为“存在”。因此，城市区域、城市、大都市区并不是客观存在，尽管它们来自非常物质性的体验。正如阿米尼（Amin 2004：34）所指出的，城市和区域是作为空间的构成（spatial formations）。

> 必须被召集起来（summoned up），作为不断移动的物质的临时安置之所和固有的地理区域，如同“萦绕”之物，已经离去仍留下痕迹……如同在已经远离的网络中曾经驻足的时刻，如同网络跨越了一个给定的场所留下的轮廓。

一旦被识别和“召唤”出来，场所就可以通过他们被识别出来的方式自身成为“参与者”，就像机器和技术具有“行动”的能力一样。在许多不同的关系网中，阿姆斯特丹、米兰和剑桥都是作为累积了不同意义的“场所”而存在，巴塞罗那、柏林、伯明翰和布达佩斯等地也是如此。同样，城市地区中的场所具有强烈的识别性——阿姆斯特丹的中心社区，米兰的“中心”（cuore），剑桥的水草甸。在 20 世纪后期的战略规划中，关于“项目”的更多关注点是在工业废弃的地区创造“场所”，用物质性设计和营销口号来支撑方案，为一个新的“城市片段”（piece of city）创造不同的“场所感”。

关系地理产生了流和网络的隐喻，而非定居点的模式。它以符号和草图来表达，更甚于地图和测量。它引导人们认识到，在移动中生活所经历的社会过程的复杂性。据此观点，场所和流都是在不断形成的过程中持续地演化。这种演化不趋向于特定的“平衡”或均衡，因此也动摇了基于现状预测未来的尝试。相反地，场所和流是通过复杂的偶发事件发展起来的，它们产生了潜在的可能性和发展轨迹，只有当它们出现时才会被识别出来。这就提出了谁来“召唤”的问题，认识到可能性和潜力，以及它们在关系流的复杂性中处于什么位置。

复杂性的兴起与空间战略制定者的定位

我现在回到表 7.2 中的分析师和战略制定者的定位上。在强调物质性邻近的地理学中，分析师置于世外，整体性地审视它。用列斐伏尔的话来说，试图创建某种类型的系统化表达。这就成为“现代主义”规划师的“观察”视角（Perry 1995），将“多个事物”的景象操纵为预先设定的理想秩序。即使把重点转移到关系交互的分析上，地理学家或规划分析师也倾向于将自己定位在这些交互关系之外，“观察”并从中提取抽象的描述语言——体系结构、几何形状、网络等（Simonsen 2004）。然而，一旦我们（作为分析师和规划师）看到一个多重的、移动的关系世界，我们就难以回避我们是如何处在我们正在观察和评论的世界里。这个想法通过文化人类学家和社会学家的研究得到扩展，他们观察社会性的世界并将学术成果和科学分析应用于实践。那些观察关系互动的人本身就是由这样的互动构成的，在此环境中提供了场地、社会世界（social worlds）、“生活在”（lived in）的场所、一种“居住场所”（place of dwelling）或

“实践共同体”（communities of practice）所发展的“生存心态”（habitus）。一旦被制度化成为政策团体、政府部门、学科和专业，这些社会世界就会积累权力，变得难以转移。

用“生存心态”这样的概念来强化一个依附于特定的生活场所，并具有凝聚力的社区概念是很容易的。在这个概念中，城市规划师或地方政治家可能会看到他们的角色，把“地方共同体”（community-in-place）的“精华”召唤出来，并辩护式地展现给外部世界。这有助于在“地方社区”（local community）的日常生活中，在外部力量（全球经济力量或国家力量）不断威胁的情况下，建立起普遍使用的二元对立。这样的社区概念也在城市规划文献中不断地重现，例如在美国发展的“新城市主义”设计思想（Katz 1994），在英国的“城市复兴”，以及规划活动中引入“社区参与”的想法。

复杂的关系地理学在三个方面挑战了这个概念。第一，人们对某一特定场所的依恋只是他们众多依恋中的一种，人们与一个或多个场所所具有的关系依恋不一定与他们的近邻相依。因此，一个场所的人可能与其他场所的人有各种关系，正如梅西（Massey 2004a）所说的那样，对其他人和其他场所负有责任。第二，这些依恋，虽然是由过去形成的，但随着人们历练的增加，以及与他们所遇之事的互动，这些依附关系在不断地演进。第三，特别是在城市群中，场所的节点性是由许多关联动力的并置和连接的复杂组合构成的。

分析师和战略制定者都置身于这一组合体当中。他们在自己的实践共同体中，以及在一个多重叠合关系的动态格局中想象和操作，这些关系糅合了物质性邻近和分离式的联系。从这些社会世界中，他们的解释、选择性的关注和命令手段被过滤掉。有时是出于故意影响他人的意图，有时候是通过思想和技术从一个机构流向另一个机构，并与其他关联动力联系起来的能力。致力于规划工作的积极参与者，例如，在城市地区编制和使用空间战略的人，都是有意在他们自己所处的复杂关系流中产生影响。他们并不在他们“规划”的“现实”之外。他们置身其中，并持续受到物质流和本体“现实”流的塑造。

就像我们所有人一样，分析师和规划师、政客、游说团体、居民、开发商等都以某种方式“嵌入”了我们特定的地理和历史、我们的社会世界、我们的各种“生存心态”、我们的实践共同体。在这些不同的社会世界中，人类和其他物种、生命体的和非生命体的互动，不断地调整和发展我们的身份和能力。这样，我们就不断地“形成”（in formation）。因此，我们的“环境”不是我们赖以生存的“容器”，也不是我们栖身的“庇护伞”，而是在与我们的接触中被吸引到我们的形成过程。为了表达这一观点，最近人与环境关系的论述（Ingold 2000）和关系世界的本体论地理学（Thrift 1996，2000）试图超越某个场所的“生存心态”或“存在之地”（locale of being）的概念。通过与物质和社会世界的持续接触，通过开发应对挑战的新方法以及旧方法重新面对新的体验，强调生活是“在变化中”（on the move）度过的。因此，“生活”是在变化的场所中被体验，是一个在多重关系之间，在复杂交互的环境中遇见和发生的过程，而这些关系本身也在不断地变化。这就是“地理”的复杂性，这是一个包含许多人的关系动力的地理环境。正是在这样的地理背景下，2000 年代，阿姆斯特丹的一些城市规划师和学者们努力表达出自己的观点，而在米兰的一些同辈人却仅把想法停留在脑海中。

对城市区域企业空间战略制定的启示

一些政策制定者和分析师在面对以提高经济竞争力为先的强大压力时，仍关注公正分配和环境福祉，对于关系地理学表示怀疑。物质主义的地理学（physicalist geography）提供了一种明确的方法来识别是否已为基本服务的供应分配了空间，并评估潜在有害的开发对其周围地区的影响。但是，正如城市规划人员所知的那样，分配场地并不能确保设施的提供和使用。而那些分析人类活动对自然环境影响的人，非常清楚特定开发与其影响的时空范围之间的复杂联系。如果志向是要战略性地干预城市动态的演变，以保持对公正分配和环境福祉的考虑，同时又要大力推动当代发展以促进特定形式的经济活力，并且目标是为大多数人改善城市生活条件的话，那么关系地理学的洞察力就提供了比物质主义的地理学更复杂的社会空间动力学的理解。

空间规划在复杂的关系地理学中会成为什么样的战略性事业？如果要从关系地理学的角度来理解城市地区，那么战略制定的工作就变成了在不断发展的关系复杂性中创造节点力量的努力。这种力量是通过“唤起”一个城市地区的概念而提出的，有选择性地将某些横向关系锁定在一起，建立联系以鼓励人们产生新的协同作用，从而创建具有说服力和诱惑力的战略，这种战略本身可以成为关系动力学不断发展过程中的“参与者”，并对物质性和身份产生影响。这意味着规划工作必须放弃这样的想法，即存在一些预先给定的空间序列原则，可以为干预城市地区新兴现实提供合法的依据。正是这些原则产生的社会过程赋予它们合法性，这种政治可能包含抵制和挑战，以表达竞争性的场面。在城市区域持续流动的交互关系中，存在各种空间排序原则。随着它们的发展，它们以各种偶然的方式相互作用、冲突、支配，并产生创造性的协同作用。其结果可能会破坏过去的社会空间格局和秩序，并可能产生新的格局，但多重关系的复杂性及其原生动力过于强大，除非在最稳定的情况下，否则无法进行预测。未来是在不断发展的过程中显现的，而不是预先设计的。

在战略制定的过程中关注城市地区的特质仍将驱动其具有合法性，正如其一开始关注场所的特质，同时它还经历了与之并置的过去与未来交织的关系生活流。然而，这种经验有许多维度，不容易以“外部观察者”的立场进行抽象分析。这意味着，战略规划工作需要找到方法，将城市动态的复杂演变概念与处于许多不同关系位置的人的经验知识联系起来，并找到在文化观念中表达这种经验的创造性工作。不能认为城市地区的“场所”和城市地区本身的存在是客观“可知的”。它们是通过“认知”的过程创造出来的——在日常生活的流动中，在意象性的生产和主张的标签中，以及在分析的概念中。因为有许多关系的相互作用，因为认知的过程是不断形成的，因此周围有许多经验、意象和观念，许多“城市”被召唤出来。

试图以某种方式塑造城市生活物质性和意象性现实的战略行动者，正处于这种不断发展的多元关系中。那些了解新兴潜力早期迹象的人可能会在塑造未来的“多重轨迹”上适应这种方式。他们的力量来自“解读”新兴潜力的能力，并创造出多个“解读”相互碰撞的舞台。当城市空间战略发展新的联系，关注新兴的“场所”并唤起场所品质新的含义时，空间战略的力量便产生了。空间战略通过这种表达方式创建了一个附加的关系层，添加到不断发展的关系组合中。因此，它们具有特定的动态节点和延伸线，融入或穿越其他关联动力。如果能够积累足够的能力，则会产生一种根茎似的力量来影响其他参与者的思考和行为方式。它们产生了知识和关系资源，这些资源流入并可能丰富讨论城市状况的“公共领域”。这种战略制定的工作将概念的力量、列斐伏尔的“构想空间”与物质资源以及管控力量联系起来。它们也可能会产生或重新确定并置场所（places-as-juxtapositions）的意义，即把那些以某种方式附加到场所的身份，存储到意象力的资源库中。通过这种概念性的力量，“国家的视角”、被调动起来的地理位置对新兴潜力可能会产生重大（甚至常常是出乎意料的）影响。

关系地理学鼓励那些为城市区域制定空间战略的人，根据特定地区的价值将注意力集中在关键的并置和连接上，并且关注它们在治理格局中所处的位置。这意味着非常聚焦地进行选择。从这个角度来看，在城市地区制定全面的、综合的、整体的战略和规划的传统，其难度和不可预测性不仅在智力上难以实现，而且在政治上是危险的，因为它可能过于固化和狭隘（2005 Parr）。但这并不意味着对于广度的要求，对于认知和理解贯穿于城市的多样化关系组合就不需要了。剑桥次区域战略被公开批评的并非其选择性的重点，而是对城市动态的意象视角过于狭隘，并以此狭隘视角做出选择。

关系地理学可以是一个强大的管理工具。它可以用于关注一组局部的关系，例如在国际经济关系中定位一座城市，而排除众多共存于该地区的其他关系。

关系地理学也是一个宝贵的资源，可以要求人们关注城市动态的更广泛、更丰富和更具包容性的观点。它具有更大的潜力揭示关系网的多样性、它们之间的交互方式以及其对城市中机会的分配和生活质量体验的影响。它鼓励人们对城市动力学（urban dynamics）和“城市性”（citiness）的特质具有广泛的意象。它为体验城市，为那些寻求新联系和新潜力的人们提供了一个智力结构化的工具，以鼓励城市中的混合性和“杂糅性”（hybridity）。它帮助我们认识到机遇的创造性协同作用，在意义和获取物质资源方面的冲突，以及在未来的动态发展中对传统和记忆，对某些舒适和安全区域的需求。关系地理学的意义不仅在于选择什么样的场所质量，以及将什么样的连接性作为选择性的关注主题，而且还在于意象和计算干预带来的“影响”。因此，关系地理学提供了一个关于城市空间性的视角，这可能会提高城市管理中任何治理工作的有效性。与简单的物质性邻近地理学相比，它还有更大的潜力，可以让人们看到复杂城市动态中的特定战略干预在公正、环境影响和经济后果等方面的影响。

关系地理学强调动态和流动性。但是在第 6 章中，我认为在某些情况下存在如此多的流动性和不稳定性，为了促进更好的城市生活条件，同时保护环境福祉和经济活力，战略制定可能会寻求稳定的关键参数。在其他情况下，重点可能在于摆脱长期僵化的问题。剑桥的霍夫德战略可以被视作一种延续“前现代”历史的经典范例。然而，这是寻求一种物质固化的手段来遏制联系愈来愈广泛的社会和经济动态。其在地理上的假设是社会空间的凝聚力和均衡性，可以在城市“区域”的“容器空间”内通过整合关键的联系而实现。这种地理学观念仍然主张浪漫主义的，基于场所的“社区”概念，在关系复杂性的背景下，其创造力、多样性的丰富度、对新机遇的开放度将会下降。正如在经典的“邻避主义”（NIMBY）对发展威胁的回应中，它提倡了一种明确的防御性抵抗，而不是混合性的多元论主张。在图 7.2 中，我将把稳定到变化的轴线与邻近到连通的关系轴线联系起来，形成一个矩阵，通过它可以考虑就城市“区域”的战略重点作出关键选择。轴线中的“能量”（energy）或强制力（force）表示在某些情况下，战略努力应该集中在整合上，而在其他情况下则应向新的机会开放。关系流的轴线表明，在某些情况下，战略努力应侧重于提高邻近度（proximity）的质量，在强化现有和新兴节点质量的同时，创造新的节点机会，让连接性（connectivities）随之演进。在其他情况下，战略努力最好专注于提高城市环境中的连接性质量。例如，通过提出阿姆斯特丹的“可达性”议程，让场所品质随之发展。

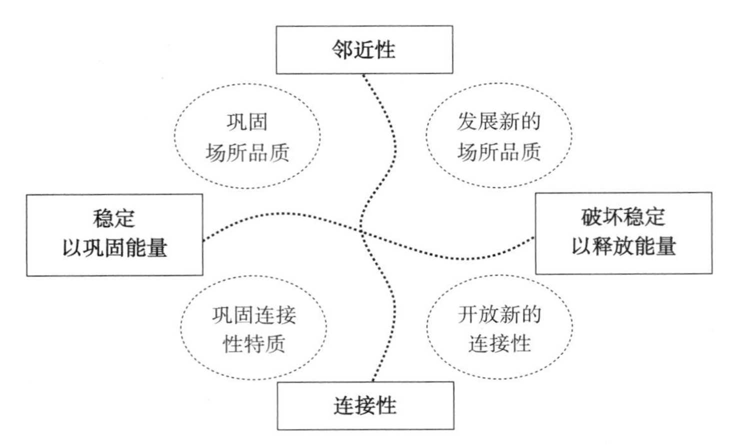

图 7.2 关注战略重点

在对比两种地理传统的过程中，主要围绕城市动态的空间性，并鼓励空间战略制定者仔细思考在其工作的各个环节中所调动的地理位置。我还要强调，在治理背景下规划所调动的任何地理位置都裹挟力量。它有可能改变我们在城市生活中生存和体验的方式。因此，战略制定中使用的空间概念和隐喻，在空间战略制定者认为重要的一系列政策议题中并不是无关紧要的注解。这是以一种政治上有力且高度负责任的方式，来表达有关场所品质和连接性的复杂问题。应注意空间概念和隐喻具有“游走”和“锚定”的能力。它们往往具有诱惑力，出于这个原因，它们在政治上很棘手。在战略制定和部署过程中，一方面，它们可能掩盖了政治利益的实际作用，而政治利益正是这些概念所应用的基础；另一方面，它们能清楚地表达谁会受到以及如何受到拟议变革的影响，从而引起激烈的冲突。

因此，选择关键的并列关系和联系，并通过时间维度想象效果，成为参与战略形成工作的人面临的关键知识和道德挑战。在这种复杂关系的地理学中，战略干预不是“创造未来”。相反，它们涉及将某些因素投入互动的关系流中，这些因素可能具有维持某些关系、转移其他关系并产生新潜力的作用。它们是“高风险的赌注”，赌什么会产生影响。它们是对“未来形成”有目的性的贡献，而不是故意为未来强加一个发展“地图”。在下一章中，我将通过研究在战略制定中如何部署发明（invention）、发现（discovery）和知识积累的过程，进一步探讨这种方法在智力和伦理方面的挑战。

第 8 章
了解一个城市“区域”

读懂知识生产的景观，其重要性不亚于知道谁可能拥有特定的信息（Forester 1993：97）。

为了描述（调查普通民众和公务人员的方法），需要强调他们所调查的社会世界在持续变动中，具有多样性、开放性、永无止境和不确定的特征（Lindblom 1990：34）。

知识、意义与城市“区域”战略

在前一章中，我强调了城市地区的空间战略是如何“唤起”一个城市“区域”的概念。在第 6 章中，我介绍了这类战略制定过程的关键方面——筛选、构建和产生动员力量，通过这些力量可以塑造一个或多个理念及其政策含义。在这些过程中，各种各样的信息、概念、关于问题和议题的观点、原因和影响，以及场所的特质被纳入到战略制定过程中。这些支撑战略制定的信息、模型和概念为战略赋予了意义。这些意义和它们的共振有助于使战略合法化，并使其更具说服力和吸引力。

20 世纪中期规划运动中的战略规划师非常清楚地意识到，需要掌握他们所关注的领域的“知识”。他们收集各种有关现象的数据并将其纳入报告中。在阿姆斯特丹、米兰和剑桥，满怀对城市关系新的社会科学认识，1970 年代的规划团队对城市环境进行了重要的调查和分析。 在 21 世纪的阿姆斯特丹，规划部门强大的内部研究职能被再次重视。在第 6 章对战略制定过程和第 7 章对城市地区的多重空间性的讨论中，提出了关键的问题，即以这种方式积累知识的本质。在空间战略制定过程中“知识”如何被积累和利用，反映了什么样“认识论”（即认识的方式）。在不同的理解和意义之间如何谈判？在这些积累、接触和谈判的过程中，会有什么样的学习过程？这些过程会在多大程度上鼓励创造性的发现，使新的政策框架得到认可，城市区域的新含义被“唤起”？这些问题提出了认识、意象、发现和行动之间的关系；关于正式的“研究”和系统化的“知识”之间的联系，如科学论文或技术实践指南，以及在政策实践的日常活动中隐含在技术和程序中的知识。它们将注意力集中在信息与参照系之间的关系上，通过这种关系，“信息片段”被赋予了意义和理解。它们提出了关于谁的知识是重要的，什么是知识的来源，以及某个知识领域的“专家”和“我们其他人”之间的关系。尽管专注于城市地区的空间战略通常只涉及对成熟的概念进行微小修改，但清晰明白的战略制定过程都涉及“已知”和“意象”的某种创造性组合，从无数的资源中合成出城市地区作为一个场所的概念，就像现在可以意象的那样，将来也可能是这样（Fischer 2000）。

在第 6 章讨论到，空间战略制定不仅仅是在行动者之间构建一个新的框架性理念的社会过程。通过该过程，可以意象一个城市“区域”的场所“含义”及其对活动的影响。空间战略制定是社会性的“构建现场”（construction sites），在这里，人们有多种方式了解什么是重要的，什么是可能发生的，什么是会被探索、被概念化、被象征化和被测试的，并在形成强大的新框架时，以一种新的（或重新激活的）“场所”理念及其产生的优先选项，重新嵌入到各种横向联系的持续流动中。

空间战略制定活动通常在若干舞台进行——规划办公室、议会会议厅、特别咨询论坛、正式质询过程、专业人员之间的非正式会议等。“构建现场”的“管理办公室”也采用不同的形式，并位于任何治理格局内的不同舞台。它可能是一个市长办公室、一个城市规划团队、某种战略合作伙伴关系、咨询公司的办公室、一个游说团体的会议室、一个中央政府部门的某个分支，或在战略框架形成的不同时期，由上述若干舞台的组合构成。

因此，在阿姆斯特丹，构建空间战略的关键“构建现场”包括正式的和非正式的舞台。在那里，来自不同级别和部门的规划官员开会，共同制定方案并达成相互妥协。在 1970 年代的米兰，“构建现场”是规划办公室和非正式的党派网络，将规划师、政客与社区组织和省政府的活动人士联系起来。与此相反，在 1990 年代，“构建现场”又被重新收回市政厅行政部门——规划办公室，即官员、顾问和政治家会面的正式和非正式舞台。相比之下，在 1990 年代的剑桥地区，战略性的“构建现场”则是在正式政府系统之外的一个网络组织。

无论身处何方，参与空间战略制定的人士都意识到他们事业面临知识技术和政治方面的挑战，他们不断寻求使他们的理解和建议更加有效的方法。在这种情况下，战略制定参与者获得了有关人口统计、交通流量、公共服务和绿色空间的位置、不同位置零售消费等信息。他们使用交通流量和交通网络的关系模型来预测新道路或铁路线路的影响。他们要求顾问在不同的空间情景下对零售消费的分布进行建模，并试图评估特定政策和项目之间的关系及其环境影响。他们忧心于战略、政策和项目带来的社会、经济、环境和政治方面的影响，以及他们所制定的战略如何与其他主要参与者关联起来。他们试图评估特定地区的"承载力"，以适应更多的发展，并评估修复棕地的工程和化学挑战，以及在公路和铁路之上建设"架空平台"的适当标准。他们困惑于如何将某个环境的"感受"和潜力（如可达性和城市性）转化为通过公共干预可以培育的场所品质。他们在考虑战略与治理格局之间的动态关系。因此，战略规划的工作调动了许多不同领域的知识——关于现有的和动态的关系，关于场所的特质，关于谁在投资什么和在哪里投资，关于环境影响以及对于不同利益攸关方什么是重要的。战略制定参与者寻求知识，以建立战略的实质内容，即干预措施是什么（what），在哪里（where），谁（who）参与，以及需要多少（how much）特定的干预措施。他们寻求的知识将帮助他们思考战略的合理性、可接受性和可操作性——特定干预的方式和原因。

案例表明，人们以不同的方式寻找知识。空间战略的"构建现场"使用了"现场"和"非现场"的方法。在 20 世纪中叶的阿姆斯特丹、米兰和剑桥郡，收集知识的全部任务很大程度上是"分包"给备受尊崇的规划专家。与此相反，在 1970 年代，大多数的"研究和情报"活动都是"在内部"或"现场"进行的。在这两种情况下，设计和研究都是同时进行的。然而，到 20 世纪末，这三个案例已经发展出不同的知识收集方法。在剑桥郡，负责制定战略的规划小组仅具有有限的内部研究能力。因此，知识积累的职能转包给咨询顾问，部分是通过一系列咨询过程进行的，使得不同利益相关群体汇聚一堂讨论具体问题。同样的在米兰，与 1970 年代相比，内部的知识收集功能非常有限。知识的供给部分来自米兰理工大学临时借调的研究人员；部分来自特定项目评估组的专家以及项目的专家顾问；部分是通过与利益攸关方就实现特定项目所需的各种活动进行磋商。在阿姆斯特丹，所有这些方式都很成熟，但除此之外，还有一支强大的内部研究团队，利用学术研究来扩充他们的概念和意象力。

因此，知识"聚集"是空间战略制定中的重要活动。但是，这涉及什么？当不同形式和领域的知识被整合、被组装、被探讨与战略制定任务的关系时，又会发生了什么？"知识组装"的过程必然导致数据和信息的积累。这在正式战略文本的技术报告中已显现出来。一般情况下，这些技术报告包括了现有条件的评估、不同类型的预测，以及不同类型影响的评估。其中一些材料可以用来测试战略，评估是否满足特定的标准。

但是，使用信息需要一些先验的概念，以关注信息的相关性和含义。在 1990 年代到 21 世纪初的剑桥大学案例中，相较于从国家政策指南中提取出方法和标准，该案例收集了一些适应技术规程的数据，旨在测试替代方案。在同一时期的米兰，通过技术评估确保符合法律规定（例如，在环境影响方面）。技术评估也用于辅助评估小组和“圆桌会议”进行项目磋商，以探讨“公共利益”的必要性和范围。剑桥的方法将信息整合到现有的分类和政治框架中。米兰的方法试图鼓励学习的过程，最终可以制定更清晰的战略。第一种方法利用信息来确认和证明选址的合理性；第二种方法是帮助探究情况，深化对所产生的影响与成本收益模式之间关系的认识。

因此，“知识”的产生不是关乎信息的积累，而是通过意义的创造来深化理解。在空间战略的“构建现场”，知识的“组装”通常汇集各种并置议题的不同理解。案例表明，“重构”的知识导致了城市地区的新想法，这不是形式化的，专家或科学知识的产物，而是冲突性的观点辩论、交锋和相互挑战的社会过程。知识组装的过程内向性越强，探索和挑战就越有限。当来自外部的知识挑战并考验已有的概念时，鼓励重新建构。这就提出了一个重要的问题，即在横贯城市地区的多样动态关系中，在何处产生和使用所谓的“知识”，以及在城市“区域”空间战略的制定、合法化和传播过程中获取了多少“知识”。这样的问题反过来又动摇了“专家”应该成为空间战略制定主要知识来源的假设。

在本章中，我将以开放、动态和相互关联的方式探讨创造性地“发现”城市“区域”的社会过程，对于制定空间战略意味着什么。为此，我借鉴了解释主义（interpretive）政策分析的最新工作，以及对“社会技术系统”（sociotechnical systems）的研究中关于“科学”知识生产的见解。接下来的两节对第1章介绍的认识、学习和发现的本质进行了解释主义的理解。第一节将在规划领域完善的方法背景下对比解释主义的方法。第二节提出了关于知识和学习的解释主义、后实证主义的观点。本章的核心是提炼该方法对空间战略制定的影响，它将空间战略制定视为一个创造性发现的社会过程，它吸收并借鉴了经验的多样性和认识城市动态的方法。本章最后总结了制定空间战略的机构场所所需的特质，在这制定过程中能促进人们对城市潜力的充分认识，包容和开放地进行思维碰撞和讨论。

在空间战略制定中意象未来：两种模式

正如第6章所讨论的那样，战略制定的工作包括筛选想法和信息，聚焦和定格（framing）战略的前景和发展轨迹，以及动员对该战略的支持。在这些过程中，大量的信息、因果关系，以及对于正在发生什么和应该重视什么的认识都被激发起来。但是这些归类的过程绝不是中立的。这些过程不仅涉及从潜在丰富的知识中进行选择，而这些知识与主流的或具有重要战略意义的概念构思相关；它们还涉及选择什么是“可接受的”或“有效的”知识。

这在“专家”知识和“公民”知识之间形成了鲜明的对比。西方科学的主流传统观念强调探索现象之间的关系规律，这可以有助于理解客观的因果关系，这种关系是诸如影响评估等“政策理论”和技术的基础。这一认识论通常被称为“实证主义”（positivist），着重于寻找“在那里”（out there）的客观物质性“现实”与其科学表述（scientific representation）之间的“对应”关系。专家和科学家精通这种知识的产生，因此他们的知识在社会上被视为比“外行”知识更“可靠”。

但是，专家知识的概念越来越受到科学知识社会生产的研究和解释主义政策分析人士的不断挑战。这就提出了另一种认识论，即“专家”知识与“外行”知识之间没有明显的区别。这种认识论强调，在科学的探究中，需要对观察和发现所获得的知识进行定义并作出解释，以及需要通过社会过程使某些解释合法化。这种认识论强调，所有的认识都是不全面的，是由调查者的目的和观点构成，而这些目的和观点又处于特定的历史和地理背景中。它珍视日常参与实际工作以及从“人生在世”（living in the world）的经验反思中所获得的知识。在这种认识论中，科学实验室和专业办公室只是生产和利用知识的特殊“构建现场”，与建筑工人从一个真实的建造工地上学习，或地方居民切身认知体验当地废物处理设施的影响并没有太大差别。这种认识论中的知识获得承认，是通过其故事的“逻辑一致性”（coherence）以及听众结合自身经历的共鸣来验证。在这些故事中，有价值的知识和经验所得的知识被整合在一起。因此，它隐含地或明确地带有某段关于因果关系的数据或陈述，以及某个社会背景的解释主义框架，说明该数据或陈述的意义和内涵。空间战略制定过程吸收了来自横跨城市地区不同关系网络的“知识”，因此不仅会遇到对城市体验及其重要性的多重感知，而且也将把多重理性和逻辑结合起来。这两种认识论将在表格 8.1 中进行比较。

模式	认识论	实例
城市作为一种物质性的社会系统，“在那里”	理性主义探究，实证主义科学	1970 年代，阿姆斯特丹，米兰和剑桥所进行的研究；1990 年代 /21 世纪初的影响评估过程
城市作为一种社会情景表征，在社会进程中被称为“存在”	解释主义的，建构主义的，后实证主义的	通过辩论和研究，阿姆斯特丹在 1990 年代和 21 世纪探索对城市的新认识

表格 8.1　两种理解城市地区的认识论

实证主义认识论为 20 世纪中期规划师的“欧几里得”地理学奠定了基础（见第 7 章）。他们在介绍工作时，强调了“调查”如何产生“分析”，然后形成“规划”；他们制定的规划与其说是这个线性过程的产物，不如说是基于某个概念对城市未来的意象。阿姆斯特丹的 Van Eesteren 希望了解交通流、土地状况和人口水平。但是，最后他对阿姆斯特丹的概念更多的是被现代主义的话语及其关于理想城市的概念所塑造，并依照荷兰城市的传统进行调整。1950 年，剑桥的霍夫德和赖特也使用了剑桥的理想概念，这是一种意象中的“精髓”，可以用来抵御 20 世纪发展的威胁。他们需要进行调查工作，不是为了形成这种“精髓”的概念，而是解决政治上有争议的道路调整问题。

实际上，这种传统意义上的规划师将自己视为整个社会的代表，是描绘城市蓝图的核心代理人。“构建现场”是规划的“工作室”，在那里可以把筛选、聚焦和构思结合在一起进行设计合成，然后将其分类为不同的类别和政策原则。在这种深刻的物质主义方法中，规划师的判断，通过他们的分析工作，以及关于理想物质形态与城市关系的演绎方式，将知识和价值结合在一起，制定规划和地图，然后通过投资和管控权力在城市地区实施。这种认识论的正当性取决于社会对专家判断的尊重。

这种把知识、价值和权力“捆绑”一起的规划制定方法，在 20 世纪中叶受到后继规划师的强烈批判——因为其不够“科学”。他们的评论已经在第 6 章和第 7 章中提及。他们试图把影响知识获取和战略制定的价值观与分析工作及生成选择性方案的工作区分开来。他们认为，在民主的背景下，前者是政治家的领域。规划者应该扮演专业分析师的角色，为政客们提供可能性的建议。规划专家“跳跃的想象力”被调查研究的科学程序及其“发现”的因果关系所挤压。结果，引入了管理科学的概念，特别是第 6 章中讨论美国赫伯特·西蒙（Herbert Simon）所提出的“理性规划模型”，它对西方政府的决策实践产生了广泛的影响。在这种所谓的“理性政策”模式中，多数派的政治决策选择了特定的价值观（如环境标准的设定）。技术规划办公室的政策专家随后利用他们的“知识”和技能进行分析和评价，将这些价值取向和目标进一步发展成为分析和管理的工具，从而得出一系列的评估选择。然后，这些选项被送返议会，进行关键的“选择”时刻。由此产生的战略，其权威性和合法性来自于选举授权和来自对科学探究的正统知识的尊重。

这种以科学为基础，以目标为导向的政策制定方法提高了效率。因果关系得到了更好的理解，也更加民主。通过事实和价值的分离，并通过明确的科学探究过程的分析，政策和实际的干预措施可以变得更加透明。“发现”和“梦想”通过分析流程与可核实的事实关联起来。这种方法影响了本书所叙述的三个案例中的规划团队，1990 年代，米兰和意大利地方政府对技术知识的重视强调了这一雄心（见第 4 章）。该模型旨在为政治家们提供公共政策选择的技术正当性，而这些政治人物完全根据自己的政治判断做出选择。该做法已经深深扎根于整个西欧的许多公共政策制定实践中。

对这种方法的最初批评包括：难以将事实与知识生产的价值区分开来；在制定规划的实践中缺乏演绎的线性特征；在政治家与专业人士之间进行分工假设。批评人士认为，分析师经常被要求对特定现象是什么以及如何分析做出判断，这包括对重要的事情做出价值判断。政客们可能无法或不愿意以一种能给分析师提供充分指导的方式来指定他们的价值。要么结果是一个比模型所暗示的更具互动性的知识操纵过程，要么政策制定的实质性部分从政治家掌控的制度舞台转移到政策专家的掌控之中，这种情况实际上已经发生了（Fischer 2003；Hajer 2003）。

1980 年代和 1990 年代，随着人们意识到市民对城市环境有丰富的经验知识，这类批评进一步强化。1970 年代的社会运动，随后的社区发展和邻里改善工程，以及在地方可持续环境实践中对社区参与的推动，使人们认识到市民对他们所关心的对象都拥有相应的知识和技能。他们比其他任何外部专家更懂得从他们个人的立场和观点中体验城市。这些知识通过观察，以及与他人分享经验来验证。虽然主流政策制定者有其专业概念和语言，但他们大部分都身处外地，常常处于治理过程的边缘，可能已是“多语言混合”，即将他们自己的本地认知与科学语言或公共政策相结合。“专家”将经验组织成“科学”有效的“知识”，发现他们与市民之间的沟通会很困难。但这可能是因为他们的概念，借用列斐伏尔的术语，即他们所“构想的世界”，对那些不处于他们特定“实践共同体”的人而言是奇怪和陌生的。

这种认识导向了一种完全不同的认识论，即认识到“知识”生产的多重世界。正如第 7 章所讨论的，规划团队本身就是处在多个共存和共同进化轨迹的世界中，每个人都嵌入他们自己的历史和地理位置，但同时，他们也会被他人所牵制，然后他们也会被嵌入到特定的问题和思考方式中。规划团队通常不只是嵌入在特定的政策共同体中，他们也被特定的传统（这些传统提供了思考问题和优先事项的方式）和处理知识的具体实践捆绑在一起。他们的思维方式是通过他们的社会实践在“认知共同体”（epistemic communities）中形成的。正如某地的居民在特定的环境中获取了一种经验性的“本地认识”，由此专家小组（无论是科学团体还是决策团队）也都拥有他们自己的“本地知识”。

这种知识生产成为一种创造意义的社会过程，由特定社会群体的情况、轨迹、活动和价值观所塑造。因此，城市地区不只是通过专家的观察和分析而“被认知”。通过不同的立场和观点，城市地区充满了使用、形成和积累知识的场所。在生命的进程中，我们通过观察、体验、讨论、实践的活动和反思来发展我们所了解到的东西，在这些过程中，我们的情感与我们的推理相结合，我们的身份和价值观与我们的经验共同进化。如果空间战略需要与多个城市经验引起足够的“共鸣”，来增强正当性和动员力量（见第 6 章），那么仅仅依靠传统的“科学”认识论存在严重的局限性。掌握城市环境的复杂性和潜力，超出了科学实践的能力。空间战略制定者需要更广泛的认识论，以涵盖其他认识或意象城市环境和潜力的方式。他们需要发展一种“认识论意识”。

这种意识的基础在最近几十年的管理、规划和政策文献中得到了发展。它涉及从实证主义转移到社会建构主义的观点。所谓的知识是“间接的、有特定情境的、临时的、实用的和竞争性的”。知识具有特定情境，其往往来源于众多立场。 在管理学的文献中，这些立场与车间工人、办公室职员、经理和主管等不同群体的观点相联系。在经济学的文献中，这些立场与跨国集团或产业增值链的不同公司有关。在企业中，过去公认的观点是，公司应该有专门的团队，或利用咨询公司，提供“研发”能力，从而产生知识，为高管们的战略制定提供知识。如今，企业更强调“学习型组织”，在公司的不同情况下，调动组织成员的“分布式智能”，以发展“学习型组织”的能力。这意味着可获得的知识是通过实际的任务绩效，通过回顾整理某种程序记录的数据集，或通过正式操纵各种模型而获取。空间战略制定的挑战在于，需要通过很多不同的“立场”来体验“城市”。因此，空间战略制定者在制定战略时，要将他们自己实践共同体以外的“利益相关者”和城市地区的其他市民一并考虑，不可避免会出现多个参照系、多种逻辑和多重价值的碰撞。他们也无法避免被政治操纵这个过程，在多重性中凸显了某些含义又隐藏其他含义（见第 7 章）。

到 1990 年代，在本书的三个案例中，那些参与空间战略制定的人都在寻找与其他社会团体和实践共同体沟通的相关方法。他们采取更多的“谈话”和较少的正式分析。在这个互动的工作中，他们寻找另一种验证和合理化其战略构想的方法。但他们也在探索可能的战略内容。通过“谈话”，通过社会性接触，通过讨论、辩论、思想交流，知识得以积累，并开发为“分布式智能”（Innes and Booher 2001）。 这承认了经验性知识与系统化知识具有一样的贡献。 在下一节中，我将阐述城市背景下，情景性知识和创造性发现这一替代模型的认识论和实践。

情境实践中知识的形成和应用

一种解释主义认识论

该模型在文献中有几个标签。政策分析人员有时使用"解释主义"一词来指代从不同的数据中创造意义的工作。或者他们会使用"后实证主义"，与"实证主义"的观点形成对比，即知识可以通过客观现象的分析来形成，而不受知识生产的社会过程支配（Fischer 2003）。正如我在本章前面所言，强调这些社会过程的其他人使用"社会建构"（socially constructed）这一术语（Law 2004）。显然，这种认识论注入了关系地理学和社会学制度主义对规划和政策过程的解释。一些主张这种观点的人表明，它是为了摆脱主流"实证主义"观点的限制。但是这个表达方式太过于二元论。人类学家告诉我们，可能存在许多认识论，每一种认识论都有自己观察和体验的"意义"（making sense），从而产生特定的逻辑和"理性"，由此可以对集体行动的论点和主张进行结构化和合理化。"解释主义"和"建构主义"的视角允许将这种多样性纳入视野，同时也承认不同科学家群体实际的工作方式。因此，它比实证主义模式更具包容性，后者在"科学"知识与"非专业"知识、"理性"论证与"非理性"评论之间建立了二分法。在解释主义的方法中，科学团体和其他"认知共同体"（epistemic communities）的工作被理解为知识生产过程的一种特殊形式。

综上所述，解释主义认识论的假设是，我们对世界的理解固有地受到我们与生俱来的能力和技术的限制。在某种程度上，我们对世界的认识是源于我们在文化和社会实践中积累起来的"储备"而存在。但随着我们把观察、经验、直觉与我们从这个"储备"中"认知"的内容联系起来，它也在不断生产。我们通过生活的流动，通过实践的参与，通过"研究"的过程和"结构性的反思"来学习（Giddens 1984）。我们逐步知道，"认识"是一个过程，一个持续的活动（Blackler 1995），它通过我们的实践活动，我们"在世间"（in the world）的生活发展起来。通过这种方式，知识发展的过程及其实质共同产生（Forester 1999），并通过现实的相关性、情感共鸣和社会文化的接受程度而得到"验证"。我们所知道的东西以多种形式存在（图 8.1），从系统化的叙述和分析，以及实用手册，到在社会生活中交流的故事，以及在实践中锻炼的技能。"知识"既隐晦又浅显，既能暗示（"隐性知识"）又能明确表达。当可以表述清楚时，我们所知道的情况可能会以多方面体现，从对技术分析的详细介绍，到深刻的感受、情感关怀的表达。

这种知识的概念极大地扩展了在空间战略制定中可以收集、生成和动员的知识范

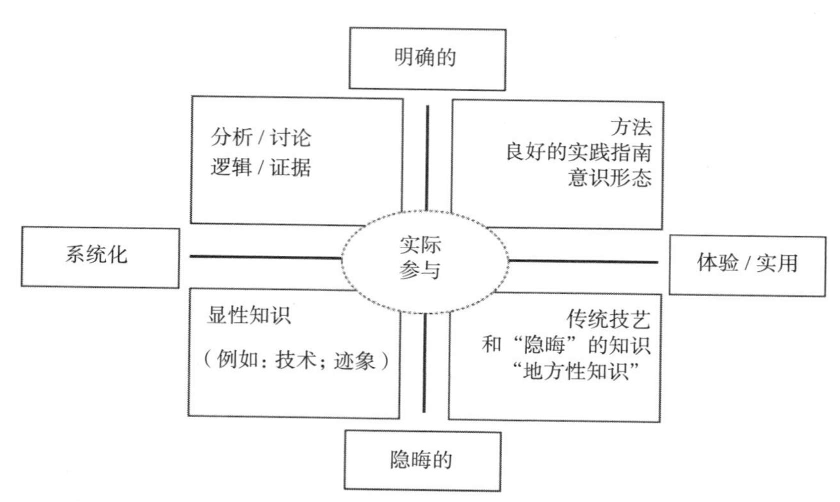

图 8.1 知识形式

围。物质、自然和社会科学的知识以及从事实际工作的专业技术知识可以做出重要的贡献，但其他知识也同样重要。例如，剑桥郡关于发展走廊和“高质量公共交通”的讨论，其目标是说服人们使用火车和公共汽车而不是私人汽车，交通规划者将使用数据集，说明人们如何在不同的交通方式之间使用和切换。但他们也需要了解生活在不同地区的人群如何通勤，通勤的行为和模式如何适应他们的生活和身份。这意味着要了解具体行程的细节：穿过街道到达公交站台，等待公交车，孤独地站立，夜晚风雨交迫的车站，试图在一天中能结合购物、通勤、接送孩子、上夜校。提炼这些经验性的知识不但有助于增进对政策的理解，还可以通过“专家”言论与地区利益攸关方经验知识之间的共鸣，使政策制定者的论证更加扎实。但是，通过传统的定量方法并不容易获得这种经验知识。它需要制度性的空间和时间，让人们可以识别和表达他们的经历。

解释主义认识论不仅扩大了制定空间战略所需的知识范围，而且它强调这些知识产生和使用方式的社会属性。这意味着战略制定的“构建现场”不仅仅是知识的来源之处，同时也包括知识积累与合成的舞台。它们本身也是一个机构场址、一个实践参与的舞台，在那里相关人员正在努力了解什么是重要的，并从流入该地的知识洪流中合成意义。在这些过程中，知识、发现和意象是密不可分。“认识”（knowing）被理解为一个复杂的过程，包括经验主义的发现、新现象的识别、经验主义的“测试”、逻辑推理、对价值的认识、对后果和影响的意象、创造意义和发现潜力。这些“学习过程”是以非线性方式进行，通过人们在交流信息和想法时的互动，通过人们与他们所从事的任务之间的互动，通过人与自然世界过程之间的互动来进行。感受、情感、直觉、想象力的边界、仔细地实验、测试、评估，讲述经历的故事——所有这些都是围绕着这一概念，即了解、意象、梦想未来。正如研究科学家的工作（Knorr-Cetina 1999；Latour 1987），科学实践也具有这些品质，不过是用“科学”的明确语言和“经过验证”的“科学发现”来表达，他们“知识”生产的许多维度都被忽略了。

这种“忽略”可以在战略规划的工作中看到，例如当精心制定的战略被“向前推进”时，或者关于未来发展的想法以一种综合的形式呈现为不同“选项”，要求“顾问”从中选择。在这些情况下，规划团队很大程度上是在封闭的“实验室”和“工作室”里工作。但这也意味着城市中可用的“知识”已通过深度处理的形式送达“构建现场”（例如：人口统计数据、或压力集团的论点，或关键利益攸关方的经验——如巴士运营商或开发人员），或者它通过关键领域主要参与者的经验、概念和价值进行了筛选。在阿姆斯特丹、米兰和剑桥郡，主要的参与者是规划政策团队的成员、当地政客和少数当地精英成员。他们积累了知识，经过筛选，合成了战略路线的一系列选择。这种知识管理方法简化了他们的任务，但严重限制了对既定观点的探索和挑战，也让他们所号召的“学会认识城市区域”的立场根基不稳，反过来又限制了创新的潜力，无法发现观察城市的不同方式。它限制了人们关于城市地区的质量、威胁、问题和潜力的多种思考方式碰撞而生的创造性。收集的数据主要是有关人们在哪里生活和工作，他们如何在一个地区移动，以及在哪里提供服务设施等方面。但是，除了1990年代在阿姆斯特丹发起的讨论之外，很少有人试图挖掘城市生活的“分布式智能”。

对有关城市动态大量的知识资源进行综合与筛选的过程对战略框架的形成产生了重大的影响。一方面，政策制定者限制了他们对城市地区新兴潜力的认识和理解。因此，他们可能会坚持对因果关系进行各种假设，而这些假设缺少现实基础，重要的关系却被忽略了。“影响评估”的例行程序和技术实践，并不能替代人们经历项目多种影响的丰富认识。换言之，战略制定者正在错失关键资源。另一方面，具有不同经验和知识的人可能会从各种方向挑战这种模式下的战略制定。一个战略可能无法说服这一切。如果它确实说服了掌权的势力，则有可能给那些表达不清，与相关治理领域联系较少的群体带来不利后果。

解释主义认识论的价值在于，通过这种认识论可以处理城市地区的空间战略制定问题，因为它提供了一种方法来认识多重理性的存在，并重视它们之间的碰撞。它减少了在知识收集、筛选和合成过程中忽略复杂性、多样性、多重性和冲突的趋势（Lindblom 1990）。因此，这种认识论为更加民主，甚至更公正的城市地区治理提供了基础（Corburn 2005）。结合关系网络和城市生活形式多样性的认识，解释主义认识论鼓励战略制定者扩大战略制定的社会“构建现场”，鼓励处于这种多样性中的学习过程，通过这种过程，城市生活中的核心潜能与挑战的共享经验得以“识别”，“城市”的另一种替代可能性也会被唤起。在阿姆斯特丹，1990年代中期关于城市未来的开放性讨论，试图拓宽他们的“建构现场”，鼓励多元化的经验和观点来表达意见并参与辩论，作为早期筛选想法、框架建立和聚焦战略制定过程的一部分。相比之下，米兰的政客们很快就放弃了这种想法。在剑桥地区，战略制定的舞台在1990年代转向一种非正式的合作关系，它从构思迅速转变为动员，顾问的研究部分用于帮助方案选择，部分是为了“测试”它们，利用技术说服中央政府。尽管在所有案例中，这些参与者都是在“学习”他们所关注领域中不断变化的动态，但只有在阿姆斯特丹，才有真正的尝试来对整个治理格局中的城市潜力进行某种“集体学习”。

我现在更详细地探讨这种解释主义认识论对空间战略制定实践意味着什么。将这种实践置于图8.1中心意味着什么？我专注于三个维度。第一个维度是如何定义“有效”。第二个维度是关于知识产生和验证的社会过程。第三个维度是对“实践共同体”的多样性和多重性的认识，这与新兴的城市区域战略息息相关。在这一论述中，我并没有试图否定前一节中概述的实证主义模型。相反，我试图将对“实践共同体”的多样性和多重性的认识，置于“阅读”和“了解”一系列所发生的事情之中。它并非专有的理性，而是诸多理性中的一种。所面临的挑战是如何促进多重理性之间建设性而非破坏性地碰撞。

通过故事学习

空间战略的制定者们提出了城市“区域”的概念、问题和机遇。他们还针对“问题”的原因和可能的干预后果做出假设。他们或含蓄或明确地对关键的连接性（connectivities）进行了假设。传统的城市分析开发了“城市—系统关系”（urban-system relations）模型，例如购物行为、交通流、房地产市场动态、环境影响和服务的可达性之间的关系，从复杂的关系中提取若干关键变量，然后探索特定变量改变后的影响。这样的分析总是有一定的价值，它能够促使人们思考并反思那些因果关系的思维习惯。但是，正如我在第7章中强调的那样，政策重点关注的是“场所”的特质和动态关系，这涉及对多种因素相互交织的认识，从而创造出利益攸关方“所能看到”（visible）的“场所”。在这种横贯交织中，不同的经济关系与不同的社会文化，以及地质、气象和生态过程的动力相互联系。因此，空间战略制定的重点在于多种力量塑造的过程。当今公认的特质，被认为是延续过去，并且可能在未来出现，这是多种因素造成的结果，在特定情况下会不时产生。尽管多变量分析取得进步，但多因果关系使任何形式的预测都变得困难，而且在公共政策的背景下，还可能造成误导和危险。这样的分析以及基于分析的建模工作，或许在探索可能的相互作用和联系方面能发挥作用，它们有助于减少特定技术的不确定性。但是，理解城市的动态却充满了无法“消除”的模棱两可。城市建模只是假设城市的概念，而不是创造一个概念。城市建模在分析之前先确定关于因果关系的假设，再进行运作。若过于依赖于建模——城市经济、交通流、零售消费模式或住房市场的模型，就会限制并降低人们对城市特质和动态的认知范围。

解释主义的方法建议，将知识的出现视作一系列“神话”和“故事”，而不是专注于单一的模型，将会丰富空间战略制定的过程，然后通过收集新的知识来完善和填充。如果我们关于这个世界的所有知识在某种程度上是有限的，并且只有在非常稳定的情况下和非常短的时间周期内才能进行精确的预测，那么所有的知识，无论如何产生，都具有“神话”的某些特质，讲述故事是有助于解释、证明、集中注意力并推动行动。一个故事给生活带来了一种看待世界的方式，并揭示了复杂关系和行动困境的重要性。一个故事是一个富有想象力的作品，它将所指的内容置于情境中，并通过其解释主义的工作赋予逻辑关联性。战略制定中涉及的筛选过程可以部分被理解为多个故事之间的“碰撞”。战略制定的过程因此就形成了一个新的“故事”，它的丰富性和共鸣反映了它与所有其他故事的关系。

但是，正如第 6 章所强调的，这些故事之间的碰撞不太可能以简单的线性方式进行。新的“观察城市动态的方式”可能会在战略制定的不同阶段出现，也许来自一些新的学术研究，来自正在推动的某些价值观的变化，来自一些新的具有强大议程的游说团体的出现。又或者，通过战略的形成和探索，新的视角和新的战略故事出现的潜力会被“发现”。

例如，在剑桥案例中，1980 年代的利益攸关方进行了研究，以强调增长限制对新兴的剑桥经济“集群”的影响。这些都引发了关于剑桥未来的政治斗争，导致了关于“集群”性质、交通问题、增长方式等方面的大量研究。每一项研究都产生了另一个需要探索的议程。与此同时，这些研究的议程不断被实际和预期的地方抗议所塑造，因国家政策的改变，以及对“经济集群”与“交通系统”等现象的理解方式的改变而调整。同样，在 1980 年代和 1990 年代的阿姆斯特丹，城市规划团队一直在试图了解新兴事物和优先事项，这些事物由不断变化的国家和地方政策格局以及学术领域出现的城市动态新观念而产生，引发了对议题和政策大量且不断变化的主张和反对。这种基于政策目的的知识生产实践表明，知识的生成远远不是一个线性的序列，而是在一系列的制度领域中以互动的、不断竞争且不稳定（jerky）的方式进行。新的信息或新近被视为重要的信息挑战了既定的框架，而新的框架理念则重铸了模型和信息。如果那些在战略制定现场的人保持持续“战略性反思”的能力，那么即使战略进入整合阶段，筛选和构思的工作仍在继续。例如，那些在1990年代推动剑桥地区重新构建空间战略的组织正在不断推动对发展规划内容的重新思考，因为在正式质询区域战略的辩论过程中，产生了关于当地状况的新知识和关于平衡国家政策方向的新判断。他们正在大力构建和修改“关系层”中脱节的故事情节，他们试图将其插入剑桥地区相关治理领域，并在不同的制度舞台之间斡旋。在阿姆斯特丹，城市规划师们更注重倾听那些在“公共领域”出现和回荡，关于该地区的挑战和特质的故事。整个治理格局部分是他们知识生产的实验室，尽管他们倾向于自己掌控筛选和整合的工作。战略制定过程的非线性，是马扎在为米兰框架文件工作过程中一直坚持文件不是战略的原因之一。一项战略最终可能会伴随框架文件的创新过程而浮现出来，但正如第6章所讨论，最初行动的作用是挑战并“颠覆”先前的假设和程序。

那些以解释主义认识论参与战略制定的人会意识到，关键的挑战是“捕捉”可能出现的战略性故事情节，并在它浮现之际“识别”其潜力，但又不能如此之快地“锚定”它，以至于忽略其可能的局限性。随着它的出现，需要关注和探索其他关于因果关系、潜力、问题和挑战的故事，以挖掘新兴战略故事的吸引力——其假设与取舍，与已知事物的共鸣——以便评估其可信度和正当性。这样的战略制定过程通过探索不同的“故事”以得出其论点和逻辑，价值和意义。在这些碰撞中，可能会引发不同社会群体和观念之间的冲突，进而重新转化为关于价值观、潜力和歧义的讨论。

总之，如果知识被理解为一个始终不能完全认知的过程，去认识影响城市地区及周边地区人们关系生活的条件和潜力，那么参与空间战略制定的人就必须关注“如何认知”城市的维度，如表格8.2所示。

维度	解释主义认识论的启示	建议
理解因果关系	结果有很多原因 它们取决于具体情况	避免过分依赖简单的因果模型 对因果关系持有不同的态度
什么是可知的	“发生了什么”的知识总是不完整的，这涉及从不同的输入中产生“意义”，价值、事实和意义被捆绑在一起	聆听故事并使用故事、分析和模型以探讨有关当前问题和未来潜力的想法
知识发展过程	“认知”是一个互动的，非线性的“意义建构”过程	避免将知识生产和使用划分为多个阶段 使用多种“逻辑”在论证中探索

表格 8.2 从故事中学习

知识的社会生产

非线性和终极不可知性的挑战进一步强化了人们的认识，即通过科学实践以及其他方式产生的知识是一种社会建构，通过它可以产生“感觉”和“意义”。换言之，“科学”并不是一个可以使政策制定和公共行动合法化的中立、客观的工具。所谓的科学知识是由研究机构和大学内复杂的社会实践产生和传播的。这同样适用于在政策环境中产生和使用的知识。在这两种情况下，知识在不同的过程中产生：对关注焦点进行磋商的过程；实验和发现的社会过程；对“结果”和政策构想进行测试、验证并使其合法化的过程。在治理背景下的战略制定，主要动机是解决一些感知到的“问题”，或者为一系列不同的活动提供指导，或者创建一个指导性的定位，通过这个定位可以更有效地推进核心的关系和价值观念，或者也许仅仅是为了满足一些程序上的要求而制定战略。寻求知识和思想本身并不重要，而是要执行政治和政策制定的工作。对于战略制定者而言，“结果”是该战略能说服主要受众（政治家、公民、商业团体、压力团体、专业同行），从而将注意力重新集中到新的行动重点上。它不仅接受同行“权威”的验证，而且要得到不同“认知共同体”（epistemic communities）的共鸣，以及他们对其可能产生影响的预期。

战略制定者面临复杂而分散的背景，在这样的环境中，他们的努力得到验证并合法化。他们需要关注战略所创造的“意义”，不仅是对政治家和专业人士，而且对那些受到战略影响并可能会挑战它的人，以及关注战略制定的“建构现场”。他们无法避免要认识到社会过程，通过这些社会过程，他们使用和发展的知识得以生成、过滤、验证和合法化。过去，战略规划人员可能更像传统科学家，被他们的实验室和同行的社交圈子所隔离。阿姆斯特丹的范·埃斯特伦（Van Eesteren）可以向CIAM运动中的同行寻求帮助，以验证他的方法。剑桥的霍夫德（Holford）同样利用他在同行中的地位，他对当地政治的了解而跻身参与塑造1940年代国家新的规划体系。今天，在阿姆斯特丹、米兰和剑桥，战略性构思产生和测试的场所已扩展到了城市治理的“公共领域”，所产生的想法以许多不同的方式得到验证和合法化。这就提出了一个关键问题：谁将参与到战略制定的过程中，以及在哪些领域参与。一个旨在了解多重相交轨迹的战略制定过程，需要找到方法与不同的参与者联系起来，并在公共领域中结合多种观点和理解，以使话语碰撞成为可能。

尽管在任务重点、空间战略制定和科学研究调查的背景上存在差异，但那些对政策制定过程感兴趣的人可以从科学家的工作方式中学习。克诺尔·塞提纳（Knorr-Cetina

1999）在她对多国科研团队的研究中，展示了该团队的社会组织如何跟随特定科学界别的背景、研究任务和传统而变化。涉及高能粒子物质的研究团队与分子生物学研究团队的运作方式截然不同。换言之，知识发展和“发现”的过程受人们寻求“认知”的内容和背景影响。在阿姆斯特丹、米兰和剑桥，所有的战略都寻求对“城市”的某种了解，但重点根据战略要解决的关键任务而变化。例如，关注点如果是扩大城市以提供更多和更好的住房和生活条件，将会强调知识发展的不同来源、形式和内容，而不是侧重于减少城市生活对环境的影响；或者更有效地协调发展投资和基础设施供应。

到了1990年代，在阿姆斯特丹、米兰和剑桥，那些集中参与战略制定的人们，由于他们所涉及的任务性质不断转变，因此他们也在不断地学习中。在阿姆斯特丹，城市规划战略小组试图以“开放性”和“城市性”的概念来确定阿姆斯特丹的城市特质，以达到一种品质上的要求，目的是为了争取国家和省政府的特别投资，以及与私营开发商的谈判。在米兰，中央战略规划的任务是提供某种框架，以约束和关注开发者、政治家和各种公共机构的举措，这些公共机构关心的是战略的影响，以及公共服务的供应。在剑桥，正如那些游说改变战略的人所定义的，任务是使大幅度增长获得支持，并吸引投资提供必要的基础设施。在每个案例中，都是通过最初的任务焦点来寻找知识。然而，在考虑这一焦点的开放性上，每个案例各不相同。在阿姆斯特丹，从灵感和挑战中汲取了许多资源，核心战略规划团队在汲取了所获得的知识后，不断地反思自己的理解，并重新制定其任务重点。相比之下，在剑桥，知识主要是用来支撑和填补既有的定位。在阿姆斯特丹，重点是了解城市的条件和潜力；在剑桥，知识是被用来验证已有政策的转型，并使其合法化。

但是，知识与任务之间的关系不仅仅是战略制定者制定目标的方式问题。在城市复杂的多元关系背景下，各种知识是通过不同关系背景下的人们参与各种活动的方式产生的。其中一些是明确已知的，很容易转译为数据，或观点，或关于经验的故事。但人们也会通过实际参与，通过他们的工作，也许乘坐公共汽车环绕城市，或者收集城市的垃圾，或者经营托幼机构，或者只是在傍晚漫步等方式来了解情况。这种通过身体接触和心理感受获得的知识，很难在“公共领域”的讨论中获得，即城市“区域”是什么，可能是什么样的，哪些特质是重要的，哪些是值得重视的。然而，在讨论中利益攸关方如何回应战略思想和机遇至关重要。某项政策在特定城市地区的特定情况下如何开展，对于形成某种理解也至关重要。这就要求关键参与者在空间战略制定过程中具有“街头智慧”（streetwise），能在城市的大街小巷中游刃有余。这就意味着，寻求实现多样化城市体验和概念的战略制定过程既需要指明对外的发展方向，又需要对内与不同社区实践进行互动。这使沟通能力显得尤为重要。这不仅仅是提供公共咨询文件时使用的语言问题。这也是一个能力问题，能否以多种方式与他人互动，并在与不同个人和群体交流时有效听取信息。规划师因为假设每个人都能说出专业语言，并要求那些参与咨询过程的人也采用这种技术语言而备受批评。如果那些参与空间战略制定的人要具有“街头智慧”，他们不仅需要“走访”大街，还需要学习如何“倾听”人们展示和告诉他们的东西，学习如何在多种语域中“发言”，以便交换信息、概念、价值和意义。正如关于沟通实践的文献所强调，话语能力不仅仅是一种表达适当词汇的能力。它包括通过手势、加重语气、面部表情来表达意义。它可能涉及某种程度的实践参与，如参与性研究，或焦点小组，或设计剧场。因此，那些参与战略规划的人不仅要让自己关注身边的地区，寻找城市地区的知识和灵感来源。他们还需要提高对其“政策语言”特征的认识，并使之成为“多语种”，能够识别其他语言和交流方式，通过这些方式可以将知识和思想进行传播或召唤成为意识，从而扩大和丰富关于城市未来的讨论。表格 8.3 总结了战略制定过程中认识社会生产的维度。

维度	解释主义认识论的启示	建议
战略制定的舞台	舞台是多样的 舞台和参与者的选择至关重要	开放舞台 容纳更多参与者
战略制定的任务焦点	战略制定的任务焦点不是固定的，而是演进的	强调学习过程和关键探究 随着理解和意义的演变，允许构思框架和焦点转变 允许创造性发现
战略制定的语言	接受不同实践共同体的语言和认识论	发展“街头智慧”技能 认识沟通实践的多个维度

表格 8.3　城市知识的社会生产

城市生活的多重本体论和认识论

战略制定涉及选择性和综合性（见第 6 章）。但是，正如 1960 年代城市建模者所发现的那样，关于城市地区可以了解的意义、事实和“价值”的范围超出了人类的智能；而且还有很多未知的东西。关系地理学和解释主义政策分析使人们认识到，在我们的多重身份和与他人的关系中，我们不仅以不同的方式来感知和评估城市地区的生活条件。在我们形成身份意识（本体论）和形成理解与推理模式（认识论）时，我们的感知和“价值观”是同时产生的。因此，在城市地区，有许多潜在的方式去体验和了解城市的场所品质。旨在促进城市“区域”具有丰富性和包容性的空间战略制定所面临的挑战是，如何认识到这种多样性及其不同的形式和位置，与此同时，将注意力集中在焦点上，即哪些“城市”的理念可以被召唤、哪些关键的潜力可以被意象和发现，以及哪些可取的干预措施可被确认。

有时可以假定不同的知识形式与不同的社会群体相关联。规划团队可以求助于科学家对此现象进行分析和收集系统性证据；寻求顾问和政府关于“良好实践”方法的建议；要求他们的技术专家库把这类知识编入法典；以及向“当地社区”（直接或通过政治家）学习“当地知识”和他们的经验性知识。但是对实践共同体的研究，无论是政策共同体、科学团队还是当地社区，都表明图 8.1 中所有的知识形式都可以在任何实践的流程中借鉴。不同实践共同体之间的区别部分在于“内容组合”，即分析性的知识、良好的实践手册、行业知识和本地化经验如何结合。这既与实践中任务的性质有关，也与它的背景和历史相关。除此之外，实践共同体之间的差异在于通过哪些过程来确定有效的知识与合理的推理。也就是说，不同之处在于论证方法、所用的逻辑和理性。解释主义认识论承认“科学理性”不是唯一的逻辑，而是作为一种社会性情境（socially situated）的推理和论证模式，这是许多可能的逻辑之一。

这意味着空间战略制定者需要认识到感知城市生活形式的“场所感”有多种方式，不但需要找出和整合治理环境中利益攸关方掌握的各种知识，他们还需要认识到多种逻辑，可能表现为处在不同位置，具有不同经历的人，困惑于城市地区、场所或连接性对他们而言意味着什么。如果空间战略制定试图推动城市“区域”富有包容性的概念，并将公正分配、环境福祉和经济活力等潜在矛盾的价值联系在一起，那么参与者就需要找出方法来实现这种多样性，需要鼓励被隐藏或缄默的对象，需要面对和适应明确的、系统化的和被纳入规范的内容。它涉及寻找不同的视角和经验，并以至少彼此部分可见的方式来表达。深刻认识到城市复杂性后，试图把选择性和综合性作为城市空间战略制定的基础，就需要将这种多样性带入某种碰撞。这可能会带来挑战和冲突，但其本身就是一个探索过程，通过这个过程，任何战略中的政治都会更为显性。

在阿姆斯特丹、剑桥和米兰的情况如何呢？在所有的案例中，战略团队都在寻找其他政府部门的知识。他们还向政界人士进行了调研。主要参与者基于与各种团队在不同情形下沟通交流的经验来制定空间战略，尤其是在 1990 年代末到 2000 年代初的阿姆斯特丹和剑桥郡。这种方式自 1970 年代开始，当时在阿姆斯特丹有强大的内部研究团队来“积累”和解释信息。在 1980 年代的剑桥，战略团队寻求咨询顾问，提供关于城市动态方面的“建议”，而在米兰和阿姆斯特丹，更多地使用大学专业知识。从 1970 年代开始，在阿姆斯特丹和剑桥郡，与公民和各种其他利益攸关方的磋商已成为日常实践，尽管通常以高度结构化和局部的方式进行。

到了1990年代，规划团队的实践已经认识到在战略制定过程中获得城市地区多种经验的重要性。战略制定者们将正式的研究、咨询意见的汇总、与核心相关者讨论的结果以及他们自己的经验知识整合在一起。通过这种方式，正式化的知识与这些不太正式化且对核心战略概念的形成不太起显性影响的知识相互作用。然而，在所有的案例中，以前的规划理念和规划政策中的思想“浪潮”构成了关于城市动态和战略内容的理念“召唤”。其他声音可能也会受到欢迎，以测试并传达战略理念，但它们往往被忽略，因为人们所说的话与他们的身份以及论证模式之间的联系没有得到承认。那些在既定政策制定的纽带之外的声音必须依靠政策制定群体内的人士主动扩大他们自己的视野和能力，“了解”别人的感受、体验以及了解场所和连接性的演变特征，并把它们转化为自己的“知识”。

政治上的“局外人”组织成为抗议团体和特殊利益游说团体，以确保他们“被听到”，事实上也改变了战略制定的做法，正如1970年代在阿姆斯特丹为了回应城市社会运动所发生的那样。但是，在1990年代和21世纪初，那些愈加边缘化的声音更难以清晰表述为政治语言，也更难被聆听。米兰日益分化的社区中，老年人和贫穷移民是通过学术分析和“服务规划”（Piano do Servizi）的工作而被“发现”，而不是作为米兰城市治理中的积极“声音”。因此，城市经验的多种认识论和本体论在战略规划者的头脑中，在战略产生的主要辩论和讨论场合中继续碰撞。他们再次显现在战略的磋商、正式反对和质询的舞台。规划人员对多样性进行了筛选，然后再重新呈现在正式结构化的舞台上，那些有足够的兴趣和知识的人可以对此进行挑战、检验，对规划师达成的选择和综合方案进行合法化。

从解释主义认识论的角度来看，选择性和筛选性工作是无可非议的。这是创建和使用战略性框架所固有的。战略制定的过程无法避免只有少数人从事综合性的工作，无论是对新兴战略观点的认可，还是产生一种“看待”城市地区及其战略重点的新视角。对城市体验和价值观的多样性，是持有狭隘还是开阔的意识，取决于那些少数人的经验和能力。当他们发展、设想和构思战略思想，或者重新表达和重新评估以前所发生的事情时，他们从中汲取了哪些经验和价值观？假设他们是“在舞台上”，在认识“价值观”和理性相互碰撞的前景中，他们的背景应该是什么？在讨论战略时，哪些不在场的对象会被卷入成为“在场”？关于这一点，阿姆斯特丹和剑桥郡最近的战略制定过程形成了鲜明的对比。在阿姆斯特丹，那些参与战略规划的人员至少在一些城市街区汲取“街头智慧”。他们组织了关于城市及其状况的讨论。他们委托研究课题来帮助他们学习更多。他们从治理领域的积极声音中预见了各种各样的挑战，并面对声称他们仍未充分了解以及工作方法过于狭隘的质疑之声。随着工作的不断推进，各种不在场的其他对象也被卷入战略制定“构建现场”。相比之下，在剑桥郡，大多数的碰撞仅限于那些政治家、规划师和大学 / 商业利益团体，他们主张为经济发展提供更多空间，并更多地关注交通维度的环境可持续性；也就是说，以高度专业化的方式看待地方经验。而关键的非在场的“其他对象”，其存在贯穿战略制定的各个舞台，它是负责“规划体系”的中央政府部门，作为土地利用管控的核心力量，也是公共投资的资金来源。

因此，获得城市生活的多重本体论和认识论并不能让空间战略的制定轻而易举地被认为是相关的、有效的、社会公正的和合法的。开放战略制定的过程，扩展多种实践共同体和多种理性之间直接碰撞的场合，在复杂的社会和政治层面充满操纵的危险。如果某个参与者公开表露出某种实践或利益，最终可能导致另一个参与者摧毁或捕获它。或者某个群体的推理模式可能会“排挤”或被“转换”为另一个群体的模式。或者，某个参与者的观点和感受可能会被操纵，扭曲，并被用来合法化另一个人的权力行使，如弗里夫比约（Flyvbjerg）著名的丹麦奥尔堡案（Flyvbjerg 1998）所示。因此，参与战略性空间规划的人在面临复杂的管理和伦理判断时，会考虑哪些关于城市地区的概念在舞台上可能被唤醒，被“发现”，并被赋予政策干预的意义和影响。在做出这些判断的过程中，他们创造了一种特殊的氛围，在这种氛围中，不同的本体论和认识论邂逅。表格 8.4 提出了探究性问题，通过它来探究邂逅氛围的特质。

维度	解释主义认识论的含义	建议
多重逻辑与理性（认识论）	认识到逻辑和“理性”的多样性	尊重不同的看待方式，表达方式和推理方式
多重身份、位置和轨迹（本体论）	认识到被感知、被重视和被理解的事物因身份、位置和轨迹而异	从多个方面寻找经验
本体论与认识论邂逅的多重地点	促进不同的本体论和认识论能够以创造性而不是破坏性的方式邂逅	鼓励在个性和理性之间进行创造性的交流，以助于挑战和探索

表格 8.4　城市体验的多重本体论和认识论

邂逅、争论和审慎实践

着眼于城市未来的战略制定涉及对城市动力的潜力和轨迹的特定“感知”，其中特定的联系性和场所品质成为当前制定行动计划以鼓励或抵御潜在可能性的关键考虑因素。本章试图强调，这种选择性的调用和关注不仅需要利用系统的研究、技术评估以及专业团队的知识“储备”，它还需要认识到“已知的事物”（known）是在社会环境下创造意义的过程中所产生的结果。在认识论层面，无法将专业“规划师”、系统技术知识的捍卫者以及通过政治家引导进入战略制定过程的非专业知识明确区分开。从解释主义的角度分析知识获取的方式时，强调意义和价值被捆绑一起并共同发展（Fischer 2000）。具有战略意义的是更多新兴的创意发现，而不是从既有证据中得出的逻辑推论。反过来，这种战略的产生又形成了另一套含义和“价值”（valuings），这些含义和“价值”游走于城市地区散布的“知识”（knowings）。空间战略制定若寻求创造一个战略性框架，以丰富开放的方式“召唤”一个城市“区域”的概念，需要将在各种关系世界中产生的“知识”和意象纳入某种联系和邂逅。在创建一个围绕城市“区域”战略发展的关系层时（见第 7 章），空间战略的制定也能对当地主流的治理文化，以及城市生活公共领域的质量做出贡献。

许多空间战略的制定都是在正式规划体系指定的程序中开展的。许多此类体系的设计均以专业知识和线性逻辑为主导。这导致的一个结果是许多规划师把“邂逅”视作不愉快的经历，因为要与毫不相干的市民进行磋商，或者是高度紧张的公共斗争，或者是他们不得不在正式的质询场合辩护其观点的合法性。其他利益攸关方，包括寻求积极参与治理过程的公民，当他们参加政府组织的各种所谓磋商、参与、授权等场合时，往往也反映其类似不愉快或沮丧的经历。关于知识的解释主义、非线性的观点强调，多样性之间的“邂逅”并不局限于这种正式场合。它发生在贯穿战略制定过程中的互动流中，并可能以某种方式成为所有“邂逅”在城市治理过程中的人，其持续“生命流”的一部分。那些根据本章所讨论的考虑因素来设计空间战略制定过程的人可能会试图找到邂逅的地点，通过这些地点，城市地区的“知识”被收集起来，并在城市地区的多个关系网中更接近生活的流动，在这些关系网中进行贯穿和交织。这种邂逅可能具有更多的组合（assemblages）特征和拼装（bricolage）特征，更甚于系统性的分析和评估：

> 探险需要的是“砌砖”，即收集和拼凑线索，顺着轨道回到起点，识别出可以立即辨认的迹象，并发现第一次错过的其他迹象（Melucci 1989：13）。

这些术语暗示着来自多个方向的含义、价值和信息，在潜在的创造性探索和发现过程中被抛出、被观察、被允许漂浮并以各种各样的方式组合。它们被“探究”（probed）

（Lindblom 1990）并且争论不休。通过探究和争论，许多思想的火花和点滴的事实不仅被带到了前台，变得清晰可见，而且引起了反思——它们从哪里来，它们产生了什么含义，其中嵌入了什么样的假设？通过这种方式，拼装整合了一系列具有潜在重要性的场所品质和连接性，并集合了关于什么是重要的，为谁而做，为何而做的争论。

通过这些过程，产生了新的意义和新的模式，这些模式专注于战略重点并视需要采取适当的干预措施。以这种方式在城市治理背景中形成战略，是当代“协商民主”讨论的核心。在这些讨论中，推崇民主治理实践的模式，强调建立用于邂逅和辩论的公共空间，这些空间对于不同的语言和逻辑，以及不同的表达方式和讨论形式都是开放的和可实现的。开放和可实现的讨论形式关键在于“发现”而非“封闭”。重点不在于减少治理的不确定性（会发生这种情况还是那种情况？产生这个问题的实际原因是什么？），更多的是揭示潜在的可能性和机会，破除模棱两可、紧张局势和艰难选择的情境。

这意味着，旨在对场所品质和连接性持开放态度的空间战略制定过程，充分意识到在城市地区可能交织了多重的轨迹，需要细心留意制度场址的属性，在这里不同的观点、意象和知识会邂逅。这些本质上是“表演”，有前台、后台、合唱团和观众。这些表演的本质不仅揭示了城市“区域”是如何被想象出来的，而且还表明了该战略为谁而做，以及它要做什么。如果前台表演是使用政策文本和政府官员的专业术语，那么就不太可能从更广泛的公众中吸引更多的观众。如果这出戏以一种能让生活在城市周边的人熟悉的方式进行，并激发对城市生活中的困境和责任的共同体验，那么它可能会吸引更多人的注意。它也可能会减少战略框架构建中不太接地气或网络化程度不高的问题。战略制定者寻求制定更审慎的治理方式，其面临的一个关键挑战是，将战略制定的“构建现场”置于前台向公众开放，以开拓“公民发现”的可能性。

但是，人们有可能被戏剧的表演和言辞所迷惑。对于某些角色和某些想法而言，过多地控制舞台是很容易的。这可能会产生违背“实际现实”的战略。或者战略的思想最终可能会过于狭隘地依附于一组玩家的利益。在这种情况下，一项战略以及其维持的意义可能会被切断、压迫或使对许多其他城市状况的担忧消失。结果可能导致一种压制性的战略框架，限制创新，并鼓励单一视角的支配——例如一个商业公司，或者是一个专注于交通或历史建筑保护的压力集团，或者是当地的精英们试图管理本地区域来排除那些与己相异的人。

因此，在战略制定的工作中，从各种知识的“拼装”转变为一个战略性的合成，什么意义和价值被调动起来是很重要的。这意味着，那些参与创建、探索、测试和提出挑战性战略思想的人不仅需要保持持续的批判态度，他们还需要针对用于评估、证明和支持战略思想的本体论和认识论假设进行反思。这种批判性反思需要关注的不仅是战略的影响可能是什么，以及这些战略如何在团体之中和整个时间范围内分配。它还需要理清关于效果和影响的争论中所做出的各种假设。这种批判性反思需要一个“认知意识”。这种批判意识的价值在于，其他选择可以发挥作用：不仅仅是备选的信息或者备选的因果关系模型，甚至还认识到在哪种情况下，其他的备选方式可以被建构、理解和重视（Massey 2005）。这样的“战略性表现”为一种具有竞争性和挑战性的政治，为一种对政策框架的评估与探索具有开放性的政治留出了空间。它允许“来自边缘的声音”寻找表达方式，并且从边缘化立场截然不同的意见中，更清楚地揭示主要行动者的偏见和遗漏。

但是对于多学科、多语言和存在多种认识论的城市地区而言，制定战略并不像我在本章中所使用的两个类比——构建现场或舞台表演；因为“建设”永远都不会结束，戏剧也从未完结。制定战略的工作并不是形成一个最终的、持久的“产品”，而是持续不断的“进行中的工作”，不断地未完成和不断地发展。在这种持续演变、持续不确定、多重邂逅持续竞争性的制度空间中，一个战略的出现是作为一种框架性的构想（或多个构想），一个关注的焦点，以及某些人所认为的一个需要现在就必须定型的结果。这种定形总是临时的，总是有争议的，总是有风险的。需要“确定”的可能是多种情形，它可能是一种物质性的投资（一个新居住点或一个高铁站的选址），也可能是一个特别关注的地点（米兰的 T-rovesciata，阿姆斯特丹的 Zuidas）。或者，它可能是转化为政策标准的一个关键值，例如推广更低成本的住房或遵循严格的环境准则。或者，它是形成新的邂逅舞台，在那里会形成战略性的方向（例如，米兰的评估小组，“剑桥的视野”组织的研讨会）。因此，战略性空间规划所涉及的“发现”过程不仅仅是发展一个城市“区域”的概念，而是在不断涌现，不断争议的城市现实中制定适当的解决方案，以吸引政策关注和采取政策行动。

这意味着一个空间战略的制定，要保持开放的思维，充分意识到多样化的发展轨迹。城市地区场所品质所产生的新兴潜力，在很大程度上取决于特定条件，发生在一系列轨迹及其邂逅的特殊情况。

一个具有“移动”（travel）和“持久”（endure）能力的战略，一个能够继续开展有益的工作以发展城市特质和潜力的战略，既需要以多种方式了解和体验一个地区，又要为创建这个地区做出贡献。它需要培养一种高度感知的城市智慧。这与遵循一些标准的处方或良好做法的“指南”来制定空间战略完全不同，战略制定者也不能指望仅仅依靠一种知识，将战略制定的任务分包给一些外部机构，比如咨询公司或大学团队，也不是一件容易的事，尽管这些机构可能会做出一些贡献。正如阿姆斯特丹和剑桥的案例所清楚表明的那样，持久的战略制定是通过嵌入治理进程、成为治理格局的一部分而实现的。复杂的政治和智力工作需要从多个不同的立场和观点中收集多种形式的知识，并通过在不同的概念和经验之间的接触来建立战略构想，很难将其转包给外部人士，例如顾问。相反，注意力必须集中在创造某种“公共领域”，通过这种“公共领域”，多种视角可能会邂逅和碰撞。在这种“公共领域”的接触中，可能会探索彼此的认识和行为方式，彼此的形象和价值观，彼此的项目和“痛苦”，无论是在战略制定的阶段，还是在开展治理对话和实践的过程中，人们可以看到战略并执行制度性工作。这比城市规划和管理领域具有更宽泛的含义。它表明了一个具有创造性、包容性和开放性的“知识社会”的品质，以及包容性学习的治理文化的品质。这将把讨论转向治理能力问题上。在最后一章中，我汇总了前三章中提出的见解，以探讨其对运用关系主义和解释主义的方法进行城市治理的启示。

第 9 章

关联的复杂性与城市治理

最好将空间规划视为一系列相互依赖的过程，其中涉及多个行动者，这些行动者试图改善生活，创建更加宜居的城市和区域（Friedmann 2005：213）。

现代城市是……充满了意料之外的相互作用，并不断地运动，以至于各种大小的空间继续为政治发明提供资源，因为它们产生新的即兴创作，并迫使人们产生了新的创造力……这个城市充满了各种各样的政治空间（Amin and Thrift 2002：157）。

在目前的转型中……我们特别需要规划师来帮助恢复活跃的政治共同体（Friedmann 1987：417）。

规划项目的“关联视角”

本书探讨了将治理重点集中在城市地区的场所品质以及在这些地区发生互动的时空动态关系。尤其是研究了通过有意识的关注，通过某种战略来干预塑造场所品质的意义，从而体现和表达了一个城市地区的场所概念，这个概念是否就是通常所称的城市、一个周边拥有城市和乡村居住集合点景观的城市。我一直特别感兴趣的是，这种以战略为重点的治理有多大能力促进双重转型：一方面是治理转向城市动态的物质轨迹以及它们为存在于或穿越城市地区的多种社会和环境关系提供潜力；另一方面是治理的方式旨在塑造经历丰富的场所品质。我还强调了在不断演变的治理过程中，在更广泛的社会、环境和经济动态以及在治理文化背景下，对场所品质和场所关系的明确关注与这种关注所处的更广泛背景之间存在复杂的相互作用。为了理解城市地区邻近性和连接性的相互影响以及形成治理过程的相互作用，我使用了解释主义政策分析和关系地理学的知识视角。这些研究不仅关注个体行为者或结构驱动力，还关注相互作用，关注如何形成意义，如何理解关系，以及如何在社会背景下塑造行动。我把这个镜头集中在政治主导的过程中，通过这些过程来意象、动员、组织和实践集体行动，以“改变”城市环境。

本章围绕城市地区治理过程的议题进行讨论。第一部分整合了本书提出的方法，将规划项目定位为以场所治理为中心的活动。第二部分建立在第2章介绍的治理方法上，更清晰地阐述城市治理的关联方法。第三部分对案例进行最后一次“探讨”，以评估他们在多大程度上认识到了规划项目对场所治理的潜力，其方式是丰富而不是减少城市日常生活的多种体验，并促进政策的发展，共同关注公正分配、环境福祉和经济活力。最后一部分为那些寻求实施这种空间战略制定项目的实际情况提供建议。

第3章、第4章和第5章介绍的经验说明了以场所为中心的治理实践的演变，即关注城市特质和动态。它们显示出在更广泛的城市“区域”特质和动态背景下，为开展特定的场所管理和项目开发而进行的反复努力。这些努力旨在时间和空间上保持更广阔的视野，同时积极地为项目和方案分配资源并规范开发活动。我已经展示了为寻求适当的理解和管理工具而形成的概念是如何随着时间的推移发生重大的变化。在充满信心的20世纪中叶，城市地区被理解为一个连贯的实体，以一个具体的物质性模式表达了在环境地表上经济和社会动态之间的简单关系。这样一个实体可以通过强大的空间规划来管理，该规划以公共所有的土地和参与开发活动的力量为后盾。这一概念已被当代对关系复杂性的认识所取代，关联的复杂性存在于并贯穿于城市地区，治理过程的范围影响到这些关系的演进。这种复杂性在新兴的科学和社会科学学术文献中，表达为“复杂性理论”。但是通过实践也可以认识到关系的多样性，以及在城市地区所发生的不确定性和不可预测性需要得到关注，寻求连接、协调和共同关注一系列治理参与活动的努力，将有助于城市地区的邻近性和连接性不断发展并得到认可。

第6章、第7章和第8章中的讨论使用了一种解释主义和关系主义的知识视角来思考这种复杂性。我的目标部分是提供更系统的学术方案，以便更好地理解、发展和改变实践。我特意设法提供一个批判性视角，通过这个视角为“构想的”城市“区域”制定空间战略所涉及的内容，并帮助判断这种努力在特定时间和地点是否可取或可实现。我试图将战略的概念从它作为需要满足一些法律或资金要求的花巧修辞以及从死板的规划概念中分离出来，无论这个概念是以全面的空间格局还是协调的、有序的行动方案来表达。相反，我已经强调了战略的两个维度：一方面作为一个方向，是一个在分散的治理格局中给出方向的参考框架；另一方面作为框架中基于观念、意义和价值所产生的具体干预的依据（见第6章）。战略是作为可修改的、流动的概念，不断地与经验和理解相互作用，但能保持某种方向性的敏感度。这种战略不断演变，持续形成，是认识当代城市生活经验关系多样性的必要补充。

这种双重转变，对于城市地区多元关系动态的更复杂认识，以及将战略视为流动的、可修改的参考框架，打破了规划政策界和更广泛的治理文化中许多既定的概念。不能再将物质场所和社会节点理解为单维等级结构中的“场所”、次区域、区域等（见第 7 章）。相反，“场所”是通过关系网络的动态产生的，它将一个节点的场所与或远或近的其他节点场所连接起来，并且在记忆和未来潜力中定位。没有客观的、内在一致的功能实体可以被称为“城市”或城市“区域”，或阿姆斯特丹、米兰或剑桥。相反，城市“区域”的概念必须“被唤起”，“召唤”成意象。它必须“有意义”，能与现有的理解和经验产生共鸣，从而获得说服力和诱惑力，同时又要“创造意义”，在一系列正在进行的斗争、感知到的问题和机遇中添加意义和个性。对城市“区域”的明确概念化在一定程度上吸引了治理的关注，因为它增加了价值并为正在进行的集体行动的各个方面提供了价值。我强调，创造一个富有想象力的城市“区域”战略，不能通过对城市地区关系动态的狭义概念来形成。要选择性和针对性地识别关键品质，介入到核心的战略性焦点，城市“区域”战略才有可能为持续形成的关联增添价值并赋予意义，这些关系涉及多重网络和城市社区生活实践的丰富知识。这意味着参与战略制定和修订的人员有能力去参与互动并挖掘多种关于城市生活的知识和赋予意义的方式，以及将不同形式的知识相互联系。

在整个过程中，我强调了认识多重性、多样性和异质性的价值。部分是因为这是“探究”城市生活的经验告诉我们的。多重性是当代物质生活和富有想象力的城市生活的重要品质。任何忽略这一点的治理战略都将遇到有效性的问题。我强调这一点，因为认识到多重性和多样性是一个重要的视角，通过这个视角可以将注意力集中在公正分配、环境福祉和经济活力如何产生和体验的复杂方式上。如果城市治理倡议的目标是在政策关注的前景中将所有这些价值联系在一起，那么就要抵制空间战略制定中还原论、单一性、霸权主义的趋势，并且要认识城市环境混乱而多样的日常经验。对于在西欧福利国家中成长的治理者而言，这个视角对政治和智力都具有挑战性。它要求一个不同于民族国家或联邦大区通过垂直化的政策共同体来提供个人服务的视角，相反，它需要从公民和企业的每日、每周、每年甚至代际时间跨度的生活经验来感知城市地区。同时，它强调要认识到，在城市地区人与企业，与其他各种人，与其他场所现在、过去和未来的多重联系。通过“日常生活”的视角，需要关注城市地区的“宜居性”，同时也要充分意识到关系联结和责任潜在的全球影响（Massey 2005）。

从这个角度来看，规划项目不仅仅在于将空间视角纳入公共政策，或者鼓励更好的协调或更有效的方式来追踪拟开发项目的影响。它提供了一种不同的方式来思考治理的重点是什么，以及如何设计和实施治理干预措施。它成为一种思考方式，在治理中关注多重场所邻近性和连接性之间动态演变的关系。它关乎如何意象这种邻近性会怎样发展，以及会怎样影响不同的关系网络及其相交点。它推动政策关注于公正分配、环境福祉和经济活力的价值可能因为对场所质量的忽视而受到损害。它需要一种战略判断能力，以确定哪些行动可以实现物质性的改善，同时又能珍视不同群体对城市“场所”的价值观和敏感性。

因此，城市规划项目成为与地方治理有关的活动。但是这样的规划不一定要通过明确的正式空间战略或法定的发展规划来实现。它的贡献及其在城市治理过程中的价值在于认识到多个治理领域和实践中的地方影响及其之间的关系。为此，参与规划的人员有责任保持对地方动态的战略意识。但是，在涉及塑造都市未来的更广泛的治理格局中，这样的“规划项目”是如何定位的呢?

城市治理的复杂关系

在第 2 章中，我提出了一个治理的概念，即动员国家、经济和民间社会各领域的集体行动以实现公共利益的目的。这种动员通过各种关系网络运作，将政府的正式组织和程序与非正式的管理舞台和网络以及更广泛的社会联系起来。我认为，被捆绑到一个或多个网络中并且在不同的制度场址或舞台上运作的特定行动者，都被嵌入在治理过程的话语和实践中，即使他们抵制、挑战并努力创造替代品。治理过程虽然有时显得稳定和不可动摇，但仍处于持续紧张状态，因为行动者在舞台上利用正式政府内部的“改革”运动（并受到其破坏）以及外部的动员，争夺支配地位，控制话语和实践。权力动态的模式化和实践的常态化被固定下来，但也被更广泛的公民社会和经济领域的运动所扰乱。这些运动产生了期望和要求，提供了一个不断变化的判断基础，形成了对治理活动合法性的认识。如表 2.1 所示，治理权力的动态在实践的不同维度中表现出来，并利用了不同形式的权力。空间战略制定举措位于这些治理动态之中。案例说明了治理组织的广泛变化如何影响其连接的机构场所。在 20 世纪中叶，这些战略举措与福利国家等级制的组织结构紧密相关。在 20 世纪末，他们提倡以场所为中心的观点，以此取代城市地区治理活动的分散化。所有的案例都表明了国家以专业团体的专业知识作为支撑，显示了权威力量的重要性。他们也越来越意识到，在更加分散的治理背景下，更具说服力和诱惑力的权力形式变得愈加重要。

这种治理方法对政府和城市治理的概念提出了挑战，认为政府和城市治理要么是一个整体，要么是一个单一的行为体。政府不采取行动，担任政府职务的行为者会利用各种资源和社会实践来塑造他们的观念、道德、职权和责任。由政府所制定的材料，如法律和声明等是通过其内在的权威性而“生效”的。在这些案例所描述的过程中，“治理”是关系和理性的复杂组合或集合，包括正式政治与不同领域的政策共同体相互作用；正式法律的逻辑，与直接利益的逻辑，与嵌入在变化的实践和话语中的逻辑相互作用；正式权力的逻辑与一系列随时间变化的网络和挑战的互动。它有时可能看起来像是一个巩固的统一政权存在。具有强大正式权力的阿姆斯特丹市议会，公民和商业利益对其重要性和合法性普遍认同并支持，它某种程度上就具有一个政权的属性（Harding 1997）。然而，多年来它一直在转变话语体系和实践模式，从为普通居民提供宜居社区的社会民主项目，转变为最近对都市品质的国际化认知和促进“世界级”商业环境的发展。仔细观察阿姆斯特丹的治理过程可以发现，不同的话语体系和实践共同体之间存在复杂的紧张关系，与城市中不同的选区相关，并以不同的速度变化。

与其采用统一的制度，不如考虑城市治理格局的整合程度。在一些地方，可能会形成持久的统领政权，有时以正式的政府为中心，或者在特定集团与国家之间的联系中。在英国和荷兰这样的国家，围绕特定政府活动领域的政策共同体倾向于发挥强大的稳定力量，这与美国形成鲜明对比，在美国，商业集团通常会扮演这种角色（Stone 2005）。这些政策共同体正在受到两国政府改革运动的挑战。在米兰，如意大利普遍的情形，直到 1990 年代，政党网络在战后仍发挥着类似的作用。尽管稳定了城市治理格局，被其排除的力量仍将继续发起他们的挑战，使统领政权不稳定。在 1970 年代，奥菲（Offe 1977）认为任何持久的稳定都是不太可能的。相反，他声称治理过程体现为社会群体之间无法解决的矛盾持续“不止地探索”出路（见第 6 章）。这表明，在探索治理格局时，与其寻找稳定制度的存在，不如关注“躁动”的程度和寻找的轨迹，关注在某个时间和地点固定不变的东西在另一个时间和地点变成流动和不稳定的复杂方式，反之亦然。

在目前这个时期，至少在西欧，各级正式政府正在艰难应对从 20 世纪中叶福利性住区遗留下来的“修复”挑战。对“福利国家”政策形成和施行模式的批评是长期存在的。商业利益主张，政府的程序和做法过分强调官僚主义的循规蹈矩，而不是释放企业活力。那些关心社会福利的人抱怨福利机构和政府部门的实践中嵌入了家长式的态度。环境游说团体强调在针对社会福利和商业支持的项目中忽视了环境考虑。但是这些批评很少支持削弱正式政府的论点。相反，重点是转变治理话语和实践，以及改变组织性的安排和程序（Pierre and Peters 2000）。一些由政府机构正式承担的职能已经私有化，转移到专门机构和合作伙伴，并通过各种不同的安排来确立其合法性。与战后时期的主导治理相比，城市地区的治理格局更加分散，在这种格局中，国家、公民社会和经济领域之间的关系和相互作用比过去更复杂而且更难以理解。主要社会群体之间的巨大斗争（例如劳资双方的利益冲突）已经被各种问题的多重斗争所取代，扰乱了过去的稳定性，却不一定能够成功地创造新的稳定性（Lascoumes and Le Gadès 2003）。动荡不安的机会已经遍及整个治理领域，为创新创造了机会，也为某个群体或利益的攫取创造了机会。在三个案例中，治理情况显然更加不稳定，读取新出现轨迹的任务也要困难得多。在这种情况下，明智的做法是避免将城市治理视为一个整体，或者假设“城市一级”的政府将以与以往类似的方式应对上级政府的外来力量和政策指令。

在这种背景下，空间战略的制定提倡规划项目要意识到城市地区出现的邻近性和连接性的质量，把话语体系和实践中分散的举措和领域形成某种邂逅。城市特质和可能性的战略框架有可能在一些共同的方向上稳定分散的治理举措，从而动摇过去内在的轨迹，并挑战或鼓励新兴的轨迹。通过将城市地区从关注的背景带到前景，空间战略的制定就有可能提高人们对联系和紧张关系的认识，并指出当前治理活动所造成的歧视。这样的战略制定可能会走得更远；首先要创建一个战略框架，与许多人的关注产生共鸣，动员治理环境中不同背景的行动者以积聚力量触及政府权力运行的舞台；其次要遍及整个城市的多个治理领域，以便经常“召唤”战略规划来塑造和合法化各种行动。活动通过创造一种话语体系和一个关系的纽带而“起作用”，这种话语和纽带与其他相关活动的流相互渗透，形成关注点，并可能沉淀到治理文化中。在这样的背景下，正如第 7 章所讨论的那样（图 7.2），针对分散的城市治理格局，空间战略的制定活动可能有助于在意象的城市轨迹中实现暂时稳定，一种暂时的“定形”。

为了创造这样的效果，空间战略的制定需要触及政府实施投资以及管制的关键制度舞台，并渗透进城市环境更广泛的“公共领域”。因此，在阿姆斯特丹，关于多中心城市“区域”和发展走廊的提法不断被拉回到紧凑发展的概念和城乡之间应保持稳固的物质性差异。在米兰，城市地区的提法仍然牢牢地固定在“核心”或“城市心脏”的概念上，作为该地区城市品质的精髓。在剑桥郡，任何增长建议都必须形成一个明确的定居点等级概念。在许多空间战略制定的实例中，来自其他治理领域的主导话语可能会限制对城市地区的场所品质的意象。到了 1990 年代，欧盟、国家和地方政府所强调的“经济竞争力”对阿姆斯特丹和剑桥次区域的空间战略发展产生了强大的影响，米兰在 2000 年年初也受到影响。面对这种通过公共资金优先安排和立法推动的话语体系，如果没有调动其他优先选项的强大治理文化，是很难在地方政府层面形成挑战。这种能力存在于阿姆斯特丹，围绕对邻里质量和城市宜居性的关注；以及存在于剑桥地区，围绕环境质量的问题。

经济上的“竞争性”话语成为霸权，将城市空间战略降格为单一主题的表达。它

“看到”并且只对一小部分贯穿城市地区的关系网提供特权。它丧失了包容性的意识，无法包容寄身于和贯穿于城市地区的多重关系网，以及它们之间相互作用、协同作用和冲突的复杂性。在 2004 年，新的英国规划和强制购买法案中，出于对“可持续发展”的追求，政府试图通过界定规划体系的目的和其中的空间战略来限制这种对经济关系的专注（ODPM 2005a）。这个理念被认为是一种雄心壮志，其鼓励以场所为中心，具有整合性和包容性。这似乎表明，在相互冲突的潜力和优先事项之间可以找到全面、强大的“整合”。战略制定涉及选择性和简化（见第 6 章）。围绕新焦点进行整合意味着前一个焦点的解体。“可持续发展”的言辞从来没有清楚地说明前景是什么，什么是不需要政策关注的。相反，“可持续发展”的概念属于一种修辞，它表明经济竞争力、环境可持续性和社会凝聚力等相互竞争的议题可以很容易找到和谐的平衡点（CSD 1999；ODPM 2005a）。即使在推动这个概念的政府内部，也对这种想法提出挑战。在更广泛的社会中，具体的议题——例如，为了特定物种（如鸟类）的福祉，或为了栖息地、景观的保护，或为了关注低成本住房的团体，或为了纠正特殊的不平等现象的团体——在动员社会力量时会彼此竞争获得政策关注。对于组织良好的游说团体或组建完好的政策界别，这显然有很大的发挥空间。他们继续定义政策议程和话语，并将议题分为不同的部分以吸引政策关注，同时呼吁采取更全面或“联合”的方法。

然而，围绕场所品质整合政策关注的想法不仅仅是“可持续发展”运动的产物，该运动已经发展成为一个政策共同体。公民社会和经济中还有其他倾向，促使人们意识到场所议题中相互联系的方式，尤其是在邻里场所和城市地区的场所中。不同意识的灵感来自在城市地区日常生活的经验，无论是个人还是企业或者其他的体验过程。它来源于社会认知，习惯和意愿的变化。它是由城市地区的“共同性”（Massey 2005）以及共享空间中叠加的共存经验驱动的（Healey 1997）。这为围绕城市地区日常生活经验的政策发声提供了政治基础。这股动力激发了 20 世纪中期的规划师，但他们假设的是一种社会和空间一体化的城市秩序。这种冲动在 1970 年代的城市社会运动中得到了恢复，但对城市中不同群体之间的权力关系有了更加批判性的看法。现在，这种冲动持续激发着市民对城市状况的抗议和抱怨。这也是商业利益集团提出的许多要求背后的原因，即要求帮助平息在寻找和维持劳动力或货物流动方面的冲突。政治团体对城市环境的“宜居性”重新产生兴趣。正是这种势头打破和抵消了对“经济竞争力”的狭隘强调，并且丰富了“可持续发展”这一理念的薄弱环节。但与此前的运动相比，这种冲动更加多样化和分散，反映了整体城市动态，特别是城市治理关系的变化。

对城市地区场所品质的兴趣恢复，不仅仅只是政策潮流的又一次转变，或者是发展城市经济资产基础的狭隘的前期介入。城市逐渐成为焦点，因为它作为众多日常生活体验进行复杂交汇的场所是有意义的。它不仅仅是一个邻里，使人们在家中、工作场所、学校、休闲中心、娱乐区、公园等日常生活中能实际感知到场所品质和场所邂逅。它还是人们生活和移动的场所，具有可供选择的机会和潜力，具有多个节点和连通性，具有不同的私人和公共场所，以及与各种"其他"邂逅的场所。社会上的这种认可通常可以为城市地区的空间战略制定提供动力，只要它们的发展方式与这种理解产生共鸣。但是，在这种日常生活的欣赏中，"脑海中的"城市并没有固定的界限。城市内部和城市之间的交织关系延伸到其他场所和尺度。因此，在确定战略性参考框架要表达的品质，以及制定战略性计划所需关注的重点时，需要与城市地区的许多政党密切合作、共同安排、有条不紊地开展工作。

在三个案例中，参与空间战略制定的人都试图超越延承下来的干预机制，并重新认识家庭、企业、房地产开发商、访客等的"日常生活"。阿姆斯特丹的规划师试图通过扩大空间战略的制度舞台和丰富他们长期以来对城市生活质量的关注，来扩大以城市为中心的"搜索区域"。在米兰，那些参与空间战略制定的人努力以新的方式考虑项目的影响,并在房地产开发过程和公共利益谈判之间建立更丰富的联系。在剑桥次区域，参与战略制定的人力求将特定业务部门的需求与家庭的日常生活相协调。

在每一个案例中，人们都对这种日常生活中经历的城市地区与政府行政管辖范围之间的紧张关系感到担忧。但是，没有一个超越市级（或郡级，如剑桥次区域的案例中）具有司法和政治权力的正式组织出现，尽管人们普遍认为在这样一个机构范围内可以更好地理解经济、国家、公民社会和环境的相互关系，而不是集中在某个邻里尺度或特定的开发场址，或者是在国家或大型省份和区域的尺度上。阿姆斯特丹创建正式的大都市区机构的尝试失败了。在米兰，省与城市之间的政治关系阻碍了这种安排，无论如何，该省的面积太小，无法覆盖不断扩大的城市地区。在剑桥郡，由于政治原因，该郡正式的战略规划权力被削弱，转而支持更大的区域，但这与该地区面临的发展挑战无关。正如萨莱特等人（Salet 2003）认为，在欧洲大都市地区以上层级创建正式的区域机构已被证明是存在问题的。

然而，许多人仍然认为，必须有新的正式机构和程序才能推动以城市地区为重点的空间战略制定。这通常是提供足够的权威性和合法性的唯一途径。但是，把战略制定正式化为一个特定的舞台和一套程序，并不一定有助于释放出具有创造性和说服力的理解与意象，从而为战略注入动力。形式化可能会扼杀这些动力。现有的正式和非正式舞台之间的网络联系可能同样有效地提高了有关城市地区的质量和连接性的战略意识。尽管任何战略构想若要合法地部署公共资源和权力，都需要在某个阶段依附于政府权力，但为战略构想注入动力同样重要。这需要更加关注有说服性的力量。另一种方式在上一章提及，在城市地区的一系列治理制度中，找出一些方法时刻关注城市“在场”的观点。与任何重组政府机构和责任相比，非正式地推动某一地区利益攸关方特别关切的问题，更有可能对城市未来产生真正的集体关注。

无论如何，明确关注城市地区的场所品质并不总是高度优先的事情，而且本地可能也没有动力推进这样的想法。与其提出一般的组织安排或通用的方式来制定战略，在城市治理中寻求更加统一和包容方法的人，可以通过评估对当地场所品质的关注势头以及对多元动态塑造城市未来的认识程度，来检测当地的具体情况。图 9.1 提出了一个范围界定的工具。阿姆斯特丹也许可以定位在左上象限，米兰位于从右下到左的轨迹上，而剑桥次区域位于中间的不确定位置。

正式化（formalisation）也可能导致空间战略制定简单化的趋势。关于“战略愿景”或“核心战略”的法律要求或专业潮流可以通过借鉴其他城市地区的例子或参考“良好实践指南”来实现。但是，某个城市地区并不是某个治理领域和干预策略就能匹配的单一对象。在本书中，我一直强调城市地区需要被理解为一系列复杂的交叉关系。其邻近性和连接性特定于其具体的历史和地理环境，并处于不断演变之中。因此，治理的关注点需要反过来找到方法，将注意力放在特定场所体验城市日常生活的“前景”中，并避免狭隘的定势思维和抽象的战略，无法与当地生活经历产生共鸣。

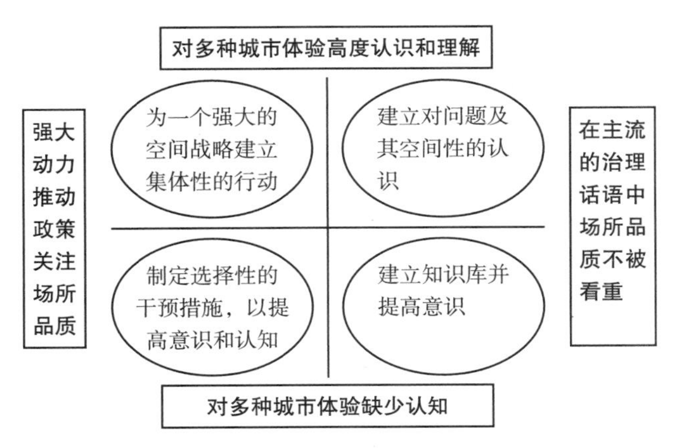

图 9.1　为空间战略制定确定潜在的机会时刻

因此，为城市地区的质量提供战略关注的技巧在于能够掌握和扩大本地和外部的机会，并围绕利益攸关方对场所品质的持续关注和体验，定位战略的构思。那些推动这股动力的人有责任关注其举措的相关性和合法性。这不仅意味着要控制权力的行使，以分配投资资源，并构建如何使用土地利用管制权。它意味着一个批判性思考的道德标准，关于为什么和为了谁来关注城市地区的“场所”才具有价值和意义，关于如何形成这种关注，以及关于构建这类政策合法性的多种方式。

总之，世纪之交西欧城市地区的空间战略制定举措是一种治理干预措施，旨在挑战福利国家组织的部门分工，并促进对当地社区日常生活体验更本土更敏感的理解。虽然有时局限在狭隘的影响力范围内，或以简化的方式产生，或者有时太脆弱，无法积累足够的力量来获得治理关注，也无法获得资源和管制体系的权力，但它们也可能成功地积累力量并扩散到整个治理格局。在这种情况下，他们的力量可能相当大。这意味着需要对这些战略持续进行批判性评论（critical review），以避免对未来的演进产生太大的固化作用。在下一节中，我提出了批判性评论的关键问题。

实践中的战略规划项目

我现在对本书中使用的三个案例进行最后的“探讨”，重点关注其最近的举措。正如整体案例所强调的那样，在世纪之交采取的初始行动，其效果将需要时间才能通过复杂的城市关系发挥作用，并且可能在很长一段时间之后才会被体验或感知。所以现在任何评估都只能是他们可能的潜力。它们可能产生多大的效果，如何变革以及如何获益？它们在多大程度上促进并实现了第 1 章末尾所提出的，并在本书中详细阐述的规范性问题？我将围绕三组问题进行评估。

首先，对日常生活视角的关注，以及把公正分配、环境福祉和经济活力的综合价值紧密关联到什么程度了？他们是否过于狭隘地关注经济“竞争力”？他们是否被过分地束缚在部门领域而没有产生重大影响？他们是否过度平抑了城市地区的新兴潜力？其次，它们对改变城市治理格局有何影响？这些举措能够在多大程度上改变嵌入式治理的话语和实践，并改变更广泛治理格局中的“公共领域”争论？最后，他们对物质条件和场所身份有什么冲击？谁的生活和关系已经或可能被战略举措带来的潜力所改变？这种变化与之前的变化有何不同？

多重价值的日常生活视角

在这三个案例中渗透了对经济的考虑。由于国家对公共项目和机构的融资转型，外部力量促使人们更多关注财务问题。地方政府一般资助的减少促进了人们更多地关注将私人投资与公共目的相结合的方式。这种发展方式在英格兰早已成熟，形成了一个长期由开发管制主导的“规划”实践。剑桥次区域的空间战略制定者面临的挑战是动员政府采取更积极主动的方式进行开发管理。但是，中央政府希望从私人开发商那里获得尽可能多的资金。在这种情况下，“经济竞争力”的论述非常强势，但是一直受到市民社会持续不断地遏制，市民社会要求对环境质量和工人的可负担住房给予认真关注。在这种背景下，更加边缘化的社会群体以及“次区域”以外地区的需求在关注的视野中趋于消失。

在米兰，直到 2000 年代中期，全球经济竞争力的论述才轻微展露。规划实践创新的重点是与房地产开发商的关系，通过改变正式的官僚程序并鼓励主要利益相关方之间更多的合作性工作，将关注点从设计项目转移到实现目标。在公正分配与使开发项目具有经济可行性之间取得平衡的抽象理解，推动了对私人开发进行公共利益谈判的努力，但关于所需和必需的知识起初是非常有限。主要通过正式环境评估要求的技术机制来解决环境问题。因此，新舞台为项目的社会、环境和经济层面之间的某种联合开辟了微小的可能性，但是围绕项目谈判的具体关系是如何相互联系的，以及与其他治理关系的确切联系仍未确定。

阿姆斯特丹的案例表明，最积极的探索是建立在对城市“宜居性”的传统关注之上，并注入了当代对多样性和多重性的看法。这得益于务实的敏感性，城市发展更广泛的战略框架不断地影响着项目实践。但是，由于国家权力下放的压力要求对更广泛的城市地区给予更多的关注，加上城市地区的发展动力以及围绕重点项目出现的新型公私合作伙伴关系，使得对城市建设的统一控制正在瓦解。在这种情况下，出现了构建不同利益集团的新兴趋势。大型企业公司和主要基础设施投资者聚集在与重大发展项目相关的“平台”上，而居民则讨论地区政府的治理领域中，建成社区的“宜居性”问题。在这种情况下，对经济活力和公正分配的关注可能会疏远。

城市治理的转型

这些举措在多大程度上，以何种方式改变了先前占主导地位的城市治理话语和实践，并为更广泛的关于城市环境及其管理的公共话语领域提供了新的维度？在阿姆斯特丹，规划官员虽然早已习惯于在塑造城市发展的重要性和关注城市发展需求与品质方面发挥强有力的作用。但是规划政策共同体内所进行的言论和实践已经与其他政策共同体以及城市中关于城市环境的公共讨论展开持续的互动。总之，近年来更广泛的讨论和规划师的响应都加快了。但仍然有人批评说，空间战略制定过于封闭于规划师的世界中。正在进行的斗争是维持一种相互转变的过程，这个过程削弱了以部门划分、以公共部门为主的治理结构的旧界限，允许采取不同的实践方式并就可达性、城市性和宜居性等问题提出不同的观点。这仍然存在一个风险，整合公正分配、环境福祉和经济活力的战略动力集中于政府规划部门，可能会削弱或过于强调重点项目，而不是通过精细地干预，扶持在复杂的日常生活中，各种共存的，贯穿于城市的关系网。

在剑桥次区域，战略动员工作已经取得了巨大成功。它已经将话语从保护议程转移到了关注发展。但现在这必须转化为积极促进发展的新实践。需要管理一个关于项目的更大议程，每个项目都与主要的公共和私营参与者建立复杂的伙伴关系，在协调负责不同投资领域的公共部门方面会存在重大困难，并且时刻处在本地公民严苛且清醒的注视下。郡政府曾经提供了一个重要的制度场所，以协调交通运输投资和管理发展场地的管控流程。到了 2000 年代，其正式的地位已经被取消，新的场址合并在英格兰东部区域更远的地方，该机构专注于开发管理，名为剑桥郡视野（Cambridgeshire Horizons）。现在（2006 年）为这项任务寻找合适的长期机构是一项重大挑战，这个机构要将主动促进开发的实践与在开发过程中管控私人利益相结合。首先要有说服的能力和政治合法性；其次是权威性和法律合法性。剑桥次区域战略由于特定人员的存在而得以实施，这些人已经离开了正式的舞台，但仍然保留着他们的网络关系和战略方向。现在战略推动者面临的风险是，只关注提供住房数量和寻求将基础设施融资推向私人开发商的方法，可能会疏于考虑开发项目的品质和宜居性，更不用说对该地区其他邻里变化的细致管理 。在米兰，转向开发协商方式的更广泛影响尚且有限，无法评估其在改变城市治理格局方面的长期影响。

对物质条件和场所认同的影响

最近的战略举措可能会产生什么影响？在各个案例中，这个问题在政治和技术上不断得到解决。有关影响的考虑引发了以下问题：由于创造了新的城市片区，谁的生活变得更好了？谁的可达性得到了提高，扩展到什么场所？发展的新方式以及管理建成环境的新方式如何减少对环境的危害，并增加了城市地区公平分配的机会？对经济活力有什么贡献？如何增强或减少城市内外的联系？这些问题在短期内没有简单的答案，需要开展其他类型的研究。所以我只能大致谈一些感想。

在阿姆斯特丹，这些议题长期以来一直处于政策关注的前沿，无论是在市议会还是在更广泛的治理讨论中。但如果与不同项目和不同利益攸关方的关系破裂，也会出现妥协。因此，最重要的问题是，随着主要项目中新的“城市片区”开发，对城市性、可达性和宜居性的关注会在多大程度上“持续进行”。在米兰，将考虑因素分解到不同领域是一个关键挑战，同样面临挑战的是，预测下一轮私人投资可能会集中在哪里。在剑桥郡，关于开发数量和地点的辩论已基本尘埃落定，对未来几十年的建成环境产生重大影响。还有待努力的是新开发的质量。谁将在新的开发项目中生活和工作，以及在新的“城市片区”中创造的机会如何影响并与其他人建立联系？考虑到围绕剑桥及其周边地区乃至伦敦大都市地区的联系，这一点尤为重要。诺斯托（Northstowe）和其他主要发展项目的新居民将在哪里工作、购物、获得服务并享受闲暇时间？

令人侧目的是，在这三个案例中，仅在阿姆斯特丹就城市地区的品质以及通过其编织的邻近性和连接性进行了激烈的辩论，其中考虑了特定开发对城市品质和该地区其他人生活体验的影响。在这方面，治理文化的素质和能力发挥了作用。在阿姆斯特丹，治理文化已经出现，具有活跃的公共领域，有多个舞台、多个讨论机会以及它们之间存在某种联系。这实现了对城市生活质量进行持续的批判性的争论和探索。反过来，这又要求主要治理参与者具有持续的战略意识，尊重城市的宜居性、多元化的场所性和连接性，并站在城市社会群体多样性的角度来理解。在米兰和剑桥次区域，都有强烈的传统场所观念，但最近的战略事件只对正在推动的新开发的场所品质与战略重点以外的场所品质之间的联系给予了有限的关注。地方治理文化是否需要这种关注。

三个结论

最近的案例经验表明了三个重要结论。首先，在 20 世纪中叶以及 1970 年代的“激进运动”中支持关注普通公民日常生活体验的治理思想和社会运动已不复当年。在城市治理更加分散化的背景下，任何一个治理节点都难以使不同的治理举措创造性地碰撞。如果企业经济利益有资源来推动伙伴关系以实现主要的城市发展举措，并且政治家和技术政策界赞同他们的议程，那么对环境福祉和公正分配的关注可能会被推到政策关注的“后台”。当市民参与政策制定的活动与主要经济活动被分解为治理过程的不同关系时，将进一步促进这种转变。实际上，治理活动一旦连同它们的关系网络组织成部门性的政策团体，就会倾向于围绕新的机构和关系层进行重新组合，每个网络都有不同的“城市”概念。这种“碎片化”对于强大的企业利益和游说团体而言是方便的，它们试图摆脱它们所提议程以外，其他议程的束缚，但也可能会损害寻找协调方法来分配开发选址、提供基础设施的经济利益。空间战略制定试图抵制片段化和焦点狭隘的城市开发可能会遇到艰巨的斗争。他们的影响力不仅取决于政治家和官员的承诺，还取决于城市居民和利益集团日常生活条件下的传统和动员能力。

其次，虽然专业技术知识，尤其是专业化规划政策共同体的主导地位一直是关注城市地区场所品质的重要资源，但规划系统领域和规划师的专业知识不一定是空间战略制定的最恰当起点。这些案例中的技术专家，大多数是把专业文化与实践经验联系起来的规划师，他们越来越意识到这一点，以各种方式试图说服那些在他们领域之外的人关注场所品质和连接性。这在阿姆斯特丹案例中最为明显。但这不仅意味着正式政府领域的技术专家应该尝试在城市居民和企业的众多日常生活轨迹中建立丰富的关系。这也意味着接受一个战略举措的契机可能会出现在正式政府之外。这意味着接受民间社会动员的价值，尽管有点不习惯。这意味着接受在城市地区的众多领域和网络中的其他人，可能比技术专家有更好的能力来“唤起”在特定治理背景下具有广泛共鸣和动员力量的城市“区域”的想法。在这种背景下，处理以场所为中心的政策和复杂开发影响方面具有丰富经验的技术专家，需要在衡量和促进民间社会倡议的能量之间进行微妙的平衡，就像他们在商业世界的举措一样，同时协助调解矛盾的观点和议程。政治家们，通过对他们“选民”的关注，以及专家规划师，通过他们对城市地区社会群体多样性和连接性的了解，总是面临着关注“大多数人”的道德任务，同时欢迎和鼓励“国家以外”的各种举措。

最后，欧盟和各国政府在推行政府改革议程方面，当前存在紧张的关系，一方面鼓励地方政府要采取更具战略性的方法，另一方面，地方政府又面临减少经费的压力，并且确保公共行动是合法的和可问责的。特别是在规划体系内，开展更具主动性、战略性和包容性的协作规划流程必须与分配土地和财产使用权及开发权的管制过程共存，后者通过法律程序使权利合法化。在涉及发展融资的场所，致力于场所品质的场所治理议程可能需要通过其他政府层级或外部机构寻求资金补助。然后，他们可能会陷入限制资金使用方式的审计要求。证明公共部门行为的合法性和问责性是积极透明的民主政体的必要组成部分。但是，如果战略制定的主要动力是满足外部出资人的要求，那么这种战略最终可能会建立在狭隘的基础而忽视其多重的意义。这里的问题涉及政府特定领域和机构的自治程度。如果制定和实施战略的舞台在获得公共投资资金和管制权力方面的能力太弱，那么很难摆脱那些控制必要权力和资源的政府机构所追求的问责制和合法性的逻辑和做法。在这种情况下，通过城市“区域”空间战略的诱导，从市民社会和经济领域释放额外能量的权力，可能会被其他各级政府不断敦促要对地方举措施行权威的力量所削弱。

为城市未来采取战略行动

在本书中，我曾经主张把“规划项目”与场所治理一起考虑。我还认为，面向场所动态，特别是面向维持、创造和改变城市地区的场所品质的战略方向，有助于增加特定项目和举措的价值，它提供了一个导向性的框架，在此框架中，可以探索项目之间的影响和关系以及城市的动态流程。但在整本书中，我强调了把战略重点放在场所治理中的难点和挑战。战略性努力通常不会比合法化的辞令更深入到治理过程。或者它们被狭隘的城市特质和动态概念所束缚。像单独强调“城市竞争力”这样的狭隘概念对于摆脱福利国家组织的功能性部门主义几乎没有任何帮助，后者将城市治理分裂为围绕部门地盘的分离的政策共同体。或者它们提倡“单一议题”政治。它们没有把握在时空的多重关系中所体验的日常生活的多重维度。他们忽视了这些关系如何相互交织以产生影响人们生活质量、环境品质和各种经济活力的场所品质。我通过关系地理学强调，治理干预措施是在日常生活中产生影响的。以“唤起”城市概念为重点的场所治理案例，不仅具有超越任何言论的能力，还在于能够跨部门分工和单一议题政治的能力。它连接了公正分配、环境福祉和经济活力的价值追求，这些价值并不是作为抽象的原则，而是表现为众多不同关系网上日常生活经验的时空共存。

如同我在前几章的方式，我在本章总结时，对参与城市治理的人们提出一些以空间战略方式开展实践的建议。在提出这些建议时，我特别关心的是给努力塑造都市未来的人士提供一些鼓励，他们增进了那些生活和事业依附于特定城市地区的相关人群的福祉。然而，我坚持认为，我的建议不应被视为在特定情况下推出的药方或指南。相反，我打算将它们作为探索性的思考（Lindblom 1990），特别是那些寻求改善城市治理过程的方法，以使多种声音和关系能够表达，并促进在公正分配、环境福祉和经济活力中潜在冲突的需求进行碰撞和建设性共存，正如日常城市生活中所经历的那样。

我在六个图框中提出这些建议。它们并不反映特定的顺序或权重。在特定情况下侧重哪些建议将取决于当地的具体情况。这六个议题是：

- 意象城市；
- 为战略的形成和审查创造舞台；
- 创建参考框架和具体战略；
- 产生动员力量；
- 促进战略性的理解；
- 培育强大的公共领域。

这些建议集中在如何理解城市动态。在第 7 章中，我曾探讨以关系视角理解城市地区交织和重叠的多重关系网络。我还强调城市舞台上出现的新兴轨迹的复杂性和多样性。如果这种理解被接受，那么掌握这些动态的脉搏并能“读取”新出现的潜力和冲突是制定空间战略过程具有效力的关键能力。如果目标是要在公正分配、环境福祉和经济活力之间进行创造性而非破坏性的联合，那么能够从城市地区及其周围的多个视角，而非某些特权位置的高度，“读取”新兴轨迹的能力就成为至关重要的资源（表格 9.1）。

· 欣赏城市关系的日常生活体验，以及它们的邻近性和连接性。 · 认识到城市生活的多样性和价值。 · 寻找潜力及其限制、协同作用、障碍和冲突。 · 确定“问题”是什么，为了谁，何时何地。 · 谨防狭义的简化和舶来的概念化。

表格 9.1　意象城市

空间战略制定发生在治理环境中的特定机构。那些发起战略制定的人需要仔细思考哪些角色和网络可以、应该和将会被吸引来积极参与这些工作。他们需要考虑哪些制度场址可能会提供合适的舞台，在这些舞台内可以生成和探索框架性的想法，谁参与其中以及哪些舞台可以解决各种冲突和紧张局势。这涉及绘制治理舞台和关系网的一些能力，并强调哪里需要建立新的治理关系和舞台。考虑此类议题会引发在整个城市治理环境中出现不同话语和实践的问题，以及这些不同的话语和实践在多大程度上会产生碰撞。它需要了解空间战略制定本身可能产生的关系网所带来的贡献（表格 9.2）。

· 将舞台视为众多维度、利益、观念和价值观之间碰撞的场合。 · 寻找那些需要关注的领域——承诺资源和管制权力并将其合法化。 · 找到方法来挖掘多种资源和知识形式。 · 将舞台和利益攸关方与正式的权力连接起来，以及产生非正式的动员力量。

表格 9.2　为战略的形成和审查创造舞台

这里的关键问题是在战略制定的工作中参照了哪些案例框架，“召唤”起什么样的具体战略。战略制定包括将对城市动态的理解与对特定品质和潜力的评估联系起来，以某种方式为特定选择创建参考框架，这些选择将对未来的发展轨迹产生重要影响。

正如在第 6 章中讨论的那样，这项工作不容易以系统的线性的方式进行。

一个旨在保持对城市动态具有丰富和多元的理解，同时推动城市地区适宜众多不同群体居住的战略制定过程，不可能由单一的政策共同体操纵和控制。政策共同体必须在各个阶段接触到丰富的经验和价值观，通过一系列审慎考虑并接受挑战来积聚关注和合法性（第 8 章）。如果它形成发展势头，那么制定战略的过程就不可避免引发关于城市环境中日常生活质量的“公共领域”讨论，如何改善这些问题？哪些场所发生冲突？谁的关注应优先考虑？因此，它既受其背景的治理过程和文化的影响，又有助于塑造它的环境（表格 9.3）。

- 认识到战略性框架是凝聚焦点，而不仅仅是技术和管理活动。
- 区分作为参考性框架的丰富理解和制定实际战略的关键抉择。
- 考虑一项战略要产生效果，需要影响谁的行动。
- 对于其行为和判断会影响到战略权力的利益攸关方，应使其尽可能充分地相互碰撞。
- 在明确的战略制定舞台内外，维持充满活力、富有挑战性的辩论并从中吸取教训。
- 避免制定战略的“食谱”。

表格 9.3　为特定选择创建战略框架

空间战略制定本质上是政治性的。它把一些邻近关系和连接关系调动起来作为战略重点，而将其他因素留在后台。它在拢聚战略的支持者。随着战略思想积累了动员力量，推动围绕治理领域的战略框架采纳这些构想，使之产生实质性影响。关于如何理解城市动态和重大选择的广泛讨论可能有助于促进对战略框架的接受，但框架也必须与那些行动会影响未来选择的群体，即公民、政策共同体、各级政府的政治家、政府和私营部门的重要投资机构、公司和各种活动家等的价值和关注产生共鸣。战略制定中的关键和困难时刻是从创建框架转向推广框架。空间战略制定的艺术有助于在不成为限制性霸权的情况下塑造未来，要保持批判态度，同时采取“前进”策略，与不同的选民持续互动，使空间战略的意义得以发展（表格 9.4）。

- 不要假定以城市场所为重点的战略必然是可取的。
- 将关于战略努力和特定战略的讨论与当地情况联系起来。
- 接受战略概念在积聚动员力量时会被转移，短期的失败可能会产生长期的能量。
- 随着战略制定发展势头，对战略框架要保持批判态度。
- 认识到那些赋予战略合法性的人与那些将战略付诸实践的人同样重要。

表格 9.4　产生动员力量

通过在不同的领域充分讨论而“唤起”关注城市的概念时，空间战略制定可能就发生了。但关系动态在之前一直存在，也将会在之后继续流动下去。如果一个战略框架形成力量渗透到城市治理中的许多社区和关系网络的话语和实践，并且如果其定位强调它对“多数而非少数”的日常生活条件的关注（Amin 2000），那么需要注意以多种方式从多种角度“读取”新兴轨迹。这意味着远远不止于根据各种指标衡量进展情况，并咨询不同群体的经验。它意味着能够将各种不同的信息，人们正在经历和研究城市关系的各种“意义”联系在一起，通过新兴的城市轨迹以探究新关系和新模式的迹象。这种能力需要富有意象力的参与以及系统性的分析，最重要的是，需要时间倾听、观察、测试和思考（表格 9.5）。

- 有能力理解不断演进的城市动态，以读取新兴的模式。
- 反复咀嚼多种形式的知识。
- 允许出现新的见解和新的现象。
- 不断审视各种选择和框架概念。

表格 9.5　促进战略性的理解

思考不仅仅在“智囊团”中进行，这也是公众讨论的核心特质，在此过程中经验得以交流，议题得以辩论，行动受到挑战和可能性得以探索。空间战略制定过程持续关注城市环境的日常生活体验，超越了对特定事件的集中关注，为这些辩论提供了一个特定的维度，本身就具有丰富辩论的范围和质量的潜力。它创造了一个关系层作为其他层的来源（见第 7 章）。各种各样的议题都有可能在公众讨论的过程中出现，但关系主义方法的一个关键贡献是将重点放在城市地区内的多重联系，以及城市地区与其他力量和其他地区的多重联系上。一个有道德的、负责任的城市政体将考虑在其地区内追求的东西可能会对其他地方的其他人如何产生影响，而一个政治上精明的政体将密切关注不断发展的外来力量的潜力与危险。总体而言，空间战略制定者应明智地考虑他们的活动如何丰富公众对公共领域的城市生活及其治理的理解。换言之，他们需要考虑其工作如何有助于维持和改变他们所处的治理文化（表格 9.6）。

- 认识外部力量并挖掘其潜力，但不要被它们限定思想和实践。
- 建立内部和外部联系以增进对城市条件的了解，并围绕战略议程增加关系的丰富性。
- 建立对特定城市地区内外的连接性和责任的意识。
- 利用战略制定工作来丰富公众的辩论和讨论

表格 9.6　发展强大的公共领域

结语

本书提出了一种思考方式，即在场所治理层面，从战略上思考和采取行动意味着什么。它强调了这样一个事业的复杂性以及在智力和政治方面的挑战，强调了要重视环境的多样性以及可能获得各种机会。它主张从演进的角度来看待新举措如何与当地的新兴轨迹相互作用。在这些新轨迹中，场所治理的新方法往往可能源于治理过程中内部复杂矛盾的缓慢解决，这些矛盾可能来自重大危机和强大的外部压力。它强调了制定空间战略的行为充满了风险和不确定性。这不仅仅是因为战略可能无法实现其制定者的目标；在城市动态的复杂性中，意料之外的东西和无意之举有时可能会带来新的、不可预见的可能性。如果它们成为未来潜力的强大塑造者，那么空间战略中风险最大的因素就会出现。然后，它们的内在矛盾可能会阻断了被视为可取的新兴可能性。因此，参与制定和推行此类战略的人们在社会责任上负有沉重的道德包袱，他们会要求持续的反思和准备，以审查和修改自己的理解、“价值判断”和实践。

空间战略制定的技巧在于，从不同角度和立场出发，将关于城市动态和潜力的持续演进的战略性意象，与选择性关注核心关系和选项的能力结合起来，从而使行动发挥作用。空间战略制定涉及创造性地合成各种相互竞争的可能性与价值，使那些对治理干预具有合法性的人在其判断与感受中与之产生广泛的共鸣。同时也展示了不同的争论及其支持者如何嵌入该合成并受到影响。这是一项需要高超技巧的活动，通过许多行动者在许多行动场景中的贡献发挥作用，借助经验、分析、冲突和游说等复杂的后台，不断与批判者打交道，包括感兴趣的利益攸关方，注意治理实践的观察者，以及间或登场的各类人士。

观众会根据戏剧、电影或小说与其某些方面的共鸣程度来评判它，尽管专家可能也对戏剧的结构技巧感兴趣。城市“区域”治理的战略空间参考框架作为想象性的场所，无论其构造技巧多么娴熟，除非引起共鸣，否则关系的复杂性和城市治理的合法性将很小。这种战略性的“戏剧”之路并非通过分析来消除都市生活的凌乱复杂性，而是以各种奇妙、可怕、常规、出乎意料、喜剧和悲剧的表现使人铭记。空间战略制定的“游戏”质量在于找到表达城市世界之奇妙的方式以及承担令人生畏的责任，使观众能够视为真实的、共同的困境。这种战略性的想象力和判断力（Vickers 1965）通过捕捉那些稍瞬即逝的本质而成功，这种本质表达了对城市中不可知的、多维的、涌现的“场所性”的多维感受。

城市状况已经是许多书籍和电影的主题或背景，并从一系列不同的分析角度进行研究。但是这些戏剧和研究是选择感兴趣的特定观众进行的。然而，治理活动以我们无法避免的方式对我们产生物质和想象力的影响。某种集体行动是所有社会的一种属性。一个地方的治理是在没有退出策略的情况下，从城市地区的共存或集体行动中向观众讲述和传达城市地区的众多品质。因此，重要的是治理的质量。空间战略的生产者和将被这些战略触动的人，都是通过他们在城市地区的场所和联系中的关系生活共存而“聚集”在一起。地方的战略性治理表明了这种共存的条件。判断地方治理战略表现的试金石将会是与它共存的多重的、特殊经验的共鸣程度。

附　录

关于方法

有人问我，尤其是来自其他从事定性案例研究工作的研究人员，我是如何选择案例，以及这些案例如何整合入本书框架中。由于我作为“独立研究人员”从事本书写作已有大约四年的时间，因此感觉就像再次攻读博士学位。但是经历有所不同，部分原因是，在我职业生涯的末期，作为一名“知名学者”，我与案例调研对象的交往“角色”与刚开始研究生涯的博士生不同。同时，我也利用这些案例提出关于空间战略制定本质的讨论，并以一种特殊的方式来理解。因此，我并不是基于一个仔细推敲的“研究问题”，没有提出和检验假设，没有得出“发现”，并进一步讨论研究前景。在这个简短的附录中，我概述了我如何开始本书的写作，如何选定方向以及筛选主题和案例。然后，将解释我是如何进行案例研究，以及这些案例研究如何应用到本书的主题章节中。

写作框架的形成

该项目始于 1990 年代在欧洲推广时，人们对城市背景下的空间战略制定实践日益增长的好奇心。这是建立于我在 1980 年代关于“发展规划制定”的实践及其对英国影响的研究基础上。这些都是早期的尝试，后来被人们认为是理解规划实践的“制度主义”方式。但是，正如我在书中所讨论的那样，关于城市经济的“竞争力”，关于城市关系和路线的“可持续性”以及关于城市治理的组织能力结合在一起，对 1990 年代的战略规划不断施加压力，要求其在回应这些挑战时能提出“综合性”和“战略性”的对策。我参与了对 1990 年代新兴实践的研究，强调了城市地区战略性空间规划的复杂性和难度，但是，在我看来，为城市地区的发展路线制定战略性的方法是“规划项目”的核心。2000 年代初期，我考虑在大学转为半退休状态后，主要对有关城市治理和治理能力的“制度主义”研究感兴趣。我以为这个理论对于阐明我对战略制定本质的理解，以及对现象空间性的理解将很有帮助。但是，正如很多博士学位的研究，一开始原本边缘性的想法意外地进入中心舞台，这情形也发生在我身上。我于2002年秋季从大学的管理和教学工作中退休，在这段时间里我着手进行了这本书的构思。

一方面，我可以以自己喜欢的任何方式自由地从事这项工作！我“不必”成为“专业学者”。但是另一方面，我一直在与博士生和其他研究人员就研究的方法进行探讨，包括研究的实证维度以及概念与研究疑惑之间的关系。所以我敏锐地意识到自己在做什么。几个月来，我以开放的态度和互动的方式进行工作，探索“文献”，发展了关于特定案例的一些知识，参观了一些案例，并与学者和从业者进行讨论，提出了关键的主题。我并不是从“理论”或假设开始的。我从关于一个实践的困惑开始。它的本质是什么？它应当如何被理解？我应该如何理解那些参与性的实践是致力于空间战略的制定？如何把这些实践与规范性的概念关联起来？当然，我的概念性思维不可能完全是空白，因为它充满了关于以“制度主义”方式理解治理实践的想法，但是我没有明确的“解决方法”来指导我穿越空间战略制定实践的混乱现实。

一段时间后，就像在做博士学位论文一样，我感到自己有必要在方向和重点上更有条理。经过多次反复修改，我完成了第1章和第2章。我意识到，我正在将关于城市治理的“社会学制度主义”观点与有关解释主义政策分析的相关工作结合起来。但是对我而言，挑战是将其与关系地理学联系在一起，以帮助理解“空间性”的含义。即使我与纽卡斯尔的同事们共同致力于解决这些问题，也花了我一些时间来研究如何将它们与“规划项目”联系起来。我将自己的方法整合到本书的四个主题中。我最初称它们为：治理能力，知识资源和意义系统，位置/空间的处理，以及战略性重点和选择性。在每个主题下，我从文献以及案例的一些评论中梳理出我认为需要解决的一系列问题。这些问题部分与分析性问题相关，即如果我的观点是制度主义的话，我应该把关注的焦点放在哪里，这些问题思考如何通过复杂的关系和互动来产生和构造社会现实。但是，由于具有规划背景，我还是认为有必要考虑空间战略制定实践的影响。我也认为有必要评估这些做法在某种程度上是否属于“良好”或“进步”。我将其作为一种规范性的关注点，空间战略制定的实践可以在多大程度上把潜在矛盾的价值，即公正分配，环境福祉和经济活力整合在一起，它将关系到日常生活体验的丰富性和多样性以及对所居住地区的期望。到2004年初，我发现实际上有三个研究问题，书中内容在一定程度上对此进行了解答！

案例

我本来不必对书中的案例进行详细研究。我本可以仅通过现有文献中抽象出来的一般性讨论来回顾这些议题；或者我可以使用已有文献关于这些案例的结论；或者我可以尝试对实践进行调查，从众多的场合选择出关键的信息资源。但是，这些研究策略都无法反映出我对治理实践演变过程中依势而定方式的认识。正是这种敏感性使我走向了“社会学制度主义”，通过它我一直在探索城市伙伴关系实践的高精度细节（Healey 2006d）。制度主义对治理现象的理解强调了进化观点的重要性，即将实践定位为具有过去和未来的轨迹，并强调了媒介与结构性动力之间复杂的相互作用。因此，我得出的结论是，我需要相当深入地探索空间战略制定的实践，例如“历史”或叙述。这意味着我只能处理少数几个案例，而且我必须非常谨慎地对待那些在文献中发现的案例，因为它们所处情境的偶然性通常无法通过简短的描述进行评估。最终，我选择了本书中介绍的三个案例。

比起系统性选择标准的结果，选择案例进行深入、定性研究是一个更为实际的问题。我想要在完全不同的制度环境中进行案例研究，并运用我在西欧的规划经验寻找可以帮助我深入理解研究前景的案例。自 1980 年代中期以来，我一直在与意大利规划师和学者进行交流，在米兰有许多规划上的来往，并且可以阅读和讲意大利语，知道关于米兰框架文件的核心讨论。我在荷兰有很好的人脉，荷兰的规划师和学者运用英语的能力很强。我听取了一些建议，最后定居阿姆斯特丹。我“遇见”剑桥次区域的案例是在 2002 年初发布《剑桥郡和彼得伯勒结构规划》草案的前一天，我偶然被邀请在剑桥次区域参加研讨会。在为此做准备的同时，我阅读了该规划以及许多其他背景材料。基于我们早期在英国的工作，这对我而言显然是一个非常有趣的案例，充分说明了在富裕、经济活跃的英格兰南部进行战略规划的挑战。在每个案例中，我都想着重关注 1990 年代末到 2000 年代初最新的空间战略制定的情景。

到 2003 年 10 月，我已经构建了案例研究工作的研究计划。它采用矩阵的形式，将我 关于“制度主义”方法的四个主题联系起来。它分别是：背景、过程和实践，内容和论述，影响和成效。在矩阵的每个象限中，我列出了需要提出的问题以便推动接下来的写作。当我搜索不同的资料以形成案例素材时，我就相当系统地利用了这些问题。正如研究方法教科书告诉我们如何进行案例研究，我使用了多种资料。我阅读了有关意大利和荷兰的城市政策和规划的一般性文献，以及有关经济、社会、文化和政治议题的特别材料，特别是与案例领域相关的材料。我咨询了在案例地区进行研究或工作的学者，非常感谢我这一代的许多朋友，以及给予我大力帮助的博士生和博士后（见“致谢”部分）。我还要特别感谢 Stan Majoor 博士和 Filomena Pomilio 博士。除了和其他参与者交流外，我还荣幸地与这三个案例中的从业者讨论了他们在应对空间战略制定挑战方面的经历。当我与他们讨论他们的工作及其关系时，我获得了一些深刻的见解。下表总结了我在 2003 年秋季至 2005 年秋季之间进行过讨论的次数（此后进行了一些电子邮件和电话讨论）。

	阿姆斯特丹	米兰	剑桥郡
从业者	5	4	10
作为从业者的学者	3	5	1
其他学者	8	5	6

我将与这些人的会议称为“讨论”，而不是“访谈”。我的研究框架为每次会议安排了议程。在社会科学研究中，访谈被预期为“与陌生人在一起”（Weiss 1995）。采访者必须平衡好微妙的社会关系，建立信誉，以特定议程为目标并让受访者尽可能自由和开放地交谈。但我不是一个陌生人，对于我想与之展开探讨的专家而言，我背负着“知名”人士的包袱。因此我们的会议是互动进行的。我会不断表达我的实际想法，而不会把它们掩藏过多。我试图通过探讨，提出建议，提出选择性的观点来做到这一点，寻求合意和分歧。因此，发生的事情不仅仅是访谈，甚至不只是讨论，而是信息量大且有趣的“对话”，这些“对话”围绕我感兴趣的主题和经验。通过这种方式，这本书是我自己与其他参与案例的人互动的产物，也是我的主题与我在案例中记录的实践之间互动的产物。

在我撰写案例时，这种互动性得到了加强。我希望这些案例在本书的章节中作为有趣的叙述来阅读。因此，我脱离了研究计划的标题，而是将这些案例作为历史叙述来介绍。当我在 2004 年春季撰写第一版初稿时，我发现我不能仅仅讲述空间战略制定的最新情况。我必须花时间来钻研。当我在 2003 年秋天参加一次庆祝阿姆斯特丹 75 年规划传统的展览时，理解到了这一点。这使我想起了一些从一开始就应该知道的事情，即过去对现在的影响很大，并且如果不认识到它们与过去的话语和价值观的共鸣，很难理解当前政策辩论的词汇、重点和隐喻。所以我的叙述时间跨度超过 50 年。我对如何编写这样的叙事进行了很多思考。叙事的结构以空间战略制定的情节为中心，因为这些情节在每个案例中都随着时间而发展。叙述围绕战略的内容和空间与场所的话语，以及战略制定并积累影响力的过程来讲述。在叙事时，我将广泛背景（经济、政治、社会）的材料编入叙事内容，以显示背景如何影响实践，反之亦然。我试图在叙事中埋下线索，作为后面主题章节引用的素材。遵循我的“制度主义”观点，我的重点是空间战略制定的实践，这些实践赖以生存的关系动态以及在这些实践中所调动的话语（提出的口号），特别是关于空间和空间的概念。因为每个案例都不同，所以每个故事都有不同的“风格”和不同的重点。

正如每位从事定性研究人员所经历的，我不得不割舍从“资源”中学到的大量知识。我本可以为每个案例编写大型专著。在编辑篇章时，我不断地精简内容以保持故事的主旨，避免偏离到引人入胜的旁枝末节。这意味着我必须集中自己的注意力，与此同时，我必须牢记自己所学到的知识。在我写作的过程中，我经常听到与我交谈过的人的评论，或者看到一段文字，我要时刻警醒自己避免得出简单的结论。然后，我将这些章节分别发给每个案例中的关键“讨论者”，包括从业者，他们认真阅读并评论了我的叙述。这让我想到更多，但也让我感到放心，我的叙述比以往任何时候都更接近那些案例。但是，一本书与一篇学术研究论文并不完全相同。在研究论文中，作者必须明确其方法论。对于那些对论点或案例叙事更感兴趣的读者来说，这通常会很烦人。因此，我省略了“会谈讨论”所有的直接索引，在我较早版本的文本中，我标注了每一个素材的来源。

开展“主题”讨论

这本书的第 6 ~ 第 9 章是一种“分析”，是从案例故事中得出与我关注的主题和问题有关的“证据”。在某种程度上，它们“评估”过去和最近的实践与我所强调的关系方法和规范性方向相匹配的程度。但是，正如阅读过某些章节的人所言，这些章节并不作为典型的分析或评估来进行，它们是发展的。我对城市空间战略制定的困惑不仅仅在于“我想知道发生了什么”。我还想知道“这样的政策有什么样的潜力使城市中的多数人而非少数人的生活变得‘更好’？”如果采取更相关的方法来制定战略，是否可以更有效地实现这种潜力？发展这种方法实际上意味着什么？

因此，各章的写作相互联动，探讨学术文献中提出的思维方式的变化，将其与案例中所反映的话语和实践的变化联系起来，为磨炼空间战略制定技能的参与者提供规范性建议。 在这种情况下，这些案例不会成为“优秀实践”的典范或警示故事的原型。它们变成了情景体验的故事，我希望读者可以借此机会体会到从事这种实践的意义，并将其作为特定地点和时间的治理活动流程的一部分。 这些规范性建议旨在探索富有想象力的方法，提供给那些从事空间战略制定，设计干预措施以鼓励空间战略实施，或动员集体力量以推动空间战略制定的人们。

这本书本身就是一次探索之旅，因为通过各章和主题之间的不断互动，我不得不修改较早之前的想法，整理宽泛的概念（例如我对“尺度”和“城市区域”的使用），并尽我所能使本书结构紧凑完整。在这次“航行”中，我一直得到许多人的帮助，他们已经阅读并评论了各个章节以及整本书。我希望我在致谢中记得每个人。在学术工作的发展中，尤其是在本书的撰写中，“批判性朋友”之于我有重要的价值。我可能独自一人坐在办公桌旁，但在写作时我并不孤单，我想着如果我以一种或另一种方式表达一句话，或以一种或另一种方式得出结论，这些书、案例和批判性朋友会说些什么。这可能是一个令人震惊的想法，使写作几乎不可能继续下去。对此的解决方法是继续设法找到一种方法，同时细心留意实际和预期的批评。最后，必须说：就是这样，我已经尽力了，纵然留有遗憾，是时候停止写作了。因此，读者们，现在你们将作为我这个年长学者的“检查员”，要看你们如何看待理解本书了！

参考文献

6, P., Leat, D., Seltzer, K. and Stoker, G. (2002) *Towards Holistic Governance: the New Reform Agenda*, Palgrave, Houndmills, Basingstoke.

Abbott, C. (2001) *Greater Portland: Urban Life and Landscape in the Pacific Northwest*, University of Pennsylvania Press, Philadelphia.

Albrechts, L. (2001) From traditional land use planning to strategic spatial planning: the case of Flanders. In *The Changing Institutional Landscape of Planning*, Albrechts, L., Alden, J. and da Rosa Pires, A. (eds), Ashgate, Aldershot, pp. 83–108.

Albrechts, L. (2004) Strategic (spatial) planning reexamined. *Environment and Planning B: Planning and Design*, 31, 743–758.

Albrechts, L. (2005) Creativity as a drive for change. *Planning Theory*, 4(3), 247–269.

Albrechts, L. and Mandelbaum, S. (eds) (2005) *The Network Society: a New Context for Planning?* Routledge, London.

Albrechts, L., Alden, J. and de Rosa Pires, A. (eds) (2001) *The Changing Institutional Landscape of Planning*, Ashgate, Aldershot.

Albrechts, L., Healey, P. and Kunzmann, K. (2003) Strategic spatial planning and regional governance in Europe. *Journal of the American Planning Association*, 69, 113–129.

Alexander, E.R. (2002) Metropolitan regional planning in Amsterdam: a case study. *Town Planning Review*, 73, 17–40.

Allen, J. (2003) *Lost Geographies of Power*, Blackwell Publishing, Oxford.

Allen, J. (2004) The whereabouts of power: politics, government and space. *Geografisker Annaler*, 86B, 19–32.

Allen, J., Massey, D. and Cochrane, A. (1998) *Rethinking the Region*, Routledge, London.

Amin, A. (ed.) (1994) *The Post-Fordist Reader*, Blackwell, Oxford.

Amin, A. (2002) Spatialities of globalisation. *Environment and Planning A*, 34, 385–399.

Amin, A. (2004) Regions unbound: towards a new politics of place. *Geografisker Annaler*, 86B, 33–44.

Amin, A. and Cohendet, P. (2004) *Architectures of Knowledge: Firms, Capabilities and Communities*, Oxford University Press, Oxford.

Amin, A. and Thrift, N. (eds) (1994) *Globalisation, Institutions and Regional Development in Europe*, Oxford University Press, Oxford.

Amin, A. and Thrift, N. (2002) *Cities: reimagining the Urban*, Polity/Blackwell, Oxford.

Amin, A., Massey, D. and Thrift, N. (2000) *Cities for the Many Not the Few*, The Policy Press, Bristol.

Ave, G. (1996) *Urban Land and Property Markets in Italy*, UCL Press, London.

Bagnasco, A. and Le Galès, P. (2000a) Introduction: European cities: local societies and collective actors. In *Cities in Contemporary Europe*, Bagnasco, A. and Le Galès, P. (eds), Cambridge University Press, Cambridge, pp. 1–32.

Bagnasco, A. and Le Galès, P. (eds) (2000b) *Cities in Contemporary Europe*, Cambridge University Press, Cambridge.

Bailey, J. (1975) *Social Theory for Planning*, Routledge and Kegan Paul, London.

Balducci, A. (1988) La vicende del Piano: una periodizzazione. *Urbanistica*, 90, 50–59.

Balducci, A. (2001a) New tasks and new forms of comprehensive planning in Italy. In *The Changing Institutional Landscape of Planning*, Albrechts, L., Alden, J. and de Rosa Pires, A. (eds), Ashgate, Aldershot, pp. 158–180.

Balducci, A. (2001b) Una riflessione sul rapporto tra politiche per i quartieri e politiche per la citta. *Territorio*, 7–24.

Balducci, A. (2004) Creative governance in dynamic city regions. *DISP*, 3, 21–25.

Balducci, A. (2005a) Una Visione per la Regione Urbana Milanese. In *Milano, nodo delle rete globale*, Bassetti, P. (ed.), Bruno Mondadori, Milan, pp. 231–264.

Balducci, A. (2005b) Strategic planning for city regions: the search for innovative approaches. Paper to AESOP Congress, Vienna, July.

Ball, M. (1983) *Housing Policy and Economic Power*, Methuen, London.

Barker, K. (2004) *Delivering Stability: Securing our Future Housing Needs*, The Stationery Office, London.

Barnes, B. (1982) *T.S. Kuhn and Social Science*, Macmillan, London.

Barrett, S. and Fudge, C. (1981) *Policy and Action*, Methuen, London.

Bassetti, P. *et al.* (2005) *Milano, Nodo della rete globale*, Bruno Mondadori, Milan.

Beauregard, B. (1995) If only the city could speak: the politics of representation. In *Spatial Practices*, Liggett, H. and Perry, D.C. (eds), Sage, Thousand Oaks, CA, pp. 59–80.

Bertolini, L. and Dijst, M. (2003) Mobility environments and network cities. *Journal of Urban Design*, 8, 27–43.

Bertolini, L. and le Clercq, F. (2003) Urban development without mobility by car? Lessons from Amsterdam, a multi-modal region. *Environment and Planning A*, 35, 575–589.

Bertolini, L. and Salet, W. (2003) Planning concepts for cities in transition: regionalisation of urbanity in the Amsterdam structure plan. *Planning Theory and Practice*, 4, 131–146.

Blackler, F. (1995) Knowledge, knowledge work and organizations: an overview and interpretation. *Organization Studies*, 16, 1021–1046.

Blackler, F., Crump, N. and McDonald, S. (1999) Organizational learning and organizational forgetting. In *Organizational Learning and the Learning Organization*, Easterby-Smith, M., Araujo, L. and Burgoyne, J. (eds), Sage, London, pp. 194–216.

Boeri, S., Lanzani, A. and Marini, E. (1993) *Il Territorio che Cambia: Ambiente, paesaggio e immagini della regione milanese*, Abitare Segesta Cataloghi, Milan.

Bolocan Goldstein, M. (2002) Governo locale e operazioni urbanistiche a Milano tra gli anni '80 e '90. *Urbanistica*, 119, 90–102.

Bonfanti, B. (2002) Urbanistica in Milano (special issue). *Urbanistica*, 119, 81–138.

Bonomi, A. (1996) *Il trianfo della moltitudine*, Bollati Boringhieri, Torino.

Booher, D. and Innes, J. (2002) Network power for collaborative planning. *Journal of Planning Education and Research*, 21, 221–236.

Boriani, M., Morandi, C. and Rossari, A. (1986) *Milano Contemporaneo*, Designers Riuniti Editore, Torino.

Bourdieu, P. (1977) *Outline of a Theory of Practice*, Cambridge University Press, Cambridge.

Bourdieu, P. (1990) *In Other Words: Essays Towards a Reflexive Sociology*, Polity Press, Oxford.

Bourne, L.S. (1975) *Urban Systems: Strategies for Regulation: a Comparison of Policies in Britain, Sweden, Australia and Canada*, Clarendon Press, Oxford.

Boyer, C. (1983) *Dreaming the Rational City*, MIT Press, Cambridge, MA.

Breheny, M. and Hooper, A.J. (eds) (1985) *Critical Essays on the Role of Rationality in Planning*, Pion, London.

Brenner, N. (1999) Globalisation as reterritorialisation: the re-scaling of urban governance in the European Union. *Urban Studies*, 36, 431–452.

Brenner, N. (2000) The urban question as a scale question: reflections on Henri Lefebvre, urban theory and the politics of scale. *International Journal of Urban and Regional Research*, 24, 361–378.

Bridge, G. and Watson, S. (eds) (2000) *A Companion to the City*, Blackwell, Oxford.

Brindley, T., Rydin, Y. and Stoker, G. (1989) *Remaking Planning: the Politics of Urban Change in the Thatcher Years*, Routledge, London.

Bryson, J. (1995) *Strategic Planning for Public and Nonprofit Organizations: a Guide to Strengthening and Sustaining Organizational Achievement*, Jossey Bass, San Francisco.

Bryson, J.M. (2003) Strategic planning and management. In *Handbook of Public Administration*, Peters, G.B. and Pierre, J. (eds), Sage, London, pp. 38–47.

Bryson, J. and Crosby, B. (1992) *Leadership in the Common Good: Tackling Public Problems in a Shared Power World*, Jossey Bass, San Francisco.

Buchanan, Colin and Partners (2001) *The Cambridge Sub-Region Study*, Colin Buchanan and Partners, London.

Buchanan, Colin and Partners and GVA Grimley (2004) *A Study of the Relationship Between Transport and Development in the London–Stansted–Cambridge–Peterborough Growth Area*, ODPM, London.

Burby, R.J. (2003) Making plans that matter: citizen involvement and government action. *Journal of the American Planning Association*, 69, 33–49.

Burns, D. and Taylor, M. (2000) *Auditing Community Participation: an Assessment Handbook*, Policy Press, Bristol.

Burtenshaw, D., Bateman, M. and Ashworth G.J. (1991) *The European City: a Western Perspective*, Halstead Press, New York.

Byrne, D. (2003) Complexity theory and planning theory: a necessary encounter. *Planning Theory*, 2, 171–178.

Calabrese, L.M. (2005) Notes on official urbanism and the field of action of the urban project. In *Working for the City*, Meyer, H. and van den Berg, L. (eds), TU Delft, Delft, pp. 80–85.

Callon, M. (1986) Elements pour une sociologie de la traduction. *L'Annee sociologique*, 36, 169–208.

Callon, M. and Law, J. (2004) Guest editorial – presence, circulation and encountering in complex space. *Environment and Planning D: Society and Space*, 22, 3–11.

Cambridge City Council (CCityC) (1968) *Report of the Working Group on the Future Size of Cambridge*, Cambridgeshire City Council, Cambridge.

Cambridge City Council (CCityC) (1996) *Cambridge Local Plan*, Cambridgeshire City Council, Cambridge.

Cambridge City Council (CCityC) (2004) *Cambridge Local Plan: Redeposit Draft*, Cambridgeshire City Council, Cambridge.

Cambridge Joint Regional Town Planning Committee (CJRTPC) (1934) *Cambridgeshire Regional Planning Report*, Cambridgeshire University Press, Cambridge.

Cambridgeshire County Council (CCC) (1961) *Report: The First Review of the Town Map for Cambridge*, Cambridgeshire County Council, Cambridge.

Cambridgeshire County Council (CCC) (1979) *Cambridgeshire Structure Plan: Report on Public Participation and Consultations*, Cambridgeshire County Council, Cambridge.

Cambridgeshire County Council (CCC) (1980) *Cambridgeshire Structure Plan: Approved Written Statement*, Cambridgeshire County Council, Cambridge.

Cambridgeshire County Council (CCC) (1989) *County Structure Plan – 1989 revisions*. Cambridgeshire County Council, Cambridge.

Cambridgeshire County Council and Peterborough City Council (CCC) (2003) *Cambridgeshire and Peterborough Joint Structure Plan Review: Planning for Success*, Cambridgeshire County Council, Cambridge.

Cambridgeshire County Planning Officer (CCPO) (1977) *Consultation Report on the Cambridge Sub-Area*, Cambridgeshire County Council, Cambridge.

Cars, G., Healey, P., Madanipour, A. and de Magalhães, C. (eds) (2002) *Urban Governance, Institutional Capacity and Social Milieux*, Ashgate, Aldershot.

Castells, M. (1977) *The Urban Question*, Edward Arnold, London.

Castells, M. (1996) *The Rise of the Network Society*, Blackwell, Oxford.

Ceccarelli, P. and Vittadini, M.R. (1978) Un piano per la crisi. *Urbanistica*, 68/69, 58–88.

Chapin, F.S. (1965) *Urban Land Use Planning*, University of Urbana-Champagne Press, Urbana, IL.

Cherry, G.E. and Penny, L. (1986) *Holford: a Study in Architecture, Planning and Civic Design*, Mansell Publishing Ltd, London.

Chesterton Planning and Consulting (1997) *Cambridge Capacity Study*, Chesterton plc, London.

Christensen, K.S. (1999) *Cities and Complexity: Making Intergovernmental Decisions*, Sage, Thousand Oaks, CA.

Coaffee, J. and Healey P. (2003) My voice, my place: tracking transformations in urban governance, *Urban Studies*, 40, 1979–1999.

Cockburn, C. (1977) *The Local State*, Pluto Press, London.

Cognetti, F. and Cottoni, P. (2004) Developers of a different city. *City*, 7, 227–235.

Collarini, S., Guerra, G. and Riganti, P. (2002) Programmi integrarti di intervento: un primo bilancio. *Urbanistica*, 119, 83–90.

Committee for Spatial Development (CSD) (1999) *The European Spatial Development Perspective*, European Commission, Luxembourg.

Comune di Milano (2000) *Ricostruire la Grande Milano: Documento di Inquadrimento delle politiche urbanistiche communali*, Milan, Edizione Il Sole 24 Ore.

Cooke, P. (2002) *Knowledge Economies: Clusters, Learning and Competitive Advantage*, Routledge, London.

Cooke, P. and Morgan, K. (1998) *The Associational Economy: Firms, Regions and Innovation*, Oxford University Press, Oxford.

Cooper, A.J. (2000) *Planners and Preservationists: the Cambridge Preservation Society and the City's Green Belt 1928–1985*, Cambridge Preservation Society, Cambridge.

Corburn, J. (2005) Street Science: *Community Knowledge and Environmental Health Justice*, MIT Press, Cambridge, MA.

Corry, D. and Stoker, G. (2002) *New Localism: Refashioning the Centre–Local Relationship*, New Local Government Network, London.

Cortie, C. (2003) The metropolitan population. In *Amsterdam Human Capital*, Musterd, S. and Salet, W. (eds), Amsterdam University Press, Amsterdam, pp. 199–216.

Cowling, T.M. and Steeley, G.C. (1973) *Sub-Regional Planning Studies: an Evaluation*, Pergamon, Oxford.

Crang, P. and Martin, R. (1991) Mrs Thatcher's vision of the 'new Britain' and the other sides of the Cambridge phenomenon. *Environment and Planning D: Society and Space*, 9, 91–116.

Cremaschi, M. (2002) Un ritratto di famiglia. *Urbanistica*, 119, 33–36.

Crouch, C. (2004) *Post-Democracy*, Polity Press, Cambridge.

Crouch, C., Le Galès, P., Trigilia, C. and Voelzkow, H. (2001) *Local Production Systems: Rise or Demise*, Oxford University Press, Oxford.

Cullingworth, J.B. (1972) *Town and Country Planning in Britain*, fourth edition, George, Allen and Unwin, London.

Cullingworth, J.B. (1975) *Environmental Planning: Volume 1: Reconstruction and Land Use Planning 1939–1947*, Her Majesty's Stationery Office, London.

Curti, F. (2002) I tre corni di un dilemma trattabile. *Urbanistica*, 119, 107–111.

Davidge, W.R. (1934) *Cambridgeshire Regional Planning Report*, Cambridge University Press, Cambridge.

Davies, H.W.E., Edwards, D., Hooper, A. and Punter, J. (1989) *Planning Control in Western Europe*, Her Majesty's Stationery Office, London.

Davoudi, S. (2006) The evidence – policy interface in strategic waste planning: the 'technical' and the 'social'. *Environment and Planning C: Government and Policy*, in press.

Dawe, P. and Martin, A. (2001) *In our Back Yard: a Vision for a Small City*, P. Dawe Consulting Ltd, Oakington, Cambridge.

de Jong, M. (2002) Rijkswaterstaat: a 1978 French transplant in the Netherlands. In *The Theory and Practice of Institutional Transplantation*, de Jong, M., Lalenis, K. and Mamadouh, V. (eds), Kluwer Academic Publishers, Dordrecht, pp. 55–70.

de Magalhães, C. (2001) International property consultants and the transformation of local property markets. *Journal of Property Research*, 18, 1–23.

de Neufville, J.I. and Barton, S.E. (1987) Myths and the definition of policy problems: an exploration of home ownership and public–private partnerships. *Policy Sciences*, 20, 181–206.

de Roo, G. (2003) *Environmental Planning in the Netherlands: Too Good to be True: From Command-and-Control to Shared Governance*, Ashgate, Aldershot.

de Vries, J. and Zonneveld, W. (2001) Transnational planning and the ambivalence of Dutch spatial planning. Paper to *World Planning Schools Congress*, Shanghai, China, p. 25.

Dematteis, G. (1994) Global and local geo-graphies. In *Limits of Representation*, Farinelli, F., Olsson, G. and Reichert, D. (eds), Accedo, Munich, pp. 199–214.

Dente, B., Bobbio, L. and Spada, A. (2005) Government or governance of urban innovation? *DISP*, 162, 41–52.

Department of the Environment (DoE) (1974) *Strategic Choice for East Anglia: Report of the East Anglia Regional Strategy Team*, Her Majesty's Stationery Office, London.

Department of the Environment (DoE) (1980) *Circular 9/80: Land for Private House Building*, Her Majesty's Stationery Office, London.

Department of the Environment (DoE) (1985) *Circular 14/85 Development and Employment*, Her Majesty's Stationery Office, London.

Department of the Environment (DoE) (1991) *Regional Planning Guidance for East Anglia*, Her Majesty's Stationery Office, London.

Department of Transport, Local Government and the Regions (DTLR) (2000) *Regional Planning Guidance for East Anglia (RPG6)*, Her Majesty's Stationery Office, London.

Department of Transport, Local Government and the Regions (DTLR) (2001) *Planning: Delivering a Fundamental Change*, DTLR, Wetherby.

Dieleman, F.M. and Musterd, S. (eds) (1992) *The* Randstad*: a Research and Policy Network*, Kluwer, Dordrecht.

Dienst Ruimtelijke Ordening, Gemeente Amsterdam (DRO) (1985) *Structuurplan: Amsterdam Stad centraal Amsterdam*, DRO, Gemeente Amsterdam.

Dienst Ruimtelijke Ordening, Gemeente Amsterdam (DRO) (1994) *A City in Progress: Physical Planning in Amsterdam*, DRO, Amsterdam.

Dienst Ruimtelijke Ordening, Gemeente Amsterdam (DRO) (1996) *Open Stad: Structuurplan 1996*, Gemeente Amsterdam, Amsterdam.

Dienst Ruimtelijke Ordening, Gemeente Amsterdam (DRO) (2003a) *Plan Amsterdam: Het structuurplan 2003*, Gemeente Amsterdam, Amsterdam.

Dienst Ruimtelijke Ordening, Gemeente Amsterdam (DRO) (2003b) *Het Structuurplan: summary Amsterdam*, DRO, Gemeente Amsterdam, Structure Plan Report no. 4/5.

Dijkink, G. (1995) Metropolitan government as a political pet? Realism and tradition in administrative reform in The Netherlands. *Political Geography*, 14, 329–341.

Dijkink, G. and Mamadouh, V. (2003) Identity and legitimacy in the Amsterdam region. In *Amsterdam Human Capital*, Musterd, S. and Salet, W. (eds), Amsterdam University Press, Amsterdam, pp. 331–355.

Drake, M., McLoughlin, B., Thompson, R. and Thornley, J. (1975) *Aspects of Structure Planning*, Centre for Environmental Studies, London.

Dryzek, J. (1990) *Discursive Democracy: Politics, Policy and Political Science*, Cambridge University Press, Cambridge.

Dryzek, J. (2000) *Deliberative Democracy and Beyond*, Oxford University Press, Oxford.

Dühr, S. (2005) The visualisation of network space in European spatial planning. Paper to AESOP Congress, Vienna, July.

Dyrberg, T.B. (1997) *The Circular Structure of Power*, Verso, London.

East Anglia Economic Planning Council (EAEPC) (1968) *East Anglia: a Study*, Her Majesty's Stationery Office, London.

East of England Regional Assembly (EERA) (2004) *East of England Plan: Draft Revision to the Regional Spatial Strategy (RSS) for the East of England*, EERA, Bury St Edmunds.

Eckstein, B. and Throgmorton, J. (2003) *Stories and Sustainability: Planning, Practice and Possibility for American Cities*, MIT Press, Cambridge, MA.

Elson, M.J. (1986) *Green Belts: Conflict Mediation in the Urban Fringe*, Heinemann, London.

Etzioni, A. (1973) Mixed-scanning: a 'third' approach to decision-making. In *A Reader in Planning Theory*, Faludi, A. (ed.), Pergamon, Oxford, pp. 217–229.

Fainstein, S. and Fainstein, N. (eds) (1986) *Restructuring the City: The Political Economy of Urban Redevelopment*, Longman, New York.

Faludi, A. (2000) The European spatial development perspective. *European Planning Studies*, 8, 237–250.

Faludi, A. (ed.) (2002) *European Spatial Planning*, Lincoln Institute of Land Policy, Cambridge, MA.

Faludi, A. and van der Valk, A. (1994) *Rule and Order in Dutch Planning Doctrine in the Twentieth Century*, Kluwer Academic Publishers, Dordrecht.

Faludi, A. and Waterhout, B. (eds) (2002) *The Making of the European Spatial Development Perspective*, Routledge, London.

Fay, B. (1996) *Contemporary Philosophy of Social Science: a Multicultural Approach*, Blackwell, Oxford.

Fedeli, V. and Gastaldi, F. (eds) (2004) *Pratiche strategiche di pianificazione: riflessione a partire da nuovi spazi urbani in costruzione*, Franco Angeli, Milan.

Fischer, F. (1989) *Technocracy and the Politics of Expertise*, Sage, Newbury Park, CA.

Fischer, F. (2000) *Citizens, Experts and the Environment: the Politics of Local Knowledge*, Duke University Press, Durham, NC and London.

Fischer, F. (2003) *Reframing Public Policy: Discursive Politics and Deliberative Practices*, Oxford University Press, Oxford.

Fischer, F. and Forester, J. (eds) (1993) *The Argumentative Turn in Policy Analysis and Planning*, UCL Press, London.

Fischler, R. (1995) Strategy and history in professional practice: planning as world-making. In *Spatial Practices*, Liggett, H. and Perry, D. (eds), Sage, Thousand Oaks, CA, pp. 13–58.

Flyvbjerg, B. (1998) *Rationality and Power*, University of Chicago Press, Chicago.

Flyvbjerg, B. (2001) *Making Social Science Matter: Why Social Inquiry Fails and How It Can Succeed Again*, Cambridge University Press, Cambridge.

Flyvbjerg, B. (2004) Phronetic planning research: theoretical and methodological reflections. *Planning Theory and Practice*, 5, 283–306.

Foley, D.L. (1964) An approach to metropolitan spatial structure. In *Explorations in Urban Structure*, Webber, M.M. (ed.), University of Pennsylvania Press, Philadelphia, pp. 21–78.

Foot, J. (2001) *Milan Since the Miracle: City, Culture and Identity*, Berg, Oxford.

Forester, J. (1993) *Critical Theory, Public Policy and Planning Practice*, State University of New York Press, Albany.

Forester, J. (1999) *The Deliberative Practitioner: Encouraging Participatory Planning Processes*, MIT Press, London.

Friedmann, J. (1987) *Planning in the Public Domain*, Princeton University Press, Princeton.

Friedmann, J. (1992) *Empowerment: the Politics of Alternative Development*, Blackwell, Oxford.

Friedmann, J. (1993) Towards a non-Euclidean mode of planning. *Journal of the American Planning Association*, 59, 482–484.

Friedmann, J. (2004) Strategic spatial planning and the longer range. *Planning Theory and Practice*, 5, 49–56.

Friedmann, J. (2005) Globalisation and the emerging culture of planning. *Progress in Planning*, 64, 183–234.

Friend, J. and Hickling, A. (1987) *Planning Under Pressure: the Strategic Choice Approach*, Pergamon, Oxford.

Friend, J., Power, J. and Yewlett, C. (1974) *Public Planning: the Intercorporate Dimension*, Tavistock Institute, London.

Fuerst, D. and Kneilung, J. (2002) *Regional Governance: New Modes of Self-Government in the European Community*, Hannover ARL, University of Hannover.

Fung, A. and Wright, E.O. (2001) Deepening democracy: innovations in empowered participatory governance. *Politics and Society*, 29, 5–41.

Gabellini, P. (1988) *Bologna e Milano: temi e Attori dell'Urbanistica*, Franco Angeli, Milan.

Gabellini, P. (2002) Guardare Milano e l'urbanistica italiana. *Urbanistica*, 119, 102–107.

Gaffikin, F. and Sterrett, K. (2006) New visions for old cities: the role of visioning in planning. *Planning Theory and Practice*, 7, pp. 159–178.

Gamble, A. (1988) *The Free Economy and the Strong State: the Politics of Thatcherism*, Macmillan, Houndmills.

Gario, G. (1995) Intergovernmental relations in Lombardy: provinces, regions and cities. *Political Geography*, 14, 419–428.

Garnsey, E. and Lawton Smith, H. (1998) Proximity and complexity in the emergence of high technology industry: The Oxbridge comparison. *Geoforum*, 29, 433–450.

Geddes, P. (1915/1968) *Cities in Evolution*, Ernest Benn Ltd, London.

Geertz, C. (1983) *Local Knowledge*, Basic Books, New York.

Geertz, C. (1988) *Works and Lives: the Anthropologist as Author*, Stanford University Press, Stanford, CA.

Giddens, A. (1984) *The Constitution of Society*, Polity Press, Cambridge.

Gieling, S. and de Laat, L. (2004) The inner city: sunny side up. In *Cultural Heritage and the Future of the City*, Deben, L., Salet, W. and van Thoor, M.-T. (eds), Aksant, Amsterdam, pp. 311–318.

Gieling, S. and van Loenen, H. (2001) *De lagen van de stad: opmaat tot een nieuw structuurplan (Plan Amsterdam 12)*, Amsterdam Dienst Ruimtelijke Ordening van de Gemmente, Amsterdam.

Gold, J. (1997) *The Experience of Modernism: Modern Architects and the Future City: 1928–1953*, E & FN Spon, London.

Gomart, E. and Hajer, M. (2003) Is that politics? For an inquiry into forms of contemporary politics. In *Looking Back, Ahead – The Yearbook of the Sociology of Sciences*, Joerges, B. and Nowotny, H. (eds), Kluwer, Dordrecht, pp. 33–61.

Gonzalez, S. and Healey, P. (2005) A sociological institutionalist approach to the study of innovation in governance capacity. *Urban Studies*, 42, 2055–2070.

Goodstadt, V. and Buchan, G. (2002) A statutory approach to community planning: repositioning the statutory development plan. In *Urban Governance, Institutional Capacity and Social Milieux*, Cars, G., Healey, P., Madanipour, A. and de Magalhães, C. (eds), Ashgate, Aldershot, pp. 168–190.

Graham, S. and Healey, P. (1999) Relational concepts in time and space: issues for planning theory and practice. *European Planning Studies*, 7, 623–646.

Graham, S. and Marvin, S. (2001) *Splintering Urbanism*, Routledge, London.

Granovetter, M. (1985) Economic action and social structure: the problem of embeddedness. *American Journal of Sociology*, 91, 481–510.

Gregory, D. (1994) *Geographical Imaginations*, Blackwell, Oxford.

Gualini, E. (2001) *Planning and the Intelligence of Institutions*, Ashgate, Aldershot.

Gualini, E. (2003) The region of Milan. In *Metropolitan Governance and Spatial Planning*, Salet, W., Thornley, A. and Kreukels, A. (eds), Spon Press, London, pp. 264–283.

Gualini, E. (2004a) Integration, diversity and plurality: territorial governance and the reconstruction of legitimacy. *Geopolitics*, 9, 542–563.

Gualini, E. (2004b) *Multi-level Governance and Institutional Change: the Europeanisation of Regional Policy in Italy*, Ashgate, Aldershot.

Gualini, E. (2004c) Regionalisation as 'experimental regionalism': the rescaling of territorial policy-making in Germany. *International Journal of Urban and Regional Research*, 28, 329–353.

Gualini, E. and Woltjer, J. (2004) The re-scaling of regional planning and governance in the Netherlands. Paper to *AESOP Congress*, Vienna, July.

Gunn, S. (2006) Mind the gap: an emerging hole in the way we think about the environment and plan for housing. *Town Planning Review*, in press.

Gunton, T.I., Day, J.C. and Williams, P.W. (2003) Evaluating collaborative planning: the British Columbia experience. *Environments*, 31, 1–11.

Haas, P.M. (1992) Introduction: epistemic communities and international policy coordination. *International Organization*, 46, 1–35.

Hajer, M. (1995) *The Politics of Environmental Discourse*, Oxford University Press, Oxford.

Hajer, M. (2001) The need to zoom out. In *The Governance of Place*, Madanipour, A., Hull, A. and Healey, P. (eds), Ashgate, Aldershot, pp. 178–202.

Hajer, M. (2003) Policy without polity? Policy analysis and the institutional void. *Policy Sciences*, 36, 175–195.

Hajer, M. (2005) Setting the stage: a dramaturgy of policy deliberation. *Administration and Society*, 36, 624–647.

Hajer, M. and Versteeg, W. (2005) Performing governance through networks. *European Political Science*, 4(3), 340–347.

Hajer, M. and Wagenaar, H. (eds) (2003) *Deliberative Policy Analysis: Understanding Governance in the Network Society*, Cambridge University Press, Cambridge.

Hajer, M. and Zonneveld, W. (2000) Spatial planning in the network society – rethinking the principles of planning in the Netherlands. *European Planning Studies*, 8, 337–355.

Hall, P. (1966) *World Cities*, Weidenfeld and Nicolson, London.

Hall, P. (1988) *Cities of Tomorrow*, Blackwell, Oxford.

Hall, P. and Taylor, R. (1996) Political science and the three institutionalisms. *Political Studies*, XLIV, 936–957.

Hall, P., Thomas, R., Gracey, H. and Drewett, R. (1973) *The Containment of Urban England*, George, Allen and Unwin, London.

Harding, A. (1997) Urban regimes in European Cities. *European Urban and Regional Studies*, 4, 291–314.

Hargreaves, M. (1995) Cambridge belt takes the strain in panel report. *Planning*, 1112.

Harris, N. and Hooper, A. (2004) Rediscovering the 'spatial' in public policy and planning: an examination of the spatial content of sectoral policy documents. *Planning Theory and Practice*, 5, 147–170.

Harvey, D. (1985) *The Urbanisation of Capital*, Blackwell, Oxford.

Harvey, D. (1989) From managerialism to entrepreneurialism: the formation of urban governance in late capitalism. *Geografisker Annaler*, 71B, 3–17.

Haugh, P. (1986) US high technology multinationals and Silicon Glen. *Regional Studies*, 20, 103–116.

Healey, P. (1983) *Local Plans in British Land Use Planning*, Pergamon, Oxford.

Healey, P. (1990) Policy processes in planning, *Policy and Politics*, 18, 91–103.

Healey, P. (1997) *Collaborative Planning: Shaping Places in Fragmented Societies*, Macmillan, London.

Healey, P. (1998a) Collaborative planning in a stakeholder society. *Town Planning Review*, 69, 1–21.

Healey, P. (1998b) Regulating property development and the capacity of the development industry. *Journal of Property Research*, 15, 211–228.

Healey, P. (1998c) Building institutional capacity through collaborative approaches to urban planning. *Environment and Planning A*, 30, 1531–1556.

Healey, P. (1999) Institutionalist analysis, communicative planning and shaping places. *Journal of Planning Education and Research*, 19, 111–122.

Healey, P. (2002) On creating the 'city' as a collective resource. *Urban Studies*, 39, 1777–1792.

Healey, P. (2004a) Creativity and urban governance. *Policy Studies*, 25, 87–102.

Healey, P. (2004b) The treatment of space and place in the new strategic spatial planning in Europe. *International Journal of Urban and Regional Research*, 28, 45–67.

Healey, P. (2006a) Transforming governance: challenges of institutional adaptation and a new politics of space. *European Planning Studies*, 14, 299–319.

Healey, P. (2006b) Territory, integration and spatial planning. In *Territory, Identity and Space*, Tewdwr-Jones, M. and Allmendinger, P. (eds), Routledge, London, pp. 64–79.

Healey, P. (2006c) Relational complexity and the imaginative power of strategic spatial planning. *European Planning Studies*, 14, 525–546.

Healey, P. (2006d) The new institutionalism and the transformative goals of planning. In *Planning and Institutions*, Verma, N. (ed.), Elsevier, Oxford, pp. 62–87.

Healey, P., de Magalhães, C., Madanipour, A. and Pendlebury, J. (2003) Place, identity and local politics: analysing partnership initiatives. In *Deliberative Policy Analysis: Understanding Governance in the Network Society*, Hajer, M. and Wagenaar, H. (eds), Cambridge University Press, Cambridge, pp. 60–87.

Healey, P., Khakee, A., Motte, A. and Needham, B. (eds) (1997) *Making Strategic Spatial Plans: Innovation in Europe*, UCL Press, London.

Healey, P., McDougall, G. and Thomas, M. (eds) (1982) *Planning Theory: Prospects for the 1980s*, Pergamon, Oxford.

Healey, P., McNamara, P., Elson, M. and Doak, J. (1988) *Land Use Planning and the Mediation of Urban Change*, Cambridge University Press, Cambridge.

Healey, P., Purdue, M. and Ennis, F. (1995) *Negotiating Development*, Spon, London.

Hillier, J. (2000) Imagined value: the poetics and politics of place. In *The Governance of Place*, Madanipour, A., Hull, A. and Healey, P. (eds), Ashgate, Aldershot, pp. 69–101.

Hillier, J. (2002) *Shadows of Power: an Allegory of Prudence in Land-Use Planning*, Routledge, London.

Hillier, J. (2007) *Stretching Beyond the Horizon: a Mutliplanar Theory of Spatial Planning and Governance*, Ashgate, Aldershot.

Hodgson, G.M. (2004) *The Evolution of Institutional Economics: Agency, Structure and Darwinianism in American institutionalism*, Routledge, New York.

Holford, W. and Wright, H.M. (1950) *Cambridge Planning Proposals: a Report to the Town and Country Planning Committee of the Cambridgeshire County Council*, Cambridge University Press, Cambridge.

Holston, J. (1998) Spaces of insurgent citizenship. In *Making the Invisible Visible: a Multicultural Planning History*, Sandercock, L. (ed.), University of California Press, Berkeley, pp. 37–56.

Hooghe, L. (ed.) (1996) *Cohesion Policy and European Integration: Building Multi-Level Governance*, Oxford University Press, Oxford.

Imrie, R. and Raco, M. (eds) (2003) *Urban Renaissance? New Labour, Community and Urban Policy*, Policy Press, Bristol.

Indovina, F. and Matassani, F. (1990) *La Citta Diffusa*, DAEST, Venezia.

Ingold, T. (2000) *The Perception of the Environment: Essays in Livelihood, Dwelling and Skill*, Routledge, London.

Ingold, T. (2005) The eye of the storm: visual perception and the weather. *Visual Studies*, 20, 97–104.

Innes, J. (1990) *Knowledge and Public Policy: the Search for Meaningful Indicators*, Transaction Books, New Brunswick.

Innes, J. (1992) Group processes and the social construction of growth management. *Journal of the American Planning Association*, 58, 440–454.

Innes, J. (2004) Consensus building: clarification for critics. *Planning Theory*, 3, 5–20.

Innes, J. and Booher, D. (1999a) Consensus-building and complex adaptive systems: a framework for evaluating collaborative planning. *Journal of the American Planning Association*, 65, 412–423.

Innes, J. and Booher, D. (1999b) Consensus-building as role-playing and bricolage. *Journal of the American Planning Association*, 65, 9–26.

Innes, J. and Booher, D. (2000) Planning institutions in the network society: theory for collaborative planning. In *The Revival of Strategic Spatial Planning*, Salet, W. and Faludi, A. (eds), Koninklijke Nederlandse Akademie van Wetenschappen, Amsterdam, pp. 175–189.

Innes, J. and Booher, D. (2001) Metropolitan development as a complex system: a new approach to sustainability. In *The Governance of Place*, Madanipour, A., Hull, A. and Healey, P. (eds), Ashgate, Aldershot, pp. 239–264.

Innes, J. and Booher, D. (2003) Collaborative policy-making: governance through dialogue. In *Deliberative Policy Analysis: Understanding Governance in the Network Society*, Hajer, M. and Wagenaar, H. (eds), Cambridge University Press, Cambridge, pp. 33–59.

Innes, J.E. and Gruber, J. (2005) Planning styles in conflict: the Metropolitan Transportation Commission. *Journal of the American Planning Association*, 71, 177–188.

Jensen, O. and Richardson, T. (2000) Discourses of mobility and polycentric development: a contested view of European spatial planning. *European Planning Studies*, 8, 503–520.

Jensen, O.B. and Richardson, T. (2004) *Making European Space: Mobility, Power and Territorial Identity*, Routledge, London.

Jessop, B. (1995) Towards a schumpeterian workfare regime in Britain? Reflections on regulation, governance and the welfare state. *Environment and Planning A*, 27, 1613–1626.

Jessop, B. (1997) Capitalism and its future; remarks on regulation, government and governance. *Review of International Political Economy*, 4, 561–581.

Jessop, B. (1998) The narrative of enterprise and the enterprise of narrative: place marketing and the entrepreneurial city. In *The Entrepreneurial City: Geographies of Politics, Regime and Representation*, Hall, T. and Hubbard, P. (eds), John Wiley, London, pp. 77–99.

Jessop, B. (2000) The crisis of the national spatio-temporal fix and the tendential ecological dominance of globalising capitalism. *International Journal of Urban and Regional Research*, 24, 323–360.

John, P. (1998) *Analysing Public Policy*, Pinter, London.

Johnstone, C. and Whitehead, M. (eds) (2004) *New Horizons in British Urban Policy: Perspectives on New Labour's Urban Renaissance*, Ashgate, Aldershot.

Jolles, A. (2005) Amsterdam's growth rings. In *Impact: Urban Planning in Amsterdam After 1986*, Buurman, M. and Kloos, M. (eds), ARCAM/Architectura and Natura Press, Amsterdam, pp. 17–38.

Jolles, A., Klusman, E. and Teunissan, B. (eds) (2003) *Planning Amsterdam: Scenarios for Urban Development 1928–2003*, NAi, Rotterdam.

Jonas, A.E.G., Gibbs, D.C. and While, A. (2005) Uneven development, sustainability and city-regionalism contested: English city-regions in the European context. In *Regionalism Contested: Institution, Society and Territorial Governance*, Sagan, I. and Halkier, H. (eds), Ashgate, Aldershot, pp. 223–246.

Katz, P. (ed.) (1994) *The New Urbanism: Towards an Architecture of Community*, McGraw Hill, New York.

Keeble, D., Lawson, C., Moore, B. and Wilkinson, F. (1999) Collective learning processes, networking and 'institutional thickness' in the Cambridge Region. *Regional Studies*, 33, 319–332.

Keeble, L. (1952) *Principles and Practice of Town and Country Planning*, Estates Gazetter, London.

Kickert, W.J.M. (2003) Beyond public management: shifting frames of reference in administrative reform in the Netherlands. *Public Management Review*, 5, 377–399.

Kickert, W.J.M., Klijn, E.-H. and Koppenjan, J.F.M. (1997) *Managing Complex Networks: Strategies for the Public Sector*, Sage, London.

Kitching, G. (2003) *Wittgenstein and Society: Essays in Conceptual Puzzlement*, Ashgate, Aldershot.

Klijn, E.-H. (1997) Policy networks: an overview. In *Managing Complex Networks: Strategies for the Public Sector*, Kickert, W.J.M., Klijn, E.-H. and Koppenjan, J.F.M. (eds), Sage, London, pp. 14–34.

Klijn, E.-H. and Teisman, G.R. (1997) Strategies and games in networks. In *Managing Complex Networks: Strategies for the Public Sector*, Kickert, W.J.M., Klijn, E.-H. and Koppenjan, J.F.M. (eds), Sage, London, pp. 98–118.

Knorr-Cetina, K. (1999) *Epistemic Cultures: How the Sciences Make Knowledge*, Harvard University Press, Cambridge MA.

Kratz, P. (1997) Cambridge in Crisis. *Planning*, 18 April.

Kreukels, A. (2003) Rotterdam and the South Wing of the *Randstad*. In *Metropolitan Governance and Spatial Planning*, Salet, W., Thornley, A. and Kreukels, A. (eds), Spon, London, pp. 189–202.

Kuhn, T.S. (1970) *The Structure of Scientific Revolutions*, University of Chicago Press, Chicago.

Kunzmann, K. (1998) Planning for spatial equity in Europe. *International Planning Studies*, 3, 101–120.

Kunzmann, K. (2001) The Ruhr in Germany: a laboratory for regional governance. In *The Changing Institutional Landscape of Planning*, Albrechts, L., Alden, J. and da Rosa Pires, A. (eds), Ashgate, Aldershot, pp. 181–208.

Lagendijk, A. and Cornford, J. (2000) Regional institutions and knowledge – tracking new forms of regional development policy. *Geoforum*, 31, 208–218.

Lascoumes, P. and Le Galès, P. (2003) Interest groups and public organisations in Europe. In *Handbook of Public Administration*, Peters, G.B. and Pierre, J. (eds), Sage, London, pp. 321–330.

Latour, B. (1987) *Science in Action*, Harvard University Press, Cambridge, MA.

Law, J. (2004) *After Method: Mess in Social Science Research*, Routledge, London.

Le Galès, P. (2002) *European Cities: Social Conflicts and Governance*, Oxford University Press, Oxford.

Lefebvre, H. (1991) *The Production of Space*, Blackwell, Oxford.

Lefèvre, C. (1998) Metropolitan government and governance in Western countries: a critical review. *International Journal of Urban and Regional Research*, 22, 9–25.

Liggett, H. (1995) City sights/sites of memories and dreams. In *Spatial Practices*, Liggett, H. and Perry, D. (eds), Sage, Thousand Oaks, CA, pp. 243–270.

Liggett, H. and Perry, D. (eds) (1995) *Spatial Practices*, Sage, Thousand Oaks, CA.

Lindblom, C.E. (1990) *Inquiry and Change: the Troubled Attempt to Understand and Shape Society*, Yale University Press, New Haven.

Logan, J. and Molotch, H. (1987) *Urban Fortunes: the Political Economy of Place*, University of California Press, Berkeley and Los Angeles.

Logie, G. (1966) *The Future Shape of Cambridge*, Cambridge City Council: Report of the City Architect and Planning Officer, Cambridge.

Lovering, J. (1999) Theory led by policy: the inadequacies of 'the New Regionalism' (illustrated from the case of Wales). *International Journal of Urban and Regional Research*, 23, 379–395.

Lowndes, V. (2001) Rescuing Aunt Sally: taking institutional theory seriously in urban politics. *Urban Studies*, 38, 1953–1972.

Lukes, S. (1974) *Power: a Radical View*, Macmillan, London.

Macchi Cassia, C., Orsini, M., Privileggio, N. and Secchi, M. (2004) *Per/To Milano*, Editore Ulriche Hoepli, Milan.

McGuirk, P. (2003) Producing the capacity to govern in global Sydney: a multiscaled account. *Journal of Urban Affairs*, 25(2), 201–223.

MacLeod, G. (1999) Place, politics and 'scale dependence': exploring the structuration of euro-regionalism. *European Urban and Regional Studies*, 6, 231–254.

MacLeod, G. (2001) Beyond soft institutionalism: accumulation, regulation, and their geographical fixes. *Environment and Planning A*, 33, 1145–1167.

Macleod, G. and Goodwin, M. (1999) Space, scale and state strategy: towards a reinterpretation of contemporary urban and regional governance. *Progress in Human Geography*, 23, 503–529.

Macnagthen, P. and Urry, J. (1998) *Contested Natures*, Sage, London.

Madanipour, A. (2003) *Public and Private spaces in the City*, Routledge, London.

Magatti, M. (2005) Logiche de Sviluppo e di governo di un nodo globale. In *Milano, nodo della rete globale*, Bassetti, P. *et al.* (eds), Bruno Mondadori, Milan.

Magnier, A. (2004) Between institutional learning and re-legitimisation: Italian mayors in the unending reform. *International Journal of Urban and Regional Research*, 28, 166–182.

Majone, G. (1987) *Evidence, Argument and Persuasion in the Policy Process*, Yale University Press, New Haven.

Mak, G. (2003) Amsterdam as the 'compleat citie'. In *Amsterdam Human Capital*, Musterd, S. and Salet, W. (eds), Amsterdam University Press, Amsterdam, pp. 31–48.

Mansuur, A. and van der Plas, G. (2003) *De Noordvleugel*, Amsterdam DRO, Gemeente Amsterdam.

Marston, S.A. and Jones III, J.P. (2005) Human geography without scale. *Transactions of the Institute of British Geographers*, 30, 416–432.

Martinelli, F. (2005) *La pianificazione strategica in Italia e in Europa: metodologie ed esiti a confronto*, Franco Angeli, Milan.

Marvin, S. and May, T. (2003) City futures: visions from the centre. *City*, 7, 213–225.

Massey, D. (1984) *Spatial Divisions of Labour*, Macmillan, London.

Massey, D. (1994) *Space, Place and Gender*, Polity Press, Cambridge.

Massey, D. (2000) Travelling thoughts. In *Without Guarantees: Essays in Honour of Stuart Hall*, Gilroy, P., Grossberg, L. and McRobbie, A. (eds), Verso, London, pp. 225–232.

Massey, D. (2004a) Geographies of responsibility. *Geografisker Annaler*, 86B, 5–18.

Massey, D. (2004b) The responsibilities of place. *Local Economy*, 19, 97–101.

Massey, D. (2005) *For Space*, Sage, London.

Massey, D., Allen, J. and Anderson, J. (eds) (1984) *Geography Matters*, Cambridge University Press, Cambridge.

Massey, D., Quintas, P. and Wield, D. (1992) *High Tech Fantasies: Science Parks in Society and Space*, Routledge, London.

Mastop, H. and Faludi, A. (1997) Evaluation of strategic plans: the performance principle. *Environment and Planning B: Planning and Design*, 24, 815–832.

Mayer, M. (2000) Social movements in European cities: transitions from the 1970s to the 1990s. In *Cities in Contemporary Europe*, Bagnasco, A. and Le Galès, P. (eds), Cambridge University Press, Cambridge, pp. 131–152.

Mazza, L. (1997) *Trasformazione del Piano*, Franco Angeli, Milan.

Mazza, L. (2001) Nuove procedure urbanistiche a Milano. *Territorio*, 16, 53–60.

Mazza, L. (2002) Flessibilita e rigidita delle argomentazioni urbanistica. *Urbanistica*, 118. Reprinted in Mazza, L. (2004c) *Prove parziali di riforma urbanistica*, Franco Angeli, Milan.

Mazza, L. (2004a) *Progettare gli Squilibri*, Franco Angeli, Milan.

Mazza, L. (2004b) *Piano, progetti, strategie*, Franco Angeli, Milan.

Mazza, L. (2004c) *Prove parziali di riforma urbanistica*, Franco Angeli, Milan.

Mehlbye, P. (2000) Global Integration Zones – neighbouring metropolitan regions in metropolitan clusters. In *Europaische Metropolregionen. Informationen zur Raumtwicklung Heft 11/12*, pp. 755–762, Bonn, Bundesamt fur Bauwesen und Raumordnung.

Melucci, A. (1989) *Nomads of the Present: Social Movements and Individual Needs in Contemporary Society*, Hutchinson, London.

Meyerson, M. and Banfield, E. (1955) *Politics, Planning and the Public Interest*, Free Press, New York.

Mintzberg, H. (1994) *The Rise and Fall of Strategic Planning*, Pearson Education Limited, Edinburgh.

Morgan, G. (1997) *Images of Organization*, Sage, London.

Morgan, K. (1997) The learning region: institutions, innovation and regional renewal. *Regional Studies*, 31, 491–503.

Morgan, K. and Murdoch, J. (2000) Organic v. conventional agriculture: knowledge, power and innovation in the food chain. *Geoforum*, 31, 159–173.

Morrison, N. (1998) The compact city: theory versus practice – the case of Cambridge. *Netherlands Journal of Housing and the Built Environment*, 3, 157–179.

Motte, A. (ed) (1995) *Schema directeur et projet d'agglomeration: l'experimentation de nouvelles politiques urbaines spatialisees 1981–1993*, Les editions Juris Service, Paris.

Motte, A. (1997) Building strategic urban planning in France. In *Making Strategic Spatial Plans: Innovation in Europe*, Healey, P., Khakee, A., Motte, A. and Needham, B. (eds), UCL Press, London, pp. 59–76.

Motte, A. (2001) The influence of new institutional processes in shaping places: the cases of Lyon and Nimes (France 1981–95). In *The Governance of Place: Space and Planning Processes*, Madanipour, A., Hull, A. and Healey, P. (eds), Ashgate, Aldershot, pp. 223–238.

Motte, A (2005) Enabling the emergence of metropolitan strategic planning through network development: the French Experiment (2004–2006). In *Proceedings of the AESOP Congress*, Vienna, July.

Moulaert, F., with Delladetsima, P., Delvainquiere, J.C., Demaziere, C., Rodriguez, A., Vicari, S. and Martinez, M. (2000) *Globalisation and Integrated Area Development in European Cities*, Oxford University Press, Oxford.

Moulaert, F., Martinelli, F., Swyngedouw, E. and Gonzalez, S. (2005) Towards alternative model(s) of local innovation. *Urban Studies*, 42, 1969–1990.

Mugnano, S., Tornaghi, C. and Vicari Haddock, S. (2005) Nuove visioni del territorio: il rinnovo urbano e i nuovi spazi pubblici nel nord Milano. In *dell'Agnese, E. Bicocca e il suo territorio*, Skiria, Milan, pp. 166–193.

Murdoch, J. (1995) Actor-networks and the evolution of economic forms: combining description and explanation in theories of regulation, flexible specialisation and networks. *Environment and Planning A*, 27, 731–757.

Murdoch, J. and Abram, S. (2002) *Rationalities of Planning: Development Versus Environment in Planning for Housing*, Ashgate, Aldershot.

Natter, W. and Jones, J.P. (1997) Identity, space and other uncertainties. In *Space and Social Theory: Interpreting Modernity and Postmodernity*, Benko, G. and Strohmeyer, U. (eds), Blackwell, Oxford, pp. 141–161.

Needham, B. (2005) The new Dutch Spatial Planning Act. *Planning Practice and Research*, 20(3), 327–340.

Needham, B. and Zwanniken, T. (1997) The current urbanization policy evaluated. *Netherlands Journal of Housing and the Built Environment*, 12, 37–55.

Needham, B., Koenders, P. and Kruijt, B. (1993) *The Netherlands: Urban Land and Property Markets*, UCL Press, London.

Newman, P. and Thornley, A. (1996) *Urban Planning in Europe*, Routledge, London.

Nielsen, E.H. and Simonsen, K. (2003) Scaling from 'below': practices, strategies and urban spaces. *European Planning Studies*, 11, 911–927.

Nigro, G. and Bianchi, G. (eds) (2003) *Politiche, Programmi e Piani nel governo della Citta*, Gangemi Editore, Rome.

Nonaka, I., Toyama, R. and Konno, N. (2001) SECI, Ba and leadership: a unified model of dynamic knowledge creation. In Managing Industrial Knowledge: Creation, Transfer and Utilisation, Nonaka, I. and Teece, D. (eds), Sage, London, pp. 13–43.

Novarina, G. (ed.) (2003) *Plan et Projet: L'urbanisme en France et en Italie*, Anthropos, Paris.

Offe, C. (1977) The theory of the capitalist state and the problem of policy formation. In *Stress and Contradiction in Modern Capitalism*, Lindberg, L.N. and Alford, A. (eds), D.C. Heath, Lexington, MA, pp. 125–144.

Office of the Deputy Prime Minister (ODPM) (2003) *Sustainable Communities: Building for the Future*, ODPM, London.

Office of the Deputy Prime Minister (ODPM) (2005a) *Planning System: General Principles*, ODPM, London.

Office of the Deputy Prime Minister (ODPM) (2005b) *Planning Policy Guidance 3: Housing: supporting the delivery of new housing: (proposals for changes – August 2005)*, ODPM, London.

Oliva, F. (2002) *L'Urbanistica di Milano: Quel che resta dei piani urbanistici e nella trasformaziche della citta*, Hoepli, Milan.

Owens, S. and Cowell, R. (2002) *Land and Limits: Interpreting Sustainability in the Planning Process*, Routledge, London.

Owens, S., Rayner, T. and Bina, O. (2004) New agendas for appraisal: reflections on theory, practice and research. *Environment and Planning A*, 36, 1943–1959.

Palermo, P.-C. (2002) Osservare Milano, laboratorio sperimentale di un futuro possibile. *Urbanistica*, 119, 121–124.

Paris, C. (ed.) (1982) *Critical Readings in Planning Theory*, Pergamon, Oxford.

Parr, J. (2005) Spatial planning: too little or too much? *Scienze Regionali*, 4, 113–129.

Pasqui, G. (2002) *Confini Milanese: processi territoriale e practiche di governo*, Franco Angeli, Milan.

Perry, D. (1995) Making space: planning as a mode of thought. In *Spatial Practices*, Liggett, H. and Perry, D. (eds), Sage, Thousand Oaks, CA, pp. 209–242.

Peters, G. (1999) *Institutional Theory in Political Science: the 'New Institutionalism'*, Continuum, London.

Piccinato, L. (1956) Special issue on the *Piano Regolatore Generale di Milano. Urbanistica*, 18/19.

Pierre, J. (ed.) (1998) *Partnerships in Urban Governance: European and American Experience*, Macmillan, London.

Pierre, J. and Peters, G. (2000) *Governance, Politics and the State*, Palgrave Macmillan, London.

Ploeger, R. (2004) Regulating urban office provision. *Faculteit der Maatschappij-en Gedragswetenschappen*, Universiteit von Amsterdam, Amsterdam.

Plummer, J. (2000) *Municipalities and Community Participation: a Sourcebook for Capacity Building*, Earthscan, London.

Pomilio, F. (2001) Il Documento di Inquadrimento delle politiche urbanistiche (DdI) a Milano: un caso 'anomalo' di pianficazione locale Milano, Politecnico di Milano: unpublished course papers.

Pomilio, F. (2003) Il 'Documento di Inquadrimento delle politiche urbanistiche' di Milano: un caso anomalo di pianificazione strategica? In *Strategie per la citta: piani, politiche, azioni: Una rassegna di casi*, Pugliese, T. and Spaziente, A. (eds), Franco Angeli, Milan, pp. 187–206.

Priemus, H. (2002) Spatial-economic investment policy and urban regeneration in the Netherlands. *Environment and Planning C: Government and Policy*, 20, 775–790.

Priemus, H. and Visser, J. (1995) Infrastructure policy in the *Randstad* Holland: struggle between accessibility and sustainability. *Political Geography*, 14, 363–377.

Priemus, H. and Zonneveld, W. (2004) Regional and transnational spatial planning: problems today, perspectives for the future. *European Planning Studies*, 12, 283–297.

Pruijt, H. (2004) The impact of citizens' protest on city planning in Amsterdam. In *Cultural Heritage and the Future of the Historic Inner City of Amsterdam*, Deben, L., Salet, W. and van Thoor, M.-T. (eds), Aksant, Amsterdam, pp. 228–244.

Pugliese, T. and Spaziente, A. (eds) (2003) *Strategie per la citta: piani, politiche, azioni: Una rassegna di casi*, Franco Angeli, Milan.

Punter, J. (2003) *The Vancouver Achievement*, UBC Press, Vancouver.

Rein, M. and Schon, D. (1993) Reframing policy discourse. In *The Argumentative Turn in Policy Analysis and Planning*, Fischer, F. and Forester, J. (eds), Duke University Press, Durham, NC, pp. 145–166.

Rhodes, R.A.W. (1997) *Understanding Governance: Policy Networks, Governance, Reflexivity and Accountability*, Open University Press, Milton Keynes.

Richardson, T. (2004) Environmental assessment and planning theory: four short stories about power, multiple rationality and ethics. *Environmental Impact Assessment Review*, 25(4), 341–365.

Richardson, T. (2006) The thin simplification of European space: dangerous calculations? *Comparative European Politics*, 4(2) (in press).

Roy, A. (2003) *City Requiem, Calcutta: Gender and the Politics of Poverty*, University of Minnesota Press, Minneapolis.

Royal Commission on Environmental Pollution (RCEP) (2002) *Environmental Planning: 23rd Report*, Norwich, The Stationery Office.

Royal Town Planning Institute (RTPI) (2001) *A New Vision for Planning*, RTPI, London.

Rydin, Y. (1986) *Housing Land Policy*, Gower, Aldershot.

Rydin, Y. (2003a) *Conflict, Consensus and Rationality in Environmental Planning: an Institutional Discourse Approach*, Oxford University Press, Oxford.

Rydin, Y. (2003b) *Urban and Environmental Planning in the UK*, Palgrave, Basingstoke.

Sabatier, P.A. and Jenkins-Smith, H.C. (eds) (1993) *Policy Change and Learning: an Advocacy Coalition Approach*, Westview Press, Boulder, CO.

Salet, W. (2003) Amsterdam and the north wing of the *Randstad*. In *Metropolitan Governance and Spatial Planning*, Salet, W., Thornley, A. and Kreukels, A. (eds), Spon Press, London, pp. 175–188.

Salet, W. and Faludi, A. (eds) (2000) *The Revival of Strategic Spatial Planning*, Koninklijke Nederlandse Akademie van Wetenschappen (Royal Netherlands Academy of Arts and Sciences), Amsterdam.

Salet, W. and Gualini, E. (2003) The region of Amsterdam, Unpublished paper EU COMET Project, AME, University of Amsterdam, Amsterdam.

Salet, W. and Majoor, S. (eds) (2005) *Amsterdam Zuidas European Space*, Zuidas Reflector Foundation, Amsterdam.

Salet, W., Thornley, A. and Kreukels, A. (eds) (2003) *Metropolitan Governance and Spatial Planning: Comparative Studies of European City-Regions*, E & FN Spon, London.

Salzano, E. (2002) Il modello flessibile a Milano. *Urbanistica*, 118, 140–148.

Salzer-Morling, M. (1998) As God created the earth . . . a saga that makes sense. In *Discourse + Organisation*, Grant, D., Keenoy, T. and Oswick, C. (eds), Sage, London, pp. 104–118.

Sandercock, L. (2003a) *Mongrel Cities: Cosmopolis 11*, Continuum, London.

Sandercock, L. (2003b) Out of the closet: the importance of stories and storytelling in planning practice. *Planning Theory and Practice*, 4, 11–28.

Sanyal, B. (ed.) (2005) *Comparative Planning Cultures*, Routledge, London.

Schlosberg, D. (1999) *Environmental Justice and the New Pluralism*, Oxford University Press, Oxford.

Schmal, H. (2003) The historical roots of the daily urban system. In *Amsterdam Human Capital*, Musterd, S. and Salet, W. (eds), Amsterdam University Press, Amsterdam, pp. 67–83.

Schon, D. and Rein, M. (1994) *Frame Reflection: Towards the Resolution of Intractable Policy Controversies*, Basic Books, New York.

Scott, J.C. (1998) *Seeing Like a State: How Certain Schemes to Improve the Human Condition Have Failed*, Yale University Press, New Haven and London.

Secchi, B. (1986) Una nuova forma di piano. *Urbanistica*, 82, 6–13.

Secchi, B. (1988) Ritematizzare Milano. *Urbanistica*, 90, 89–93.

Secchi, B. (2002) Diary of a planner: projects, visions and scenarios. *Planum*, Vol. 2003, 22 July.

Secretary of State for the Environment and other departments (SoS) (1990) *This Common Inheritance: Britain's Environment Strategy*, Her Majesty's Stationery Office, London.

Segal Quince Wicksteed (1985) *The Cambridge Phenomenon*, Segal Quince Wicksteed, Cambridge.

Segal Quince Wicksteed (2000) *The Cambridge Phenomenon Revisited*, Segal Quince Wicksteed, Cambridge.

Senior, D. (1956) *A Guide to the Cambridge Plan*, Cambridgeshire County Council, Cambridge.

Shipley, R. (2002) Visioning in planning: is the practice based on sound theory? *Environment and Planning A*, 34, 7–22.

Shipley, R. and Newkirk, R. (1999) Vision and visioning in planning: what do these terms really mean? *Environment and Planning B: Planning and Design*, 26, 573–591.

Short, J.R., Fleming, S. and Witt, S. (1986) *House Building, Planning and Community Action: the Production and Negotiation of the Built Environment*, Routledge and Kegan Paul, London.

Simonsen, K. (2004) Networks, flows and fluids – reimagining spatial analysis? *Environment and Planning A*, 36, 1333–1340.

Solesbury, W. (1974) *Policy in Urban Planning*, Pergamon, Oxford.

South East Joint Planning Team (SEJPT) (1970) *Strategic Plan for the South East*, Ministry of Housing and Local Government, London.

Stoker, G. (1995) Regime theory and urban politics. In *Theories of Urban Politics*, Judge, D., Stoker, G. and Wolman, H. (eds), Sage, London, pp. 54–71.

Stoker, G. (ed.) (2000) *The New Politics of British Local Governance*, Macmillan, Houndmills, Basingstoke.

Stone, C. (1989) *Regime Politics: Governing Atlanta 1946–1988*, University of Kansas Press, Lawrence.

Stone, C.N. (2005) Rethinking the policy–politics connection. *Policy Studies*, 26, 241–260.

Storper, M. (1997) *The Regional World*, Guilford Press, New York.

Susskind, L., McKearnan, S. and Thomas-Larmer, J. (eds) (1999) *The Consensus-Building Handbook*, Sage, London and Thousand Oaks, CA.

Sutcliffe, A. (1981) *Towards the Planned City: Germany, Britain, the United States and France, 1780–1914*, Blackwell, Oxford.

Takeuchi, H. (2001) Towards a universal management of the concept of knowledge. In *Managing Industrial Knowledge: Creation, Transfer, Utilization*, Nonaka, I. and Teece, D. (eds), Sage, London, pp. 315–329.

Tarrow, S. (1994) *Power in Movement*, Cambridge University Press, Cambridge.

Taylor, M. (2003) *Public Policy in the Community*, Palgrave, Houndmills.

Taylor, P.J. (2004a) *Amsterdam in a World City Network*, AME, University of Amsterdam, Amsterdam.

Taylor, P.J. (2004b) *World City Network: a Global Urban Analysis*, Routledge, London.

Terhorst, P. and Van de Ven, J. (1995) The national growth coalition in the Netherlands. *Political Geography*, 14, 343–361.

Terhorst, P., van den Ven, J. and Deben, L. (2003) Amsterdam: it's all in the mix. In *Cities and Visitors: Regulating People, Markets and City Space*, Hoffman, L.M., Fainstein, S.F. and Judd, D.R. (eds), Blackwell, Oxford, pp. 76–90.

Tewdwr-Jones, M. (2002) *The Planning Polity: Planning, Government and the Policy Process*, Routledge, London.

Tewdwr-Jones, M. and Allmendinger, P. (eds) (2006) *Territory, Identity and Space*, Routledge, London.

Thompson, S. (2000) Diversity, difference and the multi-layered city. In *Urban Planning in a Changing World: the Twentieth Century Experience*, Freestone, R. (ed.), E & FN Spon, London, pp. 230–248.

Thornley, A. (1991) *Urban Planning Under Thatcherism: the Challenge of the Market*, Routledge, London.

Thrift, N. (1996) *Spatial Formations*, Sage, London.

Thrift, N. (1999) Steps to an ecology of place. In *Human Geography Today*, Massey, D., Allen, J. and Sarre, P. (eds), pp. 295–332.

Thrift, N. (2000) Everyday life in the city. In *A Companion to the City*, Bridge, G. and Watson, S. (eds), Blackwell, Oxford, pp. 398–409.

Throgmorton, J.A. (1996) *Planning as Persuasive Story-Telling*, University of Chicago Press, Chicago.

Throgmorton, J.A. (2004) Inventing the 'greatest': planning as persuasive storytelling in the open moral community called Louisville. In *ACSP Congress*, Portland, Oregon, USA.

Tosi, A. (ed.) (1985) *Terziario, impresa, territorio: dinamiche e politiche urbane e regionali*, Franco Angeli, Milano.

Tosi, A. (ed.) (1990) *Milano e la Lombardia: per un rete urbana policentrica*, Franco Angeli, Milano.

Ufficio Tecnico Esecutivo per la revisione del PRG (UTERP) (1975) *La variante generale al PRG di Milano. Edilizia Popolare*, Anno XXII, whole issue.

Urban, Task Force (1999) *Towards an Urban Renaissance*, E & FN Spon, London.

Urry, J. (2005) The complexity turn. *Theory, Culture and Society*, 22, 1–14.

van Duinen, L. (2004) Planning imagery: the emergence and development of new planning concepts in Dutch national spatial policy. *Faculteit der Maatschappij en Gedragswetenschappen*, Universiteit Amsterdam, Amsterdam.

Van Eeten, M. (1999) *Dialogues of the Deaf: Defining New Agencies for Environmental Deadlocks*, Eburon, Delft.

van Engelsdorp Gastelaars, R. (2003) Landscapes of power in Amsterdam? In *Amsterdam Human Capital*, Musterd, S. and Salet, W. (eds), Amsterdam University Press, Amsterdam, pp. 289–309.

Verma, N. (1998) *Similarities, Connections, Systems: the Search for a New 'Rationality' for Planning and Management*, Lexington Books, Lanham, MD.

Verma, N. (ed.) (2006) *Planning and Institutions*, Elsevier, Oxford.

Vicari Haddock, S. (ed.) (2005) *Regenerare la Citta: Practiche di innovazione sociale nelle citta europee*, Il Mulino, Bologna.

Vicari, S. and Molotch, H. (1990) Building Milan: alternative machines of growth. *International Journal of Urban and Regional Research*, 14, 602–624.

Vickers, G. (1965) *The Art of Judgement: a Study of Policy-Making*, Chapman Hall, London.

Vigar, G., Graham, S. and Healey, P. (2005) In search of the city in spatial strategies: past legacies and future imaginings. *Urban Studies*, 42, 1391–1410.

Vigar, G., Healey, P., Hull, A. and Davoudi, S. (2000) *Planning, Governance and Spatial Strategy in Britain*, Macmillan, London.

Vitale, T. (2006) Contradiction and reflexivity in social innovation: a case study from the de-institutionalisation movement. *European Urban and Regional Studies*, 13 (in press).

VROM, Ministry for Housing, Spatial Planning and the Environment (Netherlands) (1999) *Planning the Netherlands: Strategic Principles for a New Spatial Planning Policy*, Ministry of Housing, Spatial Planning and the Environment, The Hague.

VROM, Ministry for Housing, Spatial Planning and the Environment (Netherlands) (2000) *Vijfde Nota* (*Note on National Spatial Strategy*), as approved by the Netherlands Cabinet, VROM, Den Haag.

VROM, Ministry for Housing, Spatial Planning and the Environment (Netherlands) (2005) *Nota Ruimte* (*National Spatial Strategy*) VROM, Den Haag.

Wagenaar, M. (2003) Between civic pride and mass society. In *Amsterdam Human Capital*, Musterd, S. and Salet, W. (eds), Amsterdam University Press, Amsterdam.

Waide, W.L. (1955) The Cambridge Plan – retrospect and prospect. In Town and Country Planning Summer School, Cambridge, pp. 82–89.

Wannop, U. (1995) *The Regional Imperative: Regional Planning and Governance in Britain, Europe and the United States*, Jessica Kingsley, London.

Ward, S.V. (1994) *Planning and Urban Change*, Paul Chapman Publishing, London.

Webber, M. (1964) The urban place and the non-place urban realm. In *Explorations into Urban Structure*, Webber, M., Dyckman, J., Foley, D., Guttenberg, A., Wheaton, W. and Wurster, C. (eds), University of Pennsylvania Press, Philadelphia, pp. 79–153.

Weiss, R.S. (1995) *Learning from Strangers: the Art and Method of Qualitative Interview Studies*, Free Press, New York.

Wenban-Smith, A. (2002) A better future for development plans: making 'Plan, Monitor and Manage' work. *Planning Theory and Practice*, 3, 33–51.

Wenger, E. (1998) *Communities of Practice: Learning, Meaning and Identity*, Cambridge University Press, Cambridge.

While, A., Jonas, A. and Gibbs, D. (2004) Unlocking the city? Growth pressures, collective provision and the search for new spaces of governance in Greater Cambridge, England. *Environment and Planning A*, 36, 279–304.

Whittington, R. (1993) *What is Strategy and Does it Matter?* International Thompson Business Press, London.

Wilkinson, D. and Appelbee, E. (1999) *Implementing Holistic Government*, Policy Press, Bristol.

Williams, R.H.W. (1996) *European Union Spatial Policy and Planning*, Paul Chapman Publishing, London.

Woltjer, J. (2000) *Consensus Planning: the Relevance of Communicative Planning Theory in Dutch Infrastructure Networks*, Ashgate, Aldershot.

WRR (Scientific Council for Government Policy, Netherlands) (1999) *Spatial Development Policy*, SDU, The Hague.

Wynne, B. (1991) Knowledges in context. *Science, Technology and Human Values*, 16, 111–121.

Zajczyk, F., Mugnano, S. and Palvarini, P. (2004) *Large Housing Estates in Italy: Opinions and Prospects of the Inhabitants of Milan (RESTATE project)*, University of Milan-Bicocca, Department of Social Research, Milan.

Zonneveld, W. (2000) Discoursive aspects of strategic planning: a deconstruction of the 'balanced competitiveness' concept in European Spatial Planning. In *The Revival of Strategic Spatial Planning*, Salet, W. and Faludi, A. (eds), Koninklijke Nederlandse Akademie van Wetenschappen, Amsterdam, pp. 267–280.

Zonneveld, W. (2005a) In search of conceptual modernisation: the new Dutch 'national spatial strategy'. *Journal of Housing and the Built Environment*, 20, 425–443.

Zonneveld, W. (2005b) Multiple visoning: new ways of constructing transnational spatial visions. *Environment and Planning C: Government and Policy*, 23, 41–62.

Zonneveld, W. (2005c) The Europeanisation of Dutch national spatial planning: an uphill battle. DISP, 163, 4–15.

译后记

“国土空间规划”已经成为中国规划体系的基本形式，这个复合型的短语中“国土、空间、规划”三个术语的概念关系可能存在不同的断句理解，比如：国土空间 – 规划、国土 – 空间规划等，核心问题是识别“规划”的对象与方式问题，也就是“国土空间”作为“规划”的对象，还是“国土”作为“空间规划”的对象问题，前者只是改变了“规划”的对象，后者改变了“规划”的思想与方法。在欧洲，“空间规划”已经成为一种新的规划范式的术语。由于欧盟没有“土地利用规划”的职责，但是可以利用“空间政策”对各国的领土发展施加影响，因此，欧洲的“空间规划”是一种整合与协调的规划方法。空间规划与空间战略是否等同？空间规划与传统的土地利用规划、城市总体规划有何差异？当一个新的名词开始进入规划界的话语体系，意味着原有的规划术语，或更确切而言，规划工具已面临困境和制缚，需要借用新的概念或发展出规划工具新的内涵以应对现实的挑战。

长期以来，我国城市总体规划因循计划经济发展规划的思维和路径，实质表现为国民经济与社会发展规划的具体化和空间化，它侧重于描绘土地利用和基础设施的物质空间形态，以蓝图的方式引导城市未来 20 年的发展。当现实的城市人口、用地、空间布局屡屡突破原有规划设想的时候，不禁让人反思，我们对规划的理解、对规划工具适用性的认识、对城市发展特点的认知是否出现了问题？当旧有的工具无法跟得上新的城市发展需求，一些创新的理念会自发地从实践中萌生。

2000 年后，自广州“概念规划”肇始，“战略规划”、“城市空间发展战略”等概念和规划实践应运而生，它们一方面致力于弥补滞后的总体规划无法指导城市发展的困境，另一方面努力学习当时在欧美已经兴起的“空间战略”方法，以更灵活、更具宏观指导性的战略形态，为城市未来擘画可能的发展方向。此时学界对同一时期欧美在空间战略理论和思想层面的讨论也积极引介，包括如何理解城市空间？如何理解城市空间中复杂的动态交互关系？如何为城市发展中不同的行动者提供沟通交流的舞台？如何吸纳和转化城市不同界别以及地方层面的知识？如何干预城市的进程？（例如《国际城市规划》2008 年第 3 期曾组织帕齐·希利专栏）但这一阶段的空间战略探索和讨论并没有影响到正式的规划制度。随后，对总体规划的改革，开始转向了“三规合一”，试图通过部门规划的合并，解决规划之间冲突的问题。然而，这在本质上依然属于以土地利用规划为平台，进行规划编制技术的对接与整合，在规划工具的思想和方法上并未实现实质性的转型。这里需要识别城市“空间战略”与“空间规划”是两种不同的规划范式：“空间战略”是一种大尺度区域发展规划的思想和方法，“空间战略”属于发展规划的范畴；“空间规划”属于整合与协调规划的范畴。为深入理解“空间战略”的规划方法，恰逢文森特·纳丁（Vincent Nadin）教授（荷兰代尔夫特理工大学规划系前主任，《英国城乡规划》作者）来华讲学，推荐了希利教授的《城市复杂性与空间战略》。

希利教授是规划背景出身，长期从事规划理论与实践研究。受社会思想浪潮的启发，她对1960年代的综合理性规划和简单规范的管理模式存疑，并从制度主义的视角关注规划过程中不同行动者之间相互联系和沟通的方式，以及更为广泛的管理制度关系，这促成了她在1997年的一本著作《协作式规划》。从大学退休后，她依然笔耕不辍，持续对空间战略的观察和思考，2007年再次推出力作《城市复杂性与空间战略》。在书中，希利教授深入探讨了空间战略的若干核心概念：框架、战略性思维、空间规划、场所、关系等。

“框架”是组织我们所“知道”东西的意义系统，概念和优先事项不仅来自体系化的科学知识，而且还来自经验、意识形态、专业概念和政治手段。在知识和行动之间建立战略关系并非线性的逻辑推演，而是一个复杂的、互动的、持续的活动，其中不同形式的知识被“唤起”，产生并赋予意义。空间框架具有两种能力，第一是空间要素的意向及其结构化。比如1980年代描述我国生产力布局的空间形态特征是“弓”结构，沿海地区是外弧，京广沿线是玄线，以上海为箭头的长江流域和陇海线为箭体的“弓”形空间布局结构。2000年后，针对我国城镇群的空间布局又提出“钻石”结构，京津冀、长三角、珠三角和成渝城镇群为四个角，武汉、郑州、长沙等城镇群为几个内地的“钻石”结构。同样欧洲城市聚合形态被描述为“蓝色香蕉”。这种大尺度“意象”性的描述方式不仅是对现状空间结构特征的概括，同时作为区域空间目标也是现状空间结构的强化，隐含一种价值观和发展倾向。第二是空间框架具有汇集知识和信息的能力，比如中央政府提出“粤港澳大湾区”这个区域空间框架及其相应的空间政策之后，在“粤港澳大湾区”的名称下汇集了多领域、多学科的知识和信息，在各类学术期刊、报纸和网站、自媒体平台上集中产出了一批知识和信息。知识和信息是决策和行动的基础，知识和信息构成规划前提，同时规划的信息又成为决策的依据，从而带动规划的实施。国家层面的规划作用主要不是直接规制土地用途，而是凝聚一种发展的能力，将社会引入一个既定的目标与方向，通过空间意向与结构化的方式呈现愿景和目标，从而推动实施规划的行动。国家层面国土空间规划大尺度、意象性、以愿景为推动力的规划形式应该是“规划框架”。这种框架能力是省域空间规划或市县域空间规划所不能替代的内容与成分。

在城市区域的空间战略中，希利区别了“战略规划”与“战略性思维”。战略性思维是一种创新的规划思维方式，法定的战略规划是一种规范化的、形式化的规划类型。战略规划是战略思维的产物，战略规划需要战略思维来推动。战略思考突出了一些问题和利益，而忽略了其他问题；战略思考综合了一些关系和连接，同时忽略了其他；战略思考的“整合”和“加入”总是在一定程度上将一些关系拉近在一起，而“分解”了其他关系。因此，在战略规划中，重要的是战略性思维和行动，战略规划一旦模式化就失去战略意义。战略规划是一大尺度的、聚焦核心问题的规划，尤其多应用于区域层面。战略规划的聚焦与选择性特点可以在国家规划框架下聚焦核心问题和重点区域，在具体的保护对象与发展主体之间建立均衡的协调关系。

城市是政治、文化、贸易以及非农经济发展的基本空间单元，县域是农业经济与治理的基本空间单位。市县域国土空间规划的基本特征是综合发展规划。传统的物质空间规划管制“土地”，主要体现为土地利用规划，希利教授认为空间规划关注“事物”，将“物之所在”的场所、空间、土地视为规划的焦点。因此，空间规划将“地块”转化为“场所”和“场址”，关注事物联系网络及连接的节点。土地利用规划是出于土地竞争性的考量而采用分区管制方式安排土地活动，而空间规划则更多考虑事物空间的联系，认为土地具有多重空间的特征，比如传统土地利用规划将耕地和村庄视为两种土地利用分区，而空间规划则考虑村庄与耕地的联系。如果村庄是供耕地农民居住的，那么村庄与耕地就共同构成农业空间，为村庄和农业服务的道路、农业设施以及沟渠水库等都纳入农业空间。水库的农业用途属于农业空间，水库的景观功能可以用于休闲，甚至整个农业空间都适合休闲活动，那么农业空间与休闲空间可以重合起来，变成一种新的复合用途的“农业休闲空间”。农业休闲空间是一种新的开发规则或开发政策区域，这个新的政策区域既不适用传统农业区域的开发政策，也不适合休闲区域的开发标准，而是依据规划确定的空间类型制定新的开发政策和建构新的空间建设标准。空间规划可能就是传统农业规划与休闲旅游规划的综合与协调，这种协调可以是跨部门的，比如前述的水利部门、农业部门、旅游部门等，也可能是跨领域的，比如水库属于一个城市、农田及耕地属于另一个城市，休闲需要的人群又来自另一个城市。空间规划就是叠加和协调这些不同目标的开发政策，空间规划成为尊重现状治理格局下协调土地使用及土地开发的管制工具。

希利教授在书中对城市复杂性的剖析，反复强调城市和城市地区的“场所”不能被简单理解为在明确限定的空间边界内的，具有单一驱动力的集合单元，而是节点和网络、场所和流的复杂混合，在这种混合体中多种关系、活动和价值共存、互动、结合、冲突，并产生创造性的协同作用。空间战略涉及艰难的制度性工作，将各种行动者及其关系网络集合在一起，并创建新的政策共同体和网络。尽管三个欧洲城市案例的制度背景与中国存在差异，但希利教授提出的关于空间战略的本质问题是无论身处何种制度环境，都值得深入思考：空间战略如何与过去和将来关联起来？如果采取更相关的方法制定战略，是否可以使城市多数人的生活变得更好？空间战略在多大程度上可以把社会公正、环境福祉、经济活力整合在一起？

在本书的翻译工作中，戚冬瑾负责第 6 ~第 9 章的翻译和全书的统稿与文字润色，英国设菲尔德大学陆熹博士负责第 1 ~第 5 章的翻译，周剑云教授负责全书的审校。华南理工大学建筑学院的研究生卓玙琪、何志荣、王可心、范子钿、张展鹏、赵海琪、贾镜雪、张钰同学承担了部分初译和图片整理工作。特别感谢中国建筑工业出版社程素荣编辑，在她的鼎力支持下，本书中文版最终得以完成与读者见面。

周剑云　戚冬瑾

广州华南理工大学建筑学院